高等学校电子信息类研究生系列教材

# 激光原理及应用

主　编　王　洋　赵　越
副主编　鞠明池　石宸钰　白　昱　林雅妃
主　审　詹伟达

西安电子科技大学出版社

## 内 容 简 介

本书旨在将激光的基本原理和应用实例完整、全面、系统地呈现给读者。

本书可分为理论和应用两大部分。全书共10章。其中，第1～5章为理论部分，系统地介绍了激光的形成、性质以及多种激光器的工作原理等；第6～10章为应用部分，介绍了激光在精密测量、加工技术、医学、信息技术、科技前沿等领域中的应用。

本书既可作为激光相关专业高年级本科生和研究生的教材，也可作为激光技术相关领域科技工作者的参考书。

**图书在版编目(CIP)数据**

激光原理及应用 / 王洋，赵越主编. --西安：西安电子科技大学出版社，2025.3
ISBN 978-7-5606-7225-0

Ⅰ. ①激… Ⅱ. ①王… ②赵… Ⅲ. ①激光理论—高等学校—教材 ②激光技术—应用—高等学校—教材 Ⅳ. ①TN24

中国国家版本馆CIP数据核字(2024)第057806号

策　　划　吴祯娥
责任编辑　吴祯娥
出版发行　西安电子科技大学出版社(西安市太白南路2号)
电　　话　(029)88202421　88201467　　邮　　编　710071
网　　址　www.xduph.com　　电子邮箱　xdupfxb001@163.com
经　　销　新华书店
印刷单位　广东虎彩云印刷有限公司
版　　次　2025年3月第1版　2025年3月第1次印刷
开　　本　787毫米×1092毫米　1/16　印张　14.5
字　　数　341千字
定　　价　65.00元
ISBN 978-7-5606-7225-0/TN

**XDUP 7527001-1**

# 前　言

世界上第一台激光器诞生于 1960 年，我国于 1961 年研制出第一台激光器。近年来，激光技术与多个学科相结合，并在多个应用领域高速发展，如光电技术、激光医疗与光子生物学、激光加工技术、激光检测与计量技术、激光全息技术、激光光谱分析技术等。这些交叉技术的出现以及与新学科的设置，大大地推动了激光应用的融合发展。

基于此背景，本书为高等学校电子信息类研究生掌握“激光原理及应用”课程知识而编写。本书的内容设置深入浅出，从基础理论知识入手，逐步扩充到激光在各个领域中的应用。本书在内容编排上注重知识点的内在联系，且强调基础性、逻辑性和系统性，结合应用实例，帮助读者加深对基本概念、基本理论和应用技术的理解。

本书分为两大部分，共 10 章。第一部分为理论部分(第 1～5 章)，介绍了激光的发展简史、激光与激光器的基本原理，内容设置层层递进、由浅入深，有助于读者更好地理解理论知识。第二部分为应用部分(第 6～10 章)，介绍了激光在精密测量、加工技术、医学、信息技术及科技前沿等领域中的应用，使读者能够感受激光的科技魅力。

本书由王洋、赵越担任主编，鞠明池、石宸钰、白昱、林雅妃担任副主编，詹伟达担任主审。本书的第 1～6 章由王洋编写，第 7、8 章由赵越编写，第 9、10 章由鞠明池、白昱共同编写，石宸钰和林雅妃在本书的编写过程中进行了资料收集、整理和校对等工作，詹伟达对全书进行了审阅。本书的出版得到了长春理工大学教材建设项目的资助和支持，在此表示感谢！

由于编者水平有限，书中难免有不足之处，恳请广大读者指正。

编　者

2024 年 11 月

# 目　录

## 理论部分

## 应用部分

# 01

# 理论部分

# 第1章

# 激光概述

光是人类赖以生存的基本条件之一。人类最初懂得利用的光是自然界的太阳光。激光的出现为人类带来了地球上从未见过的高质量光源，从而开拓了新的研究领域，开创了光应用的新途径。激光技术是一门既属于光学又属于电子学的光电子技术。激光技术的飞速发展在通信、信息处理、计量、工业加工、土木建筑、能源、生物、医疗等广阔领域带来革命性的变革。本章将介绍激光产生与发展的历程，以及激光不同于普通光源的显著特性和激光的基本原理。

## 1.1 激光发展简史

激光的发展史可以追溯到1917年，爱因斯坦提出了“光的受激辐射”的概念，预见了受激辐射光放大器的诞生，也就是激光产生的可能性。20世纪50年代，美国科学家汤斯及苏联科学家普罗霍罗夫等人分别独立发明了一种低噪声微波放大器，即一种在微波波段的受激辐射放大器(Microwave Amplification by Stimulated Emission of Radiation，MASER)。1958年，美国科学家汤斯和肖洛提出，在一定条件下，可将这种微波波段的受激辐射放大器的原理推广到光波波段，制成受激辐射光放大器(Light Amplification by Stimulated Emission of Radiation，LASER)。图1-1所示为常见的激光器外观。

图1-1 常见的激光器外观

世界上第一台红宝石激光器是 1960 年由美国物理学家梅曼(Maiman)发明的，其结构如图 1-2 所示。它发出了第一束可实际应用的激光，开启了光学的新篇章。

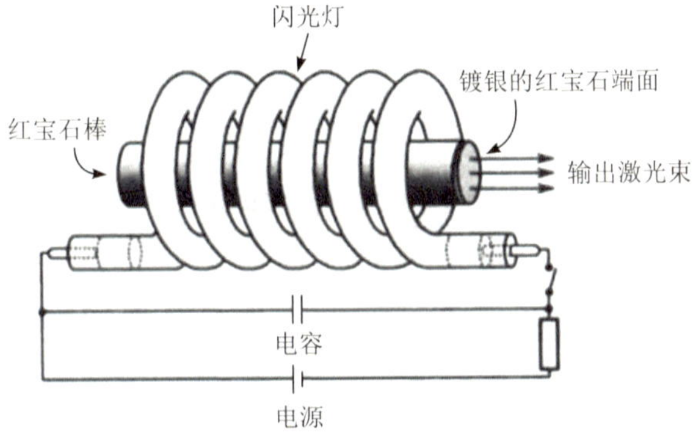


图 1-2　红宝石激光器的结构图

随后，各种类型的激光器层出不穷，激光技术迅速发展。1960 年 12 月，贝尔实验室的贾范(Javan)、海利特(Herriot)、贝纳特(Bennett)等人利用高频放电激励氦氖(He-Ne)气体，制成了世界上第一台氦氖激光器，该激光器可输出波长约为 1150 nm 的连续光。之后，科研人员研制出了一系列的气体激光器。1961 年，我国科学家邓锡铭、王之江制成了我国第一台红宝石激光器，将其称为光学量子放大器。后来，我国科学家钱学森建议统一翻译成"激光或激光器"。随后，砷化镓半导体激光器(1962 年)、二氧化碳激光器(1964 年)、钇铝石榴石(YAG)激光器(1965 年)、X 射线激光器(1967 年)、高功率 $CO_2$ 激光器(1968 年)、商用 1 kW $CO_2$ 激光器(1971 年)等相继研制成功。高功率激光器的研制成功推动了激光应用技术的迅速发展。1997 年，美国麻省理工学院的研究人员研制出了第一台原子激光器。

与此同时，选频、稳频、调制、调 Q 锁模等各种激光技术相继出现。许多领域纷纷应用激光，并形成了一系列新的交叉学科。

现在，几千种工作物质中已实现了光放大，或制成了相应的激光器，如气体激光器、液体激光器、固体激光器、化学激光器、准分子激光器和半导体激光器等。激光的应用遍布工业、农业、医学、军事、科学研究等许多领域。

## 1.2　激光的特性

激光也是光，它具有普通光源的性质。但激光又是一种特殊的光，具有许多特殊而优异的性能。普通光源主要是指光的自发辐射，其辐射波中通常包含多种波长，且向四面八方辐射，属于非相干光。而激光主要是指光的受激辐射，具有普通光源所没有的特点，即高方向性、单色性、相干性和高亮度。

### 1.2.1　高方向性

光束的方向性用平面发散角 $\theta$ 评价。平面发散角的含义如图 1-3 所示。$\theta$ 越小，光束发散越小，方向性越好。若 $\theta$ 趋于零，则近似地称光束为"平行光束"。

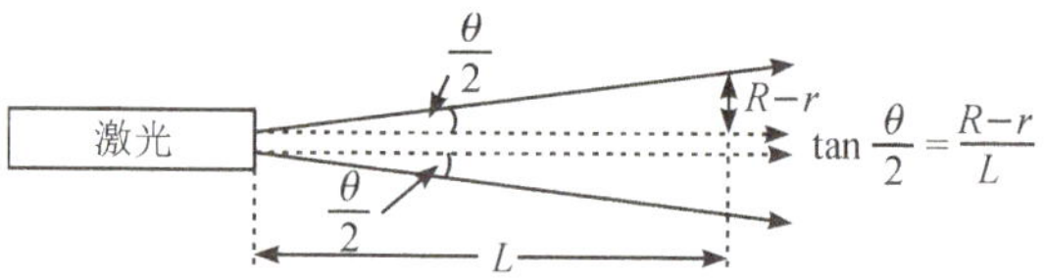


图 1-3　平面发散角示意图

普通光源发出的光都是非定向的，即向空间四面八方辐射，其发散角可达 360°(或分布在 4π 立体角内)。光是没有方向性的，即不能集中在确定的方向上再发射到较远的地方。为了改善光束的方向性，需要借助光学系统(如探照灯、汽车前灯等)。如果采用定向聚光反射镜的探照灯，其光束的平面发散角约为 10 rad。

由于谐振腔对光振荡方向的限制，激光只有沿腔轴方向受激辐射才能振荡放大，因此激光具有很强的方向性。例如，激光照在水中不会发生折射。激光所能达到的最小光束发散角受到衍射效应的限制，不能小于激光通过输出孔径时的衍射角，通常将其称为衍射极限，其表达式为

$$\theta_m \approx 1.22\frac{\lambda}{D} \tag{1-1}$$

式中，$\lambda$ 为波长；$D$ 为光束直径。

激光的发散角一般在毫弧度数量级。不同类型的激光器方向性差别很大，通常，气体激光器方向性最好，发散角较小，很接近衍射极限；固体激光介质的不均匀性比气体激光介质差，因此固体激光器的发射角比衍射极限 $\theta_m$ 大；半导体激光器的方向性最差，发散角偏大。此外，光束发散角还随激光功率及模数的增加而增大。借助光学系统可使激光器的方向性进一步提高，使之接近于平行光束。常用激光束的发散角如表 1-1 所示。

表 1-1　常用激光束的发散角

| 激光束 | 发散角/mrad |
|---|---|
| He-Ne | 0.5 |
| $Ar^+$ | 0.8 |
| $CO_2$ | 2 |
| 红宝石 | 5 |
| $Nd^{3+}$：玻璃 | 5 |
| $Nd^{3+}$：YAG | 5 |
| 染料 | 2 |

注：1 mrad=0.0573°。

由于高方向性，激光能有效地传输较长的距离。例如，在 1969 年的阿波罗计划中，人们将激光束投射到距地球 38.6 万千米的月球上，其光斑直径约为 1000 m，通过宇航员设置在月球上的反射镜，利用激光首次精确地测量了地球到月球之间的距离，精度约为±15 cm。

### 1.2.2　单色性

在可见光范围内，光波的颜色与“频率”有关，一个光源发射的光所包含的波长范围越小，它的颜色就越单纯，即光源的单色性越好。单色性常用 $\Delta\lambda/\lambda$（或 $\Delta\nu/\nu$）来衡量，其中 $\lambda$ 和 $\nu$ 分别为辐射波的中心波长和频率；$\Delta\lambda$ 和 $\Delta\nu$ 是谱线宽度。

自然光是由波长范围较大的光构成的。比如，太阳光经棱镜分光后，可以观察到由多种颜色组成的光谱带，如图 1-4 所示。激光是原子受激辐射后产生的，因而谱线极窄，如图1-5 所示。

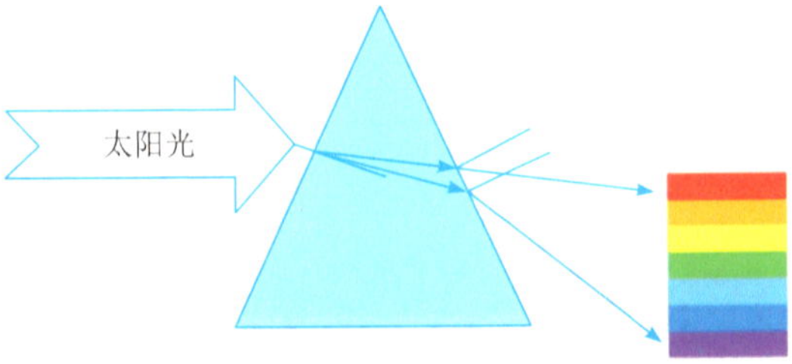


图 1-4　太阳光分光后可见光区的光谱带

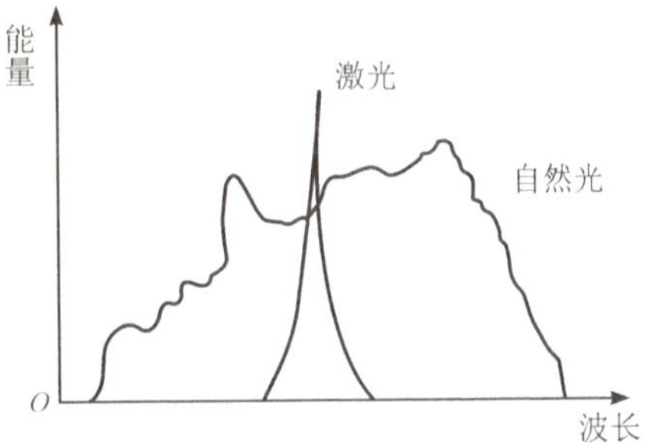


图 1-5　原子受激辐射的谱线

单色光又叫作“光谱线”，从理论上来说，单色光意味着光波中只含有一个波长。实际上，激光的谱线不是理想的光谱线，而是在中心波长附近有一定的宽度，即具有有限的谱线宽度 $\Delta\lambda$，如图 1-6 所示。

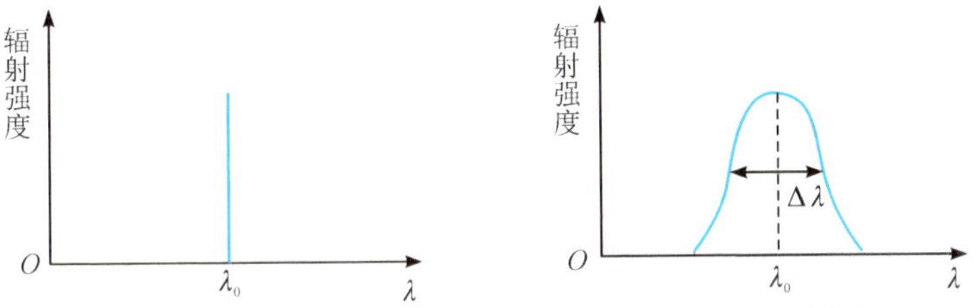


图 1-6　单色光的理论谱线和实际谱线的差异

在普通光源中，单色性最好的是氪同位素 86（$Kr^{86}$）灯发出的波长 $\lambda=605.7$ nm 的光谱线。在低温下，其谱线宽度 $\Delta\lambda=0.47\times10^{-6}$ μm，单色性程度为 $\Delta\lambda/\lambda=10^{-6}$ 量级。单模稳频的氦氖激光器发出波长 $\lambda=632.8$ nm 的光谱线，其谱线宽度 $\Delta\lambda<10^{-12}$ μm，输出激光的单色性 $\Delta\lambda/\lambda$ 可达 $10^{-10}\sim10^{-13}$ 量级。可以说，激光是世界上发光颜色最单纯的光源。一般来讲，单模稳频气体激光器的单色性最好，固体激光器的单色性较差，半导体激光器的单色性最差。这主要是因为半导体激光器的工作物质增益曲线很宽，难以保证单纵模工作。

利用激光的高单色性可以极大地提高各种光学干涉测量的精度和测量长度。如果测量长度的精度要求很高，用米尺、游标卡尺、千分尺等测量工具都无法满足要求，就需要用光波的波长作单位来测量长度。由于光波波长很短，因此可用于精密测量。这种“光尺”能够准确测量的最大长度取决于光的单色性，单色性越好，准确测量的最大长度就越大。在激光单色性基础上发展起来的“拍频技术”，可以精密地测定各种移动、转动和振动速度。此外，利用激光的单色性还可对各种物理、化学等过程进行高选择性的光学激发，达到对某些过程进行深入研究和控制的目的。

### 1.2.3 相干性

电磁辐射具有波动性，任何电磁波都可以看作是正弦波的叠加。根据波动理论，每列波都可以用一个波动方程来描述，即

$$y = a\cos(\omega\tau + \varphi) \tag{1-2}$$

式中，$a$ 为振幅；$\omega = 2\pi\nu$ 为角频率；$\varphi$ 为初始相位；$\omega\tau + \varphi$ 为波的相位。

相干波意味着各子波之间有确定的相位关系。如果两列波满足振动方向相同、频率相同、相位差恒定的相干条件，那么它们就是相干的。图 1－7 给出了三列波 $y_1$、$y_2$、$y_3$ 及它们相干叠加后的结果。在图 1－7(a)中，三列波相位完全相同；在图 1－7(b)中，三列波具有不同的相位。

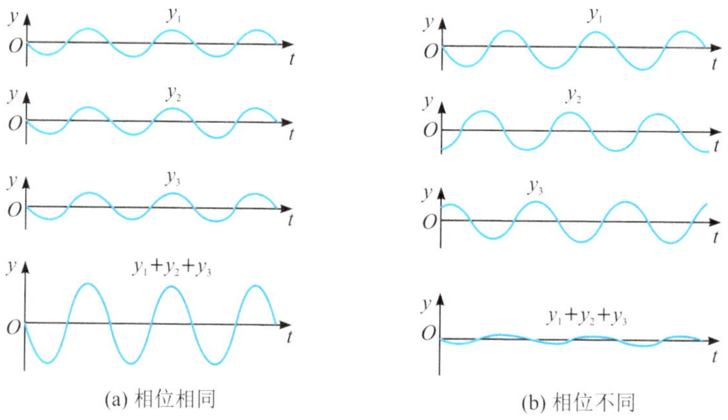


图 1－7 光的相干叠加

对于普通光源而言，它的发光机制是发光中心(如原子、分子或电子)的自发辐射过程。不同发光中心发出的波列，或同一发光中心在不同时刻发出的波列相位都是随机的，因此光的相干性极差，或者说其是非相干光。而激光是通过受激辐射过程形成的，其中每个光子的运动状态(如频率、相位、偏振态、传播方向)都相同，因而激光是最好的相干光源。激光是一种相干光，这是激光与普通光源最重要的区别。对普通光源采用单色仪分光，通过狭缝后可得到单色性很好的光，其相干性也很好，但是这样获得的相干光强度非常弱，无法应用到实际中。

激光的相干性包括时间相干性和空间相干性，下面分别从这两个方面来讨论激光的相干性。

#### 1. 时间相干性

时间相干性描述的是沿光束传播方向上各点的相位关系，指光场中同一空间点在不同时刻光波场之间的相干性。时间相干性通常用相干时间 $t_c$ 来描述。相干时间是指光传播方向上某点处可以使两个不同时刻的光波场之间有相干性的最大时间间隔，即光源所发出的

有限长波列的持续时间。相干时间和单色性之间存在简单关系，即

$$t_c = \frac{1}{\Delta\nu} \tag{1-3}$$

由此可见，光源单色性越好，相干时间越长。

相干长度是指可以使光传播方向上两个不同点处的光波场具有相干性的最大空间间隔，即光源发出的光波列长度。相干长度 $L_c$ 可用相干时间来表示，即

$$L_c = t_c \cdot c = \frac{c}{\Delta\nu} \tag{1-4}$$

由此可见，相干长度实质上与相干时间是相同的，都与光源单色性的好坏相关。例如，普通光源中，相干性最好的 $Kr^{86}$ 灯的相干长度为 800 mm，而 He-Ne 激光的相干长度为 $1.5\times10^{11}$ mm。

### 2. 空间相干性

空间相干性描述的是垂直于光束传播方向的波面上各点之间的相位关系，指光场中不同的空间点在同一时刻光场的相干性。空间相干性可以用相干面积来描述，即

$$S_c = \left(\frac{\Delta\lambda}{\theta}\right)^2 \tag{1-5}$$

式中，$\theta$ 为光束平面发散角。

由式(1-5)可以看出：光束方向性越好，其空间相干性越好。

对于普通光源来说，只有当光束发散角小于某一限度，即 $\Delta\theta \leqslant \frac{\lambda}{\Delta x}$ 时（$\Delta x$ 为光源的线度），光束才具有明显的空间相干性。

对于激光来说，所有属于同一个横模模式的光子都是空间相干的，不属于同一个横模模式的光子则是不相干的。因此，激光的空间相干性由其横模结构决定，单横模光束是完全相干的，多横模光束的相干性变差。同时，单横模光束的方向性最好，横模阶次越高，其方向性越差。由此可见，光束的空间相干性和它的方向性（用光束发散角描述）是紧密联系的。

激光的相干性有很多重要的应用，使用激光干涉仪进行检测要比普通干涉仪速度快、精度高。例如，全息照相正是成功地应用了激光的相干性。

## 1.2.4　高亮度

亮度描述的是光源的明亮程度。光源的单色亮度定义为光源在单位面积、单位频带宽度和单位立体角内发射的光功率，即

$$B_\nu = \frac{P}{\Delta S \Delta\nu \Delta\Omega} \tag{1-6}$$

式中，$P$ 为光功率；$\Delta S$ 为发光表面的面积；$\Delta\nu$ 为频带宽度；$\Delta\Omega$ 为立体角。$B_\nu$ 的单位为 $W/(cm^2 \cdot sr \cdot Hz)$。

普通光源（如太阳、日光灯等）的发散角都很大（通常在 $4\pi$ 立体角内传播），光谱范围很宽，能量分散，但其单色亮度仍很小。例如，太阳辐射在波长 500 nm 附近的单色亮度 $B_\nu \approx 2.6\times10^{-12}\ W/(cm^2 \cdot sr \cdot Hz)$。

激光的高方向性、单色性等特点，决定了它具有极高的单色定向亮度。一般气体激光器的单色亮度 $B_\nu=10^{-2}\sim10^2$ W/(cm$^2$ · sr · Hz)，固体激光器的单色亮度 $B_\nu=10\sim10^3$ W/(cm$^2$ · sr · Hz)，调 $Q$ 大功率激光器的单色亮度 $B_\nu=10^4\sim10^7$ W/(cm$^2$ · sr · Hz)，比太阳表面的单色亮度高出几亿倍。

具有高亮度的激光束经透镜聚焦后，能产生数千度乃至上万度的高温，因而可以利用激光加工很多材料，甚至可以利用激光来引发热核聚变。

综上所述，激光的四大特性之间不是相互独立的，而是相互联系的。此外，以上四种特性也决定了激光具有其他许多显著特点。如激光是超稳定的光，频率稳定度比电波高出15 个数量级；激光可以产生超短脉冲光，超短脉冲光持续的时间最短可达 4.5 fs（1 fs$=10^{-15}$ s）。激光是超高强度的光，通过激光放大器放大超短脉冲光，能够产生太瓦（1 TW$=10^{12}$ W）级的激光，原子在这样高强度光的作用下，很容易被激发、加热、加速，因此激光可以作为激光核聚变、等离子体物理、高能物理等领域新的研究手段；激光具有明显的光压效应，可利用激光辐射所产生的力来移动或俘获细胞、病毒、细菌等微小粒子。此外，激光还可以直接进行高速调制，调制频率可高达几万兆赫兹，因此特别适合应用于信息领域。

但应注意的是，对某一个具体的激光器而言，不可能同时具备所有这些特点，如脉冲激光器的脉冲宽度 $t_p$ 和激光谱线宽度 $\Delta\nu$ 之间的关系为

$$t_p=\frac{1}{\Delta\nu} \tag{1-7}$$

由此可见，对于脉冲工作的激光器，单色性并不是其优点。在实际应用中，无须对所有特性都提出很高的要求，应根据不同的应用目的，选用或研制不同特点的激光器。

## 1.3 原子的能级和辐射跃迁

物质由原子、分子或离子组成。原子由带正电的原子核及绕核运动的电子组成。各种发光现象都与光源内部原子的运动状态有关，且在许多方面与单个原子发出的光类似。

### 1.3.1 原子的结构

根据玻尔理论，原子由带正电荷的原子核和带负电荷的电子组成，电子围绕原子核做圆周运动。电子一方面由于绕核转动而有离开核的趋势，另一方面受核的正电荷吸引而有靠近核的趋势，在两者的共同作用下电子与核保持一定的距离。如果没有外界干扰，这个距离保持不变。

设原子序号为 $Z$ 的原子中，电子沿以核为中心的圆形轨道运动，电子质量为 $m$，轨道半径为 $r$，绕轨道运动的速率为 $v$，则电子受到核的库仑力为

$$f=\frac{Ze^2}{4\pi\varepsilon_0 r^2} \tag{1-8}$$

由牛顿第二定律，电子受到核的库仑力等于电子绕核转动的向心力，即

$$f=\frac{Ze^2}{4\pi\varepsilon_0 r^2}=m\frac{v^2}{r} \tag{1-9}$$

玻尔引用量子理论，提出一个假设：电子的角动量 $mvr$ 只能等于$\frac{h}{2\pi}$的整数倍，即

$$mvr=n\frac{h}{2\pi} \tag{1-10}$$

式中，$h=6.626\times10^{-34}$ J·s，为普朗克常量；$n(n=1, 2, 3, \cdots)$为主量子数。

玻尔的这个假设意味着电子运动的轨道不是任意的，而只能是一些量子化的轨道。把几个式子联立起来，可以解出玻尔模型中原子序号为 $Z$、主量子数为 $n$ 的电子轨道半径：

$$r=n^2\frac{\varepsilon_0 h^2}{Z\pi me^2} \tag{1-11}$$

式(1-11)表明，电子的轨道半径是不连续的，与主量子数 $n$ 的平方成正比。原子结构的玻尔模型如图 1-8 所示。

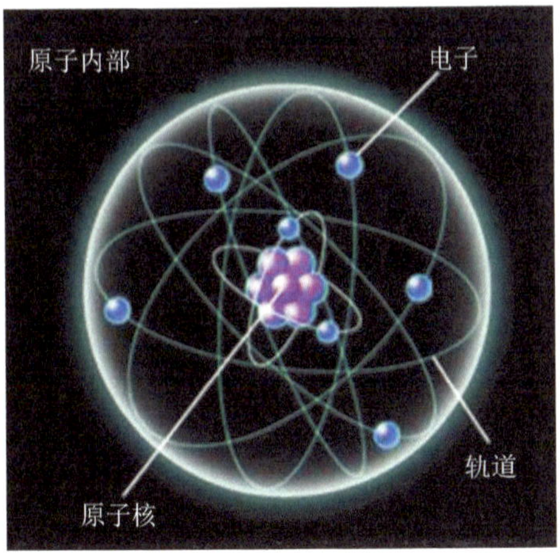


图 1-8　原子结构的玻尔模型图

### 1.3.2　原子的能级

由原子物理学可知，原子中电子的状态由四个量子数来确定，具体如下：

(1) 主量子数 $n(n=1, 2, 3, \cdots)$代表电子运动区域的大小和它的总能量的主要部分。

(2) 角量子数 $l(l=0, 1, 2, 3, \cdots, (n-1))$代表轨道的形状和轨道角动量，这也同电子的能量有关。对应于角量子数 $l=0, 1, 2, 3, \cdots, n-1$ 等的电子依次用 s、p、d、f 等字母表示，人们习惯上称它们为 s 电子、p 电子、d 电子、f 电子等。

(3) 磁量子数(即轨道方向量子数)$m_l(m_l=0, \pm1, \pm2, \cdots, \pm l)$代表轨道在空间的可能取向，即轨道角动量在某一特殊方向的分量。

(4) 自旋量子数(即自旋方向量子数)$m_s(m_s=\pm1/2)$代表电子自旋方向的取向，也代表电子自旋角动量在某一特殊方向的分量。

电子的量子数不同，表示电子的运动状态不同，如图 1-9 所示。电子在原子系统中运动时，可以处在一系列不同的壳层状态或不同的轨道状态；电子在一系列确定的分立状态

运动时，相应地有一系列分立的不连续的能量值，这些能量值通常叫作电子的能级，依次用 $E_1$，$E_2$，$E_3$，…表示。

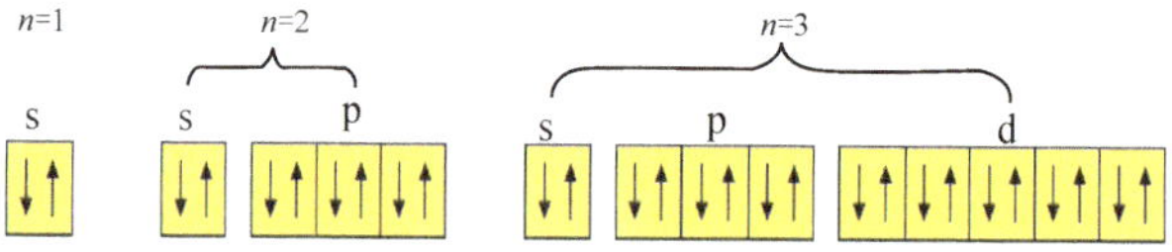


图 1-9 原子能级示意图

根据玻尔的假设可以计算出电子在每一个玻尔轨道上的总能量，这个总能量是电子的动能与电子-原子核的静电势能之和。

静电势能为

$$E_p = -\frac{Ze^2}{4\pi\varepsilon_0 r} \tag{1-12}$$

电子动能为

$$E_k = \frac{1}{2}mv^2 = \frac{Ze^2}{8\pi\varepsilon_0 r} \tag{1-13}$$

整个电子的总能量为

$$E = E_p + E_k = -\frac{Ze^2}{8\pi\varepsilon_0 r} = -\frac{1}{n^2}\cdot\frac{mZ^2e^4}{8\varepsilon_0^2 h^2} \tag{1-14}$$

由此可知，只要知道电子处于哪个轨道，即知道 $n$ 等于几，就可以求出原子的总能量。$n$ 越大，即电子所处轨道离原子核越远，则能量就越大，能级越高。当电子处于 $n=1$ 轨道上时，能量处于最低的状态，称之为基态；$n>1$ 的状态统称为激发态。通常情况下，原子处于能量最低的基态(稳定状态)。

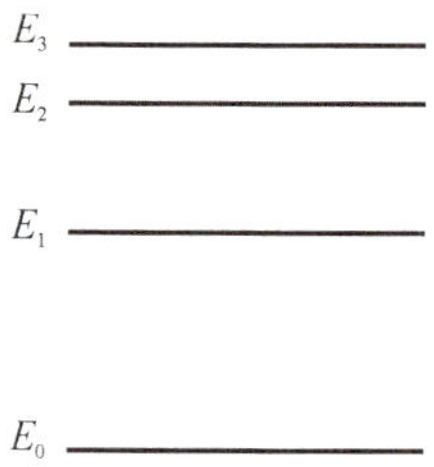


图 1-10 能级图

习惯上，可以画多条水平线，用其高低来代表能量的大小，这样的图形称为能级图，如图 1-10 所示。

## 1.3.3 原子的辐射跃迁

当电子在某一个固定的允许轨道上运动时，并不发射光子。通常情况下，原子处于能量最低的基态。当外界向原子提供能量时，原子由于吸收了外界能量，原子内部的电子可以从低轨道跃迁到某一高轨道，即原子跃迁到某一激发态。常见的激发方式是指原子吸收一个光子而得到能量 $h\nu$。处于激发态的原子是不稳定的，经过或长或短的时间(典型的时间为 $10^{-8}$s)，它会跃迁到能量较低的状态，以光子或其他方式放出能量。无论向上或向下跃迁，原子吸收或放出的能量都必须等于相应的能级差。若吸收或放出光子，必须满足

$$h\nu = E_n - E_1 \tag{1-15}$$

式中，$E_n$ 表示原子的高能级；$E_1$ 表示基态。

以图 1-10 为例，当电子从 $E_1$ 跃迁到 $E_2$ 时，它的能量增加了 $E_2-E_1$，因此它必须吸收能量，若该能量是由光子提供的，则相应的光子能量为 $h\nu_{21}=E_2-E_1$。如果电子从 $E_3$ 跳回到 $E_1$，它的能量减少了 $E_3-E_1$，因此它辐射出的能量 $h\nu_{31}=E_3-E_1$，即辐射出能量为 $h\nu_{31}$ 的光子。

这种因发射或吸收光子而使原子在能级间跃迁的现象称为辐射跃迁。除此之外，还有非辐射跃迁。非辐射跃迁表示原子在不同能级间跃迁时并不伴随光子的发射或吸收，而是把多余的能量传给了别的原子或吸收了别的原子传给它的能量。例如，对气体激光器中放电的气体来说，非辐射跃迁是通过原子和其他原子或自由电子的碰撞，或原子与毛细管壁的碰撞来实现的。在固体激光器中，非辐射跃迁的主要机制是激活离子与基质点阵的相互作用，从而使激活离子将自己的激发能量传给基质点阵，引起点阵的热振动，或者相反。总之，这时能量间的跃迁并不伴随光子的发射或吸收。

# 1.4　光和物质的作用

原子、分子或离子辐射光和吸收光的过程是与原子能级之间的跃迁联系在一起的。在普朗克 1900 年提出的辐射量子化假设，以及玻尔 1913 年提出的原子中电子运动状态量子化假设的基础上，爱因斯坦从光与原子之间的相互作用的量子论观点出发，提出了光与原子的相互作用应包括原子的自发辐射跃迁、受激辐射跃迁和受激吸收跃迁三个过程，这三个过程同时存在并且相互关联。激光器的发光过程中始终伴随着这三个跃迁过程，其中的受激辐射跃迁过程是激光产生的物理基础。

对于大量同类原子组成的系统，原子能级数目很多，要讨论全部能级之间的跃迁，问题很复杂，也没有必要。为了突出主要矛盾，下面以原子的两个能级 $E_1$ 和 $E_2$ 为例($E_2>E_1$，而且它们满足辐射跃迁选择定则)，来讨论光与原子的相互作用过程中原子能级间的跃迁，其规律同样适用于多能级系统。

## 1.4.1　自发辐射跃迁

从经典力学的观点来讲，如果一个物体的势能很高，则该物体是不稳定的。与此类似，当原子被激发到高能级 $E_2$ 时，它是不稳定的，总是力图使自己处于低的能量状态 $E_1$。处于高能级 $E_2$ 的原子自发地向低能级跃迁，并发射出一个能量为 $h\nu=E_2-E_1$ 的光子，这个过程称为自发辐射跃迁，如图 1-11 所示。

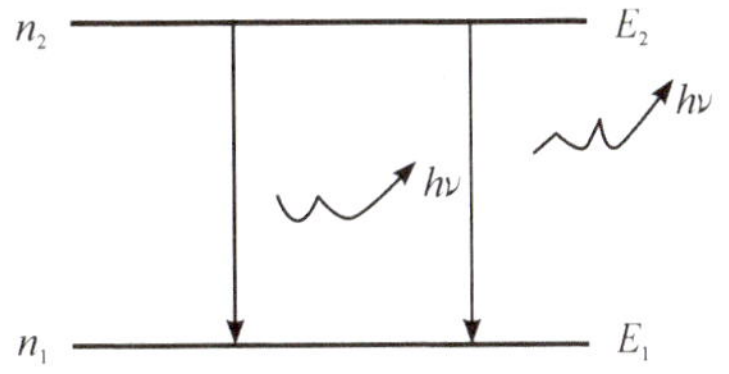


图 1-11　自发辐射跃迁

自发辐射跃迁的特点是每个发生辐射的原子都可以被看作是一个独立的发射单元，原子之间毫无联系且各个原子开始发光的时间参差不一，所以各列光波频率虽然相同(均为 $\nu$)，但是各列光波之间没有固定的相位关系，各有不同的偏振方向，并且各个原子所发的光将向空间各个方向传播。可以说，大量原子的自发辐射过程是杂乱无章的随机过程，所以自发辐射的光是非相干光。

自发辐射跃迁过程用自发辐射跃迁概率 $A_{21}$ 描述。$A_{21}$ 定义为单位时间内发生自发辐射跃迁的粒子数密度占处于 $E_2$ 能级总粒子数密度的百分比，即

$$A_{21}=\left(\frac{\mathrm{d}n_{21}}{\mathrm{d}t}\right)_{\mathrm{sp}}\frac{1}{n_2}=-\frac{1}{n_2}\frac{\mathrm{d}n_2}{\mathrm{d}t} \tag{1-16}$$

式中，$\mathrm{d}n_{21}$ 为 $\mathrm{d}t$ 时间内自发辐射粒子数密度；$n_2$ 为 $E_2$ 能级粒子数密度；下标 sp 表示自发

辐射跃迁。

也可以说，$A_{21}$ 是每一个处于 $E_2$ 能级的粒子在单位时间内发生自发辐射跃迁的概率，因此 $A_{21}$ 又称为自发辐射跃迁爱因斯坦系数。

由式(1-16)可得

$$n_2(t)=n_{20}\mathrm{e}^{-A_{21}t} \tag{1-17}$$

式中，$n_{20}$ 为起始时刻 $t=0$ 时的粒子数密度。

原子停留在高能级 $E_2$ 的平均时间称为原子在该能级的平均寿命，通常用 $\tau_s$ 表示，它等于粒子数密度由起始值 $n_{20}$ 降到其 $\frac{1}{\mathrm{e}}$ 所用的时间，可推出

$$\tau_s=\frac{1}{A_{21}} \tag{1-18}$$

由此可见，自发辐射跃迁爱因斯坦系数 $A_{21}$ 的大小与原子处在 $E_2$ 能级上的平均寿命 $\tau_s$ 有关。原子处在高能级的时间是非常短的，一般为 $10^{-8}$ s 左右。由于原子、离子以及分子等内部结构的特殊性，各个能级的平均寿命是不一样的。例如，红宝石中铬离子的能级 $E_3$ 的寿命很短，只有 $10^{-9}$ s，而能级 $E_2$ 的寿命却很长，为几个毫秒，这些寿命较长的能级称为亚稳态。在氦原子、氖原子、氪原子、氩离子、铬离子、钕离子、二氧化碳分子等粒子中都有这种亚稳态能级，这些亚稳态能级的存在，提供了形成激光的重要条件。

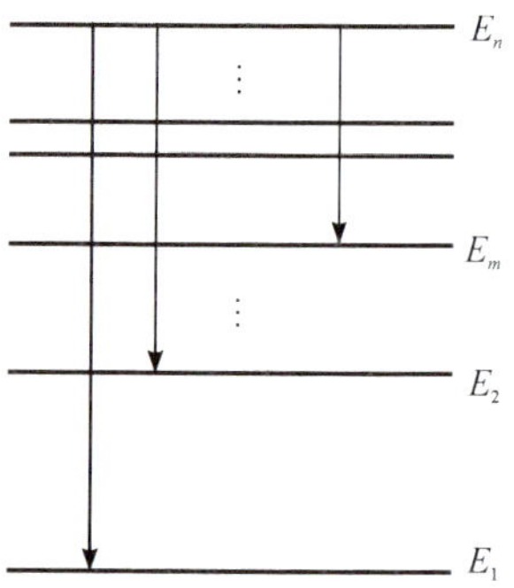

图 1-12　高能级向低能级的跃迁

式(1-18)中，只考虑了从能级 $E_2$ 向能级 $E_1$ 的跃迁。一般来说，从高能级 $E_n$ 可以跃迁到满足辐射跃迁选择定则的不同低能级，如图 1-12 所示。设跃迁到 $E_m$ 的跃迁概率为 $A_{nm}$，则激发态 $E_n$ 的自发辐射平均寿命为

$$\tau=\sum\frac{1}{A_{nm}} \tag{1-19}$$

由此可知，自发辐射过程只与原子本身的性质有关，而与外界辐射作用无关。各个原子的辐射都是自发、独立地进行的，因而各光子的初始相位、光子的传播方向和光子的振动方向等都是随机的，是非相干的。除激光器以外，普通光源(如阳光、灯光、火光等)的发光都属于自发辐射，因为自发辐射光是由这样许许多多、杂乱无章的光子组成的，所以普通光源发出的光包含许多种波长成分，向四面八方传播。

## 1.4.2 受激辐射跃迁

如果原子系统的两个能级 $E_1$ 和 $E_2$ 满足辐射跃迁选择定则，那么当受到外界能量 $h\nu=E_2-E_1$ 的光照射时，处在 $E_2$ 能级的原子有可能受到外来光的激励作用而跃迁到较低的能级 $E_1$ 上去，同时发射一个与外来光子完全相同的光子，如图 1-13 所示。这种原子的发光过程叫作受激辐射跃迁。

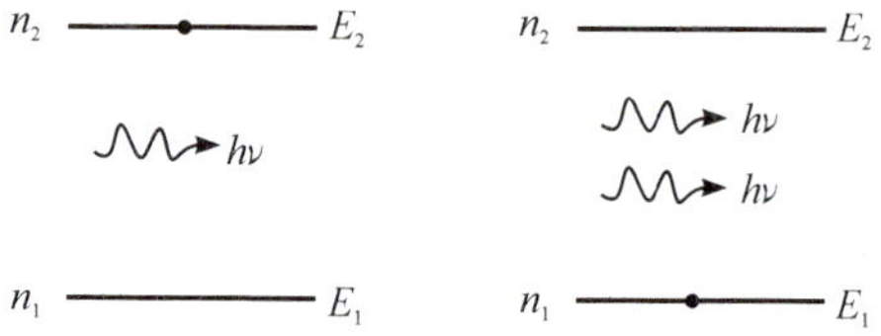

图 1-13　受激辐射跃迁

受激辐射跃迁的特点如下：

（1）只有外来光子的能量 $h\nu = E_2 - E_1$ 时，才能引起受激辐射跃迁。

（2）受激辐射跃迁所发出的光子与外来光子的特性完全相同，即频率相同、相位相同、偏振方向相同、传播方向相同。

受激辐射跃迁使外来的光强得到放大，即光经受激辐射后，特征完全相同的光子数增加了。需要注意的是，受激辐射跃迁与自发辐射跃迁极为重要的区别在于相干性。自发辐射跃迁是原子在不受外界辐射场控制情况下的自发过程，因此，大量原子的自发辐射场的相位是无规则分布的，因而是不相干的。此外，自发辐射场的传播方向和偏振方向也是无规则分布的。受激辐射跃迁是在外界辐射场的控制下的发光过程，因而各原子的受激辐射的相位不再是无规则分布的，而应该具有和外界辐射场相同的相位。在量子电动力学的基础上可以证明：受激辐射光子与入射（激励）光子属于同一光子态；或者说，受激辐射场与入射辐射场具有相同的频率、相位、波矢（传播方向）和偏振，因而是相干的。光的受激辐射过程是产生激光的基本过程。

受激辐射跃迁用受激辐射跃迁概率 $W_{21}$ 来描述，其定义与自发辐射跃迁概率类似，即

$$W_{21} = \left(\frac{\mathrm{d}n_{21}}{\mathrm{d}t}\right)_{\mathrm{st}} \frac{1}{n_2} = -\frac{1}{n_2}\frac{\mathrm{d}n_2}{\mathrm{d}t} \tag{1-20}$$

式中，$\mathrm{d}n_{21}$ 是 $\mathrm{d}t$ 时间内受激辐射粒子数密度；下标 st 表示受激辐射跃迁。

受激辐射跃迁与自发辐射跃迁的区别在于，受激辐射跃迁是在辐射场（光场）的激励下产生的，因此，其跃迁概率不仅与原子本身的性质有关，还与外来光场的单色能量密度 $\rho_\nu$ 成正比，即

$$W_{21} = B_{21}\rho_\nu \tag{1-21}$$

式中，$B_{21}$ 为受激辐射跃迁爱因斯坦系数，它只与原子本身的性质有关，表征原子在外来光辐射作用下产生从 $E_2$ 到 $E_1$ 受激辐射跃迁的本领。当 $B_{21}$ 一定时，外来光场的单色能量密度越大，受激辐射跃迁概率就越大。

### 1.4.3 受激吸收跃迁

处于低能级 $E_1$ 的原子，在频率为 $\nu$ 的光场作用（照射）下，吸收一个能量为 $h\nu_{21}$ 的光子后跃迁到高能级 $E_2$ 的过程称为受激吸收跃迁，如图 1-14 所示。

受激吸收跃迁恰好是受激辐射跃迁的逆过程。受激吸收跃迁概率 $W_{12}$ 为

$$W_{12} = \left(\frac{\mathrm{d}n_{12}}{\mathrm{d}t}\right)_{\mathrm{st}} \frac{1}{n_1} = \frac{1}{n_1}\frac{\mathrm{d}n_2}{\mathrm{d}t} \tag{1-22}$$

式中，$\mathrm{d}n_{12}$ 是 $\mathrm{d}t$ 时间内受激吸收粒子数密度；$n_1$ 是 $E_1$ 能级粒子数密度。

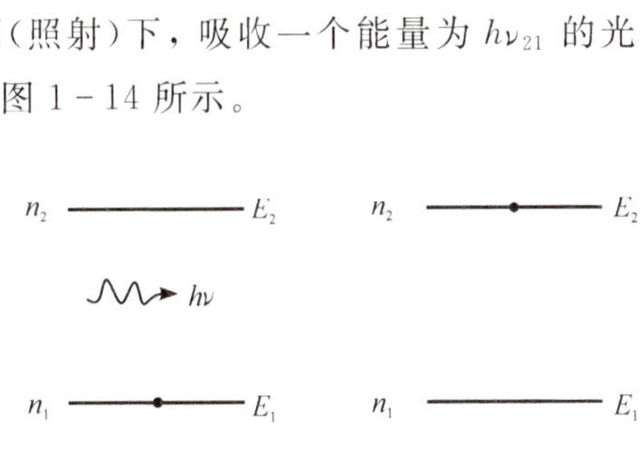

图 1-14 受激吸收跃迁

受激吸收跃迁过程也是在辐射场作用下产生的，故其跃迁概率 $W_{12}$ 也与辐射场单色能量密度 $\rho_\nu$ 成正比，即跃迁概率 $W_{12}$ 为

$$W_{12} = B_{12}\rho_\nu \tag{1-23}$$

式中，$B_{12}$ 为受激吸收跃迁爱因斯坦系数，它也只与原子本身的性质有关，表征原子在外来

光场作用下产生从 $E_1$ 到 $E_2$ 受激吸收跃迁的本领。

### 1.4.4 自发辐射跃迁、受激辐射跃迁和受激吸收跃迁之间的关系

事实上，在光和大量原子系统的相互作用中，自发辐射跃迁、受激辐射跃迁和受激吸收跃迁三种过程是同时发生的，且密切相关。在单色能量密度为 $\rho_\nu$ 的光照射下，$\mathrm{d}t$ 时间内在光和原子相互作用达到动态平衡的条件下，自发辐射跃迁爱因斯坦系数 $A_{21}$ 与受激辐射跃迁爱因斯坦系数 $B_{21}$、受激吸收跃迁爱因斯坦系数 $B_{12}$ 之间有下述关系：

$$A_{21}n_2\mathrm{d}t + B_{21}\rho_\nu n_2\mathrm{d}t = B_{12}\rho_\nu n_1\mathrm{d}t \tag{1-24}$$

由此可知，单位体积中，在 $\mathrm{d}t$ 时间内，由高能级 $E_2$ 通过自发辐射和受激辐射而跃迁到低能级 $E_1$ 的原子数等于低能级 $E_1$ 吸收光子而跃迁到高能级 $E_2$ 的原子数。求出 $A_{21}$ 与 $B_{21}$、$B_{12}$ 之间的具体关系，特别是 $A_{21}$ 与 $B_{21}$ 比值的具体关系，就可以说明激光光源和普通光源的差别。因为爱因斯坦系数 $A_{21}$、$B_{21}$、$B_{12}$ 只是原子能级之间的特征参量，而与外来辐射场的单色能量密度 $\rho_\nu$ 无关。为此，可以设想把要研究的原子系统充入热力学温度为 $T$ 的空腔内，使光和物质相互作用达到热平衡，来求得爱因斯坦系数间的关系。虽然研究的过程是以物质原子与空腔场相互作用达到动平衡这一特例进行的，但得到的结果是普遍适用的。

设高能级 $E_2$（简并度为 $g_2$）的原子数密度为 $n_2$，低能级 $E_1$（简并度为 $g_1$）的原子数密度为 $n_1$，则由玻尔兹曼分布定律可得到如下关系式：

$$\frac{n_2/g_2}{n_1/g_1} = \mathrm{e}^{-\frac{E_2-E_1}{kT}} = \mathrm{e}^{-\frac{h\nu}{kT}} \tag{1-25}$$

式中，$k$ 表示玻尔兹曼常数。

将式(1-25)代入式(1-24)，可得到

$$(B_{21}\rho_\nu + A_{21})\frac{g_2}{g_1}\mathrm{e}^{-\frac{h\nu}{kT}} = B_{12}\rho_\nu \tag{1-26}$$

由此计算出热平衡空腔的单色辐射能量密度 $\rho_\nu$，即

$$\rho_\nu = \frac{A_{21}}{B_{21}}\frac{1}{\dfrac{B_{12}g_1}{B_{21}g_2}\mathrm{e}^{\frac{h\nu}{kT}} - 1} \tag{1-27}$$

由普朗克理论所得黑体单色辐射能量密度公式为

$$\rho_\nu = \frac{8\pi h\nu^3}{c^3} \times \frac{1}{\mathrm{e}^{h\nu/kT} - 1} \tag{1-28}$$

比较得 $A_{21}$ 与 $B_{21}$、$B_{12}$ 之间的具体关系表达式为

$$\frac{A_{21}}{B_{21}} = \frac{8\pi h\nu^3}{c^3} \tag{1-29}$$

$$g_1B_{12} = g_2B_{21} \tag{1-30}$$

式(1-29)和式(1-30)表明了爱因斯坦系数之间的基本关系。需要说明的是，由于三个系数都是原子能级的特征参量，与具体过程无关，所以式(1-29)和式(1-30)虽然是借助空腔热平衡这一特殊过程得出的，但它们仍是普遍适用的(此证明可由量子电动力学给出)。如果上、下能级的简并度相等，即 $g_1 = g_2$，则 $B_{21}$ 与 $B_{12}$ 的关系为

$$B_{12}=B_{21} \tag{1-31}$$

在折射率为 $\mu$ 的介质中，光速为 $c/\mu$，则 $A_{21}$ 与 $B_{21}$ 的比值为

$$\frac{A_{21}}{B_{21}}=\frac{8\pi\mu^3 h\nu^3}{c^3} \tag{1-32}$$

### 1.4.5 自发辐射光功率与受激辐射光功率

在不同条件下，自发辐射与受激辐射光功率的大小差别很大，了解这种差别有助于分析实际问题。

由前面的讨论可知，在单位时间内，单位体积中自发辐射的光子数密度为 $n_2(t)A_{21}$，它与单色辐射能量密度无关。所以某时刻自发辐射的光功率体密度 $q_{自}(t)$应为单位时间内自发辐射的光子数密度与每一个光子能量 $h\nu$ 的乘积，即

$$q_{自}(t)=h\nu\cdot n_2(t)A_{21} \tag{1-33}$$

同理，受激辐射的光功率体密度 $q_{激}(t)$应为

$$q_{激}(t)=h\nu\cdot n_2(t)B_{21}\rho_\nu \tag{1-34}$$

于是，受激辐射光功率体密度 $q_{激}(t)$与自发辐射光功率体密度 $q_{自}(t)$之比为

$$\frac{q_{激}(t)}{q_{自}(t)}=\frac{h\nu\cdot n_2(t)B_{21}\rho_\nu}{h\nu\cdot n_2(t)A_{21}}=\frac{B_{21}\rho_\nu}{A_{21}}=\frac{c^3}{8\pi h\nu^3}\rho_\nu \tag{1-35}$$

对于平衡热辐射光源，再结合单色能量密度公式

$$\rho_\nu=\frac{8\pi h\nu^3}{c^3}\times\frac{1}{e^{h\nu/kT}-1} \tag{1-36}$$

得到受激辐射光功率体密度 $q_{激}(t)$与自发辐射光功率体密度 $q_{自}(t)$之比为

$$\frac{q_{激}(t)}{q_{自}(t)}=\frac{c^3}{8\pi h\nu^3}\rho_\nu=\frac{1}{e^{h\nu/kT}-1} \tag{1-37}$$

需要强调的是，普通光源是自发辐射，其发出的光彼此之间没有固定的相位关系，所以一般称为非相干光源。激光光源是受激辐射，其发出的光与入射光有完全相同的相位关系，所以称为相干光源。

### 1.4.6 光谱线的线型函数

原子发光是有限波列的单频光，因而仍然有一定的频带宽度。实际上使用分辨率很高的摄谱仪来拍摄原子的发光光谱，所得的每一条光谱线正是这样具有有限宽度的。这就意味着原子发射的不是正好为某一频率 $\nu_0$（满足 $h\nu_0=E_2-E_1$）的光，而是发射频率在 $\nu_0$ 附近某个范围内的光。实验还表明，不仅各条谱线的宽度不相同，就每一条光谱线而言，在有限宽度的频率范围内，光强的相对强度也不一样。

设某一条光谱线的总光强为 $I$，测得在频率 $\nu$ 附近单位频率间隔的光强为 $I(\nu)$，则在频率 $\nu$ 附近，单位频率间隔的相对光强为 $I(\nu)/\nu_0$，即

$$f(\nu)=\frac{I(\nu)}{\nu_0} \tag{1-38}$$

以频率 $\nu$ 为横坐标，$f(\nu)$为纵坐标，$f(\nu)$表示某一谱线在单位频率间隔的相对光强分布，$f(\nu)$称作光谱线的线型函数。考虑到原子发光的线型函数，受激辐射(或吸收)跃迁概率应乘以外来光中心频率处的原子光谱线的线型函数。此时的受激辐射跃迁概率应为

$$W_{21}=B_{21}\rho_{\nu}f(\nu) \tag{1-39}$$

同理，受激吸收跃迁概率为

$$W_{12}=B_{12}\rho_{\nu}f(\nu) \tag{1-40}$$

# 1.5 激光形成的条件

与普通光源不同，激光是靠介质内的受激辐射向外发出大量光子而形成的。受激辐射产生的光子与外来光子性质完全相同，使入射光得到放大。用这种原理制成的光源称为受激辐射的光放大器，简称激光器，其输出光称为激光。本节主要讨论的是利用受激辐射使光放大产生激光的条件。

## 1.5.1 受激辐射光放大

一个光子激发一个粒子产生受激辐射，可以使粒子产生一个与该光子状态完全相同的光子，这两个光子再去激发另外两个粒子产生受激辐射，就可以得到完全相同的 4 个光子，如此循环，在一个入射光子的作用下，可引起大量发光粒子产生受激辐射，并产生大量运动状态完全相同的光子，这种现象称为受激辐射光放大，如图 1-15 所示。

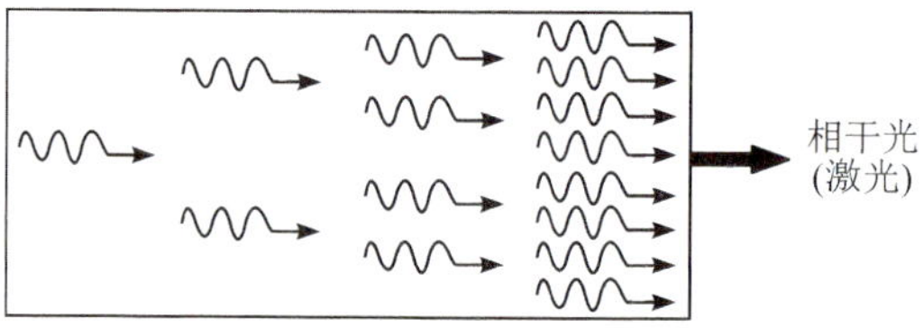


图 1-15 受激辐射光放大

由于受激辐射产生的光子都属于同一光子态，因此它们是相干的。在受激辐射过程中产生并被放大了的光便是激光。

但是，光与原子体系相互作用时，总是同时存在自发辐射、受激辐射和受激吸收三种过程。一束光通过发光物质后，光强增大还是减弱，主要是看哪种跃迁过程占优势。

通常情况下，原子体系总是处于热平衡状态，各能级粒子数服从玻尔兹曼统计分布，其可表示为

$$\frac{n_2}{n_1}=e^{-\frac{E_2-E_1}{kT}} \tag{1-41}$$

式中，已令 $f_1=f_2$，因为 $E_2>E_1$，所以 $n_2<n_1$，即高能级粒子数恒小于低能级粒子数。

而爱因斯坦理论指出，原子受激辐射的概率和受激吸收的概率是相同的，即 $B_{21}=B_{12}$。因此，当频率 $\nu=(E_2-E_1)/h$ 的光通过物质时，受激吸收光子数 $n_1W_{12}$ 恒大于受激辐射光子数 $n_2W_{21}$。而处于热平衡状态下的物质只能吸收光子，所以光强减弱。

由式(1-29)和式(1-30)可知，受激辐射跃迁概率 $W_{21}$ 与自发辐射跃迁概率 $A_{21}$ 之比

$R$ 为

$$R=\frac{B_{21}\rho_\nu}{A_{21}}=\frac{c^3\rho_\nu}{8\pi h\nu^3}=\frac{1}{e^{h\nu/kT}-1} \tag{1-42}$$

当 $T=300$ K 时，$R\approx 10^{-35}$。由此可见，通常情况下，受激辐射的概率是微乎其微的，占主导优势的是自发辐射。普通光源的相干性差正是由于绝大部分原子进行自发辐射而造成的。

综上所述，在光与原子相互作用的三种基本过程中，存在着两种基本矛盾，即受激辐射和受激吸收的矛盾，受激辐射和自发辐射的矛盾。正常情况下，受激辐射并不占优势。要想通过受激辐射光放大过程产生激光，就必须具备克服这两个矛盾的条件，从而确保受激辐射在三个过程中占主导地位。

### 1.5.2 粒子数反转

形成粒子数反转分布是克服受激辐射和受激吸收的矛盾的必要条件。为了产生受激辐射，必须改变粒子的常规分布状态。如果采取诸如光照、放电等方法从外界不断地向发光物质输入能量，把处在低能级的发光粒子激发到高能级上去，便可使高能级的粒子数密度超过低能级的粒子数密度，这种状态称为粒子数反转(或集居数反转)，如图 1-16 所示。由前文的介绍可知，只要 $T<0$，就有 $n_2>n_1$，因此又称粒子数反转分布为负温度状态。因此，激光器是远离热平衡状态的系统。

(a) 粒子数正常分布　(b) 粒子数反转分布

图 1-16　粒子数反转

只要使发光物质处于粒子数反转的状态，受激辐射就会大于受激吸收，当频率为 $\nu$ 的光束通过发光物质时，光强就会得到放大，这便是激光放大器的基本原理。即便没有入射光，只要发光物质中有一个频率合适的光子存在，便可像连锁反应一样，迅速产生大量相同光子态的光子，形成激光，这就是激光器的基本原理。由此可见，形成粒子数反转是产生激光或激光放大的必要条件。

一般来说，当物质处于热平衡状态时，粒子数反转是不可能实现的。要想使处于正常状态的物质转化成反转分布状态，必须激发低能级的原子使之跃迁到高能级，且在高能级有较长的寿命。因此，必须由外界向物质供给能量，使物质处于非热平衡状态，粒子数反转才有可能实现。外界向物质供给能量，把原子从低能级激励到高能级，从而在两个能级之间实现粒子数反转的过程称为泵浦(或激励、抽运)。现有的泵浦源多种多样，如闪光灯、气体放电、化学反应热能、核能等。

### 1.5.3 激活粒子的能级系统

为了形成稳定的激光，首先要有能够形成粒子数反转的发光粒子，即激活粒子。激活粒子可以是分子、原子或离子，有些可以独立存在，有些则必须依附于某些材料。为激活粒子提供寄存场所的材料称为基质。基质可以是固体，也可以是液体。基质与激活粒子统称为激光工作物质。

并非所有物质都能实现粒子数反转，在能实现粒子数反转的物质中，也并非在该物质的任意两个能级间都能实现粒子数反转，要实现粒子数反转必须有合适的能级系统。首先必须要有激光上能级和激光下能级，还需要有一些与产生激光有关的其他能级。通常，激光工作物质都是由包含有亚稳态的三能级结构或四能级结构的原子体系组成的。

### 1. 二能级系统

对于二能级系统，若原子体系受到强光的照射，则处于低能级的原子会被激发到高能级上，如图 1-17 所示。由于 $B_{21}=B_{12}$，因此，原子受激吸收跃迁概率 $W_{12}$ 和受激辐射跃迁概率 $W_{21}$ 也应相等，即 $W_{12}=W_{21}=W$。

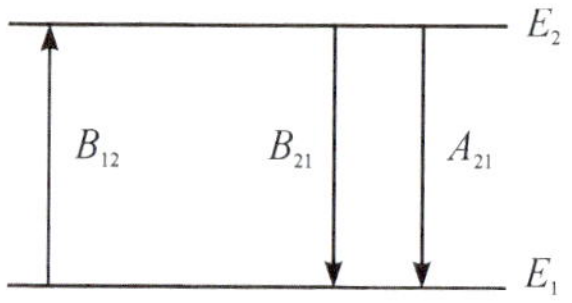


图 1-17　二能级系统示意图

若 $E_1$ 和 $E_2$ 能级上的粒子数密度分别为 $n_1$ 和 $n_2$，则 $n_2$ 的变化率为

$$\frac{\mathrm{d}n_2}{\mathrm{d}t}=W(n_1-n_2)-n_2A_{21} \tag{1-43}$$

达到稳定状态时，粒子数密度 $n_2$ 不再变化，即 $\frac{\mathrm{d}n_2}{\mathrm{d}t}=0$，则由式(1-43)可得

$$\frac{n_2}{n_1}=\frac{W}{A_{21}+W} \tag{1-44}$$

由此可知，不论使用多强的光激励，$n_2$ 总是小于 $n_1$。当 $W$ 非常大时，上、下能级的粒子数密度才能大致相等。所以，由两个能级构成的体系中，即使有很强的入射光也不能实现粒子数反转分布。

### 2. 三能级系统

理论分析和实验结果都表明，三能级系统有可能实现粒子数反转。

图 1-18 所示的三能级系统中，受激辐射在 $E_1$ 和 $E_2$ 两个能级之间产生。其中 $E_1$ 为基态，作为激光下能级，泵浦源将激活粒子从 $E_1$ 能级抽运到 $E_3$ 能级，$E_3$ 能级的寿命很短(通常约为 $10^{-8}$ s)，激活粒子很快地经非辐射跃迁方式到达 $E_2$ 能级。$E_2$ 能级的寿命(几毫秒)比 $E_3$ 长得多，为亚稳态，作为激光上能级。只要抽运速率达到一定程度，就可以实现 $E_1$ 和 $E_2$ 两个能级之间的粒子数反转，可为受激辐射创造条件。例如，固体激光器中红宝石激光器的激活粒子——铬离子就属于这类能级系统，它用强的闪光灯作为泵浦源来激励激光介质。

从以上分析可以看出，三能级系统中实现粒子数反转的上能级是 $E_2$ 能级，下能级是基态 $E_1$ 能级，由于基态能级上总是聚集着大量粒子，因此，要实现 $n_2>n_1$，外界泵浦作用需要相当强，这是三能级系统的一个显著缺点。

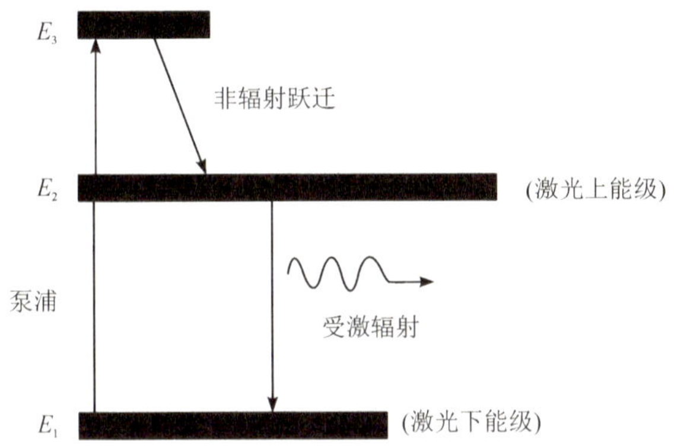


图 1-18 三能级系统示意图

### 3. 四能级系统

一种典型四能级系统如图 1-19 所示。与三能级系统相比，此四能级系统是在基态能级之上多了一个能级(图中的 $E_2$ 能级)，该能级的平均寿命非常短。

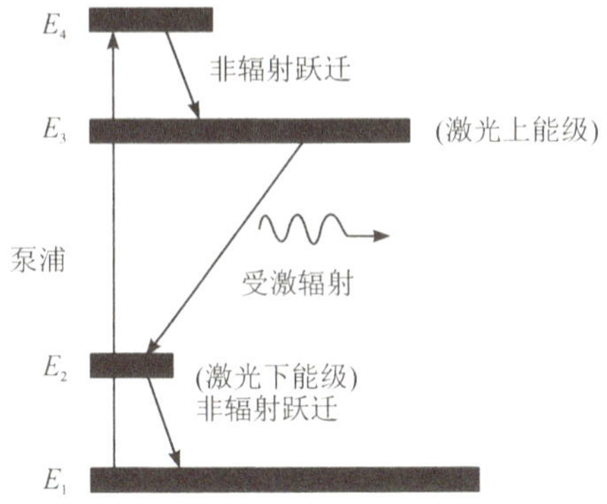


图 1-19 四能级系统示意图

四能级系统的泵浦过程与三能级系统类似。其中 $E_3$ 为激光上能级，$E_2$ 为激光下能级，泵浦源将激活粒子从基态 $E_1$ 抽运到 $E_4$ 能级，$E_4$ 能级的寿命很短，立即通过非辐射跃迁方式到达 $E_3$ 能级。$E_3$ 能级寿命较长，是亚稳态。而 $E_2$ 能级寿命很短，热平衡时基本是空的，因此易于实现 $E_3$ 与 $E_2$ 两个能级之间的粒子数反转。例如，固体激光器中的钕玻璃激光器及掺钕钇铝石榴石(Nd:YAG)激光器中的激活粒子——钕粒子便属于这类能级系统。

由于四能级系统中激光下能级是 $E_2$ 而不是基态，在室温条件下，$E_2$ 能级上粒子会很快以非辐射跃迁方式回到基态 $E_1$，因此 $E_2$ 能级粒子数非常少，甚至是空的，即四能级系统比三能级系统更容易实现粒子数反转。

需要注意的是，以上讨论的三能级系统和四能级系统都是指与激光的产生过程直接有关的能级，不是说该物质只具有三个能级或四个能级。对任何一种实际的工作物质，与激光有关的能级结构和能级间跃迁特性可能是很复杂的，不同的工作物质可能有很大差异。

### 1.5.4 光学谐振腔和阈值条件

根据前文的分析，受激辐射除了与受激吸收过程相矛盾，还与自发辐射过程相矛盾。处于激发态能级的原子可以通过自发辐射或受激辐射回到基态。在这两种过程中，自发辐射是主要的。由此可见，即使介质已实现粒子数反转，也未必就能实现以受激辐射为主的辐射。要解决受激辐射与自发辐射的矛盾，使受激辐射占绝对优势，还需要利用光学谐振腔来实现光的自激振荡，即激光振荡。

受激辐射跃迁概率是 $W_{21}$，自发辐射跃迁概率是 $A_{21}$，要使受激辐射跃迁概率远大于自发辐射跃迁概率，即

$$W_{21} \gg A_{21} \tag{1-45}$$

可通过加大增益介质中传播的光能密度 $\rho_\nu$ 来实现。此外，外来光或增益介质自发辐射产生的光通过增益介质时，会因为受激辐射而产生光的放大，且随穿过增益介质的路程 $z$ 按指数规律增长，增益介质越长，最终 $\rho_\nu$ 的值也越大。因此加大增益介质中的光能密度 $\rho_\nu$，可以用加长增益介质的长度的办法来实现。基于技术和经济上的原因，无法把介质做得很长。如果能使增益介质对光的受激放大作用不是仅仅一次，而是多次重复进行，即可解决矛盾。

实现上述设想的实际措施是采用光学谐振腔。一种最简单的光学谐振腔是在增益介质的两端各加一块平面反射镜。其中一块反射镜的反射率 $r_1 \approx 1$，此反射镜称为全反射镜。当光射到全反射镜上时，全反射镜将把光全部反射回介质中继续放大。另一块反射镜的反射率 $r_2 < 1$，此反射镜称为部分反射镜。当光射到部分反射镜上时，一部分反射回原介质后继续放大，另一部分透射出去作为输出激光。把这两块反射镜调整到互相严格平行，并且垂直于增益介质的轴线，就组成了一个简单的光学谐振腔，即平行平面腔，如图 1-20 所示。

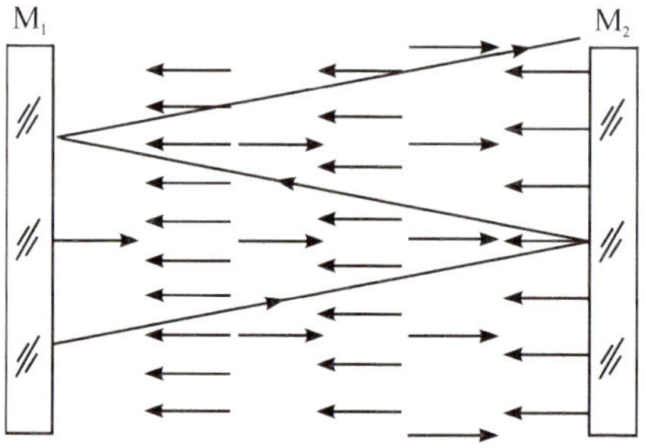


图 1-20 平行平面腔

放置在两块反射镜之间的增益介质对沿腔轴方向传播的光波进行放大。由于两个镜面的多次反射，沿腔轴方向传播的光会不间断地往返于两个镜面之间，增益介质中的光能密度 $\rho_\nu$ 不断地得到加强，从而使增益介质的受激辐射跃迁概率 $W_{21}$ 远大于自发辐射跃迁概率 $A_{21}$，沿腔轴方向的受激辐射占绝对优势。

由以上分析可以看出，光学谐振腔能起到延长增益介质的作用(来提高光能密度)，同时还能控制光束的传播方向。只有那些沿腔轴方向往返传播的光，才能获得多次放大。对于那些偏离腔轴方向传播的光，经反射镜的数次反射就会侧向逸出增益介质。因此，光学谐振腔的存在保证了输出的激光具有极好的方向性。

然而，有了能实现粒子数反转的工作物质和光学谐振腔，还不一定能引起自激振荡而产生激光。因为工作物质在光学谐振腔内虽然能够引起光放大，但谐振腔内还存在着使光子减少的相反过程，称为损耗。损耗有多种原因，如反射镜的透射、吸收和衍射，工作物质不均匀所造成的折射或散射等。显然，只有当光在谐振腔内来回一次所得到的增益大于同一过程中的损耗时，才能维持光振荡。也就是说，要产生激光振荡，必须满足一定的条件，这个条件是激光器实现自激振荡所需要的最低条件，又称为阈值条件。

阈值条件的推导过程具体如下：

光通过激活介质时受到的放大作用的大小通常用增益(放大)系数 $G$ 来描述。设在光传播方向上 $z$ 处的光强为 $I(z)$，$G(z)$ 表示光通过单位距离激活物质后光强增长的百分数，则增益系数 $G$ 定义为

$$G(z)=\frac{\mathrm{d}I(z)}{\mathrm{d}z}\cdot\frac{1}{I(z)} \tag{1-46}$$

在光强 $I$ 很小时，增益系数近似为常数，记为 $G^0$(称为小信号增益系数)。

光在进行放大的同时，还存在光的损耗，用损耗系数 $\alpha$ 来描述。$\alpha$ 定义为光通过单位距离后光强衰减的百分数，其可表示为

$$\alpha=-\frac{\mathrm{d}I(z)}{\mathrm{d}z}\cdot\frac{1}{I(z)} \tag{1-47}$$

同时考虑到增益和损耗，则

$$\mathrm{d}I(z)=[G(I)-\alpha]I(z)\mathrm{d}z \tag{1-48}$$

起初，激光器中光强按小信号放大规律增长，设初始光强为 $I_0$，则 $I(z)$ 为

$$I(z)=I_0\mathrm{e}^{(G^0-\alpha)z} \tag{1-49}$$

若要形成光放大，需满足

$$I_0\mathrm{e}^{(G^0-\alpha)z}\geqslant I_0 \tag{1-50}$$

即

$$G^0\geqslant\alpha \tag{1-51}$$

概括地说，要使受激辐射起主要作用而产生激光，必须具备如下三个条件：

(1) 有提供放大作用的增益介质作为激光工作物质，其激活粒子(原子、分子或离子)有适合于产生受激辐射的能级结构。

(2) 有外界激励源，将下能级的粒子抽运到上能级，使激光上、下能级之间产生粒子数反转。

(3) 有光学谐振腔，增长激活介质的工作长度，控制光束的传播方向，选择被放大的受激辐射光频率以提高单色性。

# 第 2 章

# 激光器的工作原理

激光器是一种新型光源，目前有关激光器的理论已日臻完善。本章将对激光器的原理作简要介绍。首先，概述激光器的基本结构，然后讨论光学谐振腔结构、速率方程组和粒子数反转、增益系数及光学谐振腔的损耗等。希望通过本章的学习，读者能够深入理解激光器的工作过程。

## 2.1 激光器的基本组成

通常，激光器由激光工作物质、泵浦源和光学谐振腔(即图中的全反射镜和部分反射镜)三部分组成，如图 2-1 所示。

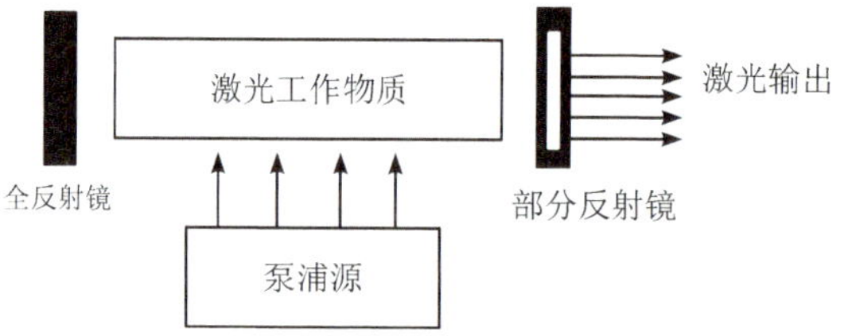


图 2-1 激光器的结构

### 1. 激光工作物质

激光工作物质是指用来实现粒子数反转并产生光的受激辐射放大作用的物质，有时也称为激光增益介质。对激光工作物质的主要要求是尽可能在其工作粒子的特定能级间实现较大程度的粒子数反转，并使这种反转在整个激光发射作用过程中尽可能有效地保持下去。为此，要求激光工作物质具有合适的能级结构和跃迁特性。亚稳态能级的存在对实现粒子数反转是非常有利的。

激光工作物质可以是固体(如晶体、玻璃)、气体(如原子气体、离子气体、分子气体)、半导体和液体等介质。不同的激光器中，激活粒子可能是原子、分子、离子。各种物质产生激光的基本原理都是类似的。我们将实现了粒子数反转的物质统称为激活介质或增益介质，它们对光信号具有放大作用。

激光工作物质决定了激光器能够辐射的激光波长。激光波长由物质中形成激光辐射的两个能级间的跃迁来确定。目前，实验室条件下能够产生激光的物质已有上千种，可产生的激光波长覆盖范围是真空紫外到远红外波段，X 射线波段的激光器也正在研究中。

### 2. 泵浦源

泵浦源的作用是对激光工作物质进行激励，将激活粒子从基态抽运到高能级，以实现粒子数反转。泵浦源的结构如图 2-2 所示。根据激光工作物质和激光器运转条件的不同，可以采取不同的激励方式和激励装置。常见的激励方式有以下四种。

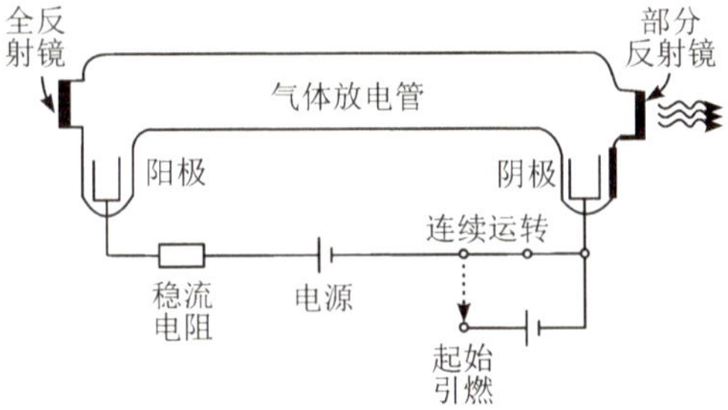


图 2-2　泵浦源的结构

(1) 光学激励(光泵浦)。光泵浦是利用外界光源发出的光来辐照激光工作物质以实现粒子数反转的，整个激励装置通常是由气体放电光源(如氙灯、氪灯)和聚光器组成的。固体激光器一般采用普通光源(如脉冲氙灯)或是半导体激光器作为泵浦源，对激光工作物质进行光照。

(2) 气体放电激励。对于气体激光工作物质，通常是将气体密封在细玻璃管内，在其两端加电压，通过气体放电的方法来进行激励，整个激励装置通常由放电电极和放电电源组成。

(3) 化学激励。化学激励是利用在激光工作物质内部发生的化学反应过程来实现粒子数反转的，通常要求有适当的化学反应物和相应的引发措施。

(4) 核能激励。核能激励是利用小型核裂变反应所产生的裂变碎片、高能粒子或放射线来激励激光工作物质，并实现粒子数反转的。

半导体激光器是一种固体激光器，但它使用的是注入电流的方法，依靠电流流经介质产生电子和空穴的复合过程形成光辐射，因此不需要外部的泵浦源。

从能量角度来看，泵浦过程就是外界给粒子体系提供能量的过程。激光器中，激光能量的来源是由激励装置从其他形式的能量(如光、电、化学、热能等)转化而来的。为了得到连续的激光输出，必须不断地进行泵浦，使上能级的粒子数多于下能级的粒子数。

### 3. 光学谐振腔

光学谐振腔主要有以下两个方面的作用。

1) 产生与维持激光振荡

光学谐振腔的作用首先是增加激光工作物质的有效长度，使得受激辐射过程有可能超过自发辐射而成为主导；同时提供光学正反馈，使激活介质中产生的辐射能够多次通过介质，并且使光束在腔内往返一次过程中由受激辐射所提供的增益超过光束所受的损耗，从而使光束在腔内得到放大并维持自激振荡。

2）控制输出激光束的质量

激光束的特性与光学谐振腔结构有着不可分割的联系，光学谐振腔可以对腔内振荡光束的方向和频率进行限制，以保证输出激光的高单色性和高方向性。通过调节光学谐振腔的几何参数，可以直接控制光束的横向分布特性、光斑大小、振荡频率及光束发散角等。

除上述三个基本组成部分外，还可以根据不同的使用目的，在激光器的谐振腔内或腔外加入对输出激光或光学谐振腔进行调节的光学元件。例如，激光发射的谱线并不是严格的单色光，而是具有一定的频率宽度，若要选取某一特定波长的光作为激光输出，可以在谐振腔中插入一对 F-P 标准具。为改变透过的光强，选择波长或光的偏振方向，可在谐振腔中加入滤光器。为降低反射损耗，可在谐振腔中加入布儒斯特窗；还可以在谐振腔中加入锁模装置或 Q 开关，对输出激光的能量进行控制。此外，还可添加棱镜、偏振器、波片、光隔离器等光学元件。

## 2.2 光学谐振腔的结构与稳定性

如果光线在谐振腔内往返任意多次也不会横向逸出腔外，则这样的谐振腔称为稳定腔。如果光线在谐振腔内经过有限次往返后横向逸出腔外，则这样的谐振腔称为非稳腔。如果谐振腔内存在某些特定的傍轴光线可以往返传播而不逸出，即介于稳定腔与非稳腔之间，则这样的谐振腔称为介稳腔。由此可见，分析光学谐振腔的稳定性条件，其实质是研究光线在谐振腔内往返传播而不逸出的条件。

两块平面镜就可以使与平面镜垂直的光线在谐振腔内任意多次来回反射，而不会投射到平面镜的通光口径之外。显而易见的是，不垂直于反射镜表面的傍轴光线经过有限次反射就会投射到平面镜的通光口径之外，使得激活介质作用的工作长度只得到有限的增长。所以，光线在谐振腔中反射的次数与光学谐振腔的结构密切相关。

光学谐振腔是由相隔一定距离的两块反射镜组成的。无论是平面镜还是球面镜，无论是凸面镜还是凹面镜，都可以用“共轴球面”模型来表示。因为只要把两个反射镜的球心连线作为光轴，整个系统总是轴对称的，两个反射面可以看成是“共轴球面”。平面镜是半径为无穷大的球面镜。如果其中一块是平面镜，可以用通过另一块球面镜球心与平面镜垂直的直线作为光轴。平行平面腔的光轴可以是与平面镜垂直的任一直线。当然，如果两个平面镜不平行，则不能产生谐振，故不在讨论之列。

如图 2-3 所示，共轴球面腔的结构可以用三个参数来表示：两个球面反射镜的曲率半径 $R_1$、$R_2$ 和腔长 $L$（即与光轴相交的反射镜面上的两个点之间的距离）。

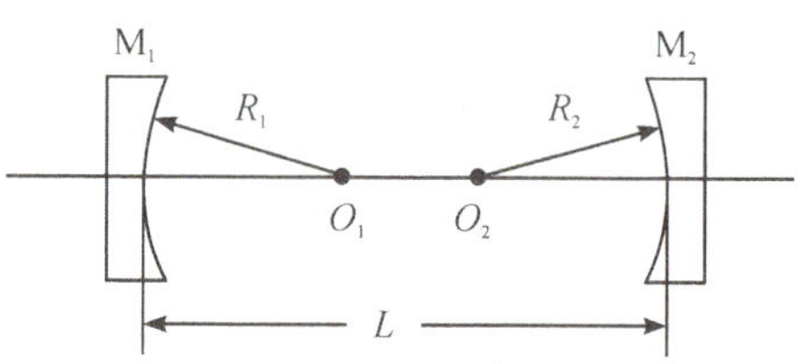

图 2-3　共轴球面腔的结构

如果规定凹面镜的曲率半径为正，凸面镜的曲率半径为负，则可以证明共轴球面腔的稳定性条件为

$$0 < \left(1-\frac{L}{R_1}\right)\left(1-\frac{L}{R_2}\right) < 1 \tag{2-1}$$

式(2-1)左边的不等式成立的条件等价于 $1-L/R_1$ 和 $1-L/R_2$ 同时为正或同时为负，这就要求两镜面的曲率半径为正时必须同时大于腔长或同时小于腔长。如果镜面的曲率半径同时为负，则式(2-1)左边的不等式成立，但右边的不等式却不成立。如果镜面的曲率半径一正一负，则需要具体讨论。

## 2.3　速率方程组和粒子数反转

有了光学谐振腔，在其中充以激光工作物质，并在外界激励源作用下将下能级的粒子抽运到上能级，使激光上、下能级之间产生粒子数反转，激光器就可以工作了。本节首先讨论激活介质中抽运、自发辐射、受激辐射与受激吸收同时发生的物理模型，建立描述这个物理过程的速率方程组，然后根据速率方程组讨论介质中形成粒子数反转的条件，以及在粒子数反转状态下各参量之间的关系。

### 2.3.1　速率方程组

考虑到大多数激光器采用四能级系统，下面以四能级系统为例来建立速率方程组，三能级系统可以用同样的方法处理。

图 2-4 所示为简化后的四能级系统能级图。$E_2$ 和 $E_1$ 分别为激光上、下能级，$E_0$ 为基态。设上、下能级的粒子数密度分别为 $n_2$、$n_1$，基态的粒子数密度为 $n_0$，$n$ 为单位体积内增益介质的总粒子数密度，在谐振腔中传播的准单色光能总密度为 $\rho_\nu$。当激励源开始工作后，它以速率 $v_2$ 把粒子由基态 $E_0$ 抽运到 $E_2$ 能级上，使 $E_2$ 能级上的粒子数密度以速率 $v_2$ 增加。同时它也以速率 $v_1$ 把粒子由基态 $E_0$ 抽运到 $E_1$ 能级上。对 $E_1$ 能级的抽运是我们不希望发生却又无法完全避免的。

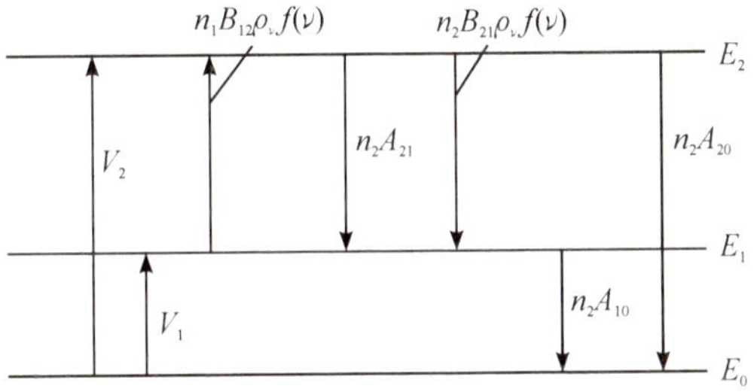


图 2-4　简化后的四能级系统能级图

$E_2$ 能级在单位时间内增加的粒子数密度为

$$\frac{\mathrm{d}n_2}{\mathrm{d}t}=v_2-n_2A_{21}-(n_2B_{21}-n_1B_{12})\rho_\nu f(\nu) \tag{2-2}$$

同理，$E_1$ 能级在单位时间内增加的粒子数密度为

$$\frac{\mathrm{d}n_1}{\mathrm{d}t}=v_1+n_2A_{21}+(n_2B_{21}-n_1B_{12})\rho_\nu f(\nu)-n_2A_{10} \tag{2-3}$$

而总粒子数密度为各能级上粒子数密度之和，即

$$n_0 + n_1 + n_2 = n \tag{2-4}$$

上述三个方程可组成描述各能级上的粒子数密度随时间变化的速率方程组，它是一个微分方程组。利用这个方程组原则上可以计算出任何时刻各个能级上的粒子数量，因而可以用其来研究上、下能级之间粒子数反转的问题。

### 2.3.2 稳态工作时的粒子数反转分布

化简微分方程组，在抽运和跃迁达到动平衡时，各能级上粒子数密度并不随时间而改变，即

$$\frac{dn_0}{dt} = \frac{dn_1}{dt} = \frac{dn_2}{dt} = 0 \tag{2-5}$$

假设能级 $E_2$、$E_1$ 的简并度相等，即 $g_1 = g_2$，因此有 $B_{12} = B_{21}$。对许多四能级系统的高效率激光器，认为 $E_2$ 能级向 $E_1$ 能级的自发跃迁概率远大于 $E_2$ 能级向基态 $E_0$ 的自发跃迁概率，即 $A_2 \approx A_{21}$，此时，速率方程组简化为

$$\frac{dn_2}{dt} = v_2 - n_2 A_2 - (n_2 B_{21} - n_1 B_{12}) \rho_\nu f(\nu) = 0 \tag{2-6}$$

$$\frac{dn_1}{dt} = v_1 + n_2 A_2 + (n_2 B_{21} - n_1 B_{12}) \rho_\nu f(\nu) - n_1 A_1 = 0 \tag{2-7}$$

将上两式相加可得

$$n_1 = (v_1 + v_2)\tau_1 \tag{2-8}$$

其中，$\tau_1$ 为下能级粒子的寿命。

联立上面几式可得

$$n_2 = \frac{v_2 + (v_1 + v_2)\tau_1 B_{21}\rho_\nu f(\nu)}{A_2 + B_{21}\rho_\nu f(\nu)} = \frac{v_2\tau_2 + (v_1 + v_2)\tau_1\tau_2 B_{21}\rho_\nu f(\nu)}{1 + \tau_2 B_{21}\rho_\nu f(\nu)} \tag{2-9}$$

其中，$\tau_2$ 为上能级粒子的寿命。

激光上下能级粒子数反转分布的表达式为

$$\begin{aligned}\Delta n = n_2 - n_1 &= \frac{v_2\tau_2 + (v_1 + v_2)\tau_1\tau_2 B_{21}\rho_\nu f(\nu)}{1 + \tau_2 B_{21}\rho_\nu f(\nu)} - (v_1 + v_2)\tau_1 \\ &= \frac{v_2\tau_2 - (v_1 + v_2)\tau_1}{1 + \tau_2 B_{21}\rho_\nu f(\nu)} = \frac{\Delta n^0}{1 + \tau_2 B_{21}\rho_\nu f(\nu)}\end{aligned} \tag{2-10}$$

其中

$$\Delta n^0 = v_2\tau_2 - (v_1 + v_2)\tau_1 \tag{2-11}$$

### 2.3.3 小信号工作时的粒子数反转分布

式(2-10)中的参数 $\Delta n^0$ 是当分母中的第二项为零时的粒子数反转分布值。由于式(2-10)分母中的第二项一定是个正值，因此 $\Delta n^0$ 又是粒子数反转分布值可能达到的最大值。显然 $\tau_2$、$B_{21}$ 和 $f(\nu)$ 作为物理常数是不能改变的，不会为零，只有在谐振腔中传播的单色光能密度 $\rho$ 可能趋近于零。换句话说，参数 $\Delta n^0$ 对应着谐振腔的单色光能密度为零，或者近似为零时的粒子数反转分布值的大小。在激光谐振腔尚未发出激光之前，谐振腔内单色光能密度相对于稳定工作发出激光时的值要小得多，可近似为零。因此参数 $\Delta n^0$ 对应

着激光谐振腔尚未发出激光时的状态，通常把这个状态叫作小信号工作状态，而参数 $\Delta n^0$ 就被称作是小信号工作时的粒子数反转分布。

式(2-11)中给出了小信号工作时粒子数密度在能级间的反转分布值与能级寿命、抽运速率之间的关系。由此可以看出，在选择激光上、下能级时应该满足这样的要求：$E_2$ 能级的寿命长，使 $E_2$ 能级上的粒子不能轻易地通过非受激辐射而离开；$E_1$ 能级的寿命短，使 $E_1$ 能级上的粒子能很快地衰减。也就是说，满足条件 $\tau_2>\tau_1$ 的能级，有利于实现能级间的粒子数反转分布。此外，应该选择合适的激励源，使它对介质的 $E_2$ 能级的抽运速率 $R_2$ 越大越好，对 $E_1$ 能级的抽运速率 $R_1$ 越小越好。

### 2.3.4 均匀增宽型介质的粒子数反转分布

粒子数反转分布表达式中包含激光工作物质的光谱线型函数，这就意味着激光工作物质的光谱线型函数对激光器的工作有很大影响。下面讨论均匀增宽型介质的情况。

对于均匀增宽型介质，有

$$f(\nu)=\frac{\Delta\nu/2\pi}{(\nu-\nu_0)^2+(\Delta\nu/2)^2} \tag{2-12}$$

则中心频率为

$$f(\nu_0)=\frac{2}{\pi\Delta\nu} \tag{2-13}$$

如果介质中传播的光波频率为 $\nu_0$，则有

$$\rho_\nu f(\nu_0)=\frac{2\mu}{\pi c\,\Delta\nu}I \tag{2-14}$$

其中，$I$ 为腔内光强。于是式(2-10)分母上的第二项可改写为

$$\tau_2 B_{21}\rho_\nu f(\nu_0)=\tau_2 B_{21}\,\frac{2\mu}{\pi c\,\Delta\nu}I=\frac{I}{I_S} \tag{2-15}$$

其中，$I_S$ 为饱和光强，定义为

$$I_S=\frac{\pi c\,\Delta\nu}{2\mu B_{21}\tau_2} \tag{2-16}$$

如果介质中传播的光波频率 $\nu\neq\nu_0$，则式(2-10)分母上的第二项可化简为

$$\tau_2 B_{21}\rho_\nu f(\nu)=\frac{I}{I_S}\,\frac{f(\nu)}{f(\nu_0)} \tag{2-17}$$

因此，一般情况下的粒子数反转分布可以表示为

$$\Delta n=\frac{\Delta n^0}{1+\dfrac{I}{I_S}\,\dfrac{f(\nu)}{f(\nu_0)}}=\begin{cases}\dfrac{\Delta n^0}{1+I/I_S}, & \nu=\nu_0\\[2ex] \dfrac{[(\nu-\nu_0)^2+(\Delta\nu/2)^2]\,\Delta n^0}{(\nu-\nu_0)^2+(1+I/I_S)(\Delta\nu/2)^2}, & \nu\neq\nu_0\end{cases} \tag{2-18}$$

式(2-18)是均匀增宽型介质 $E_2$、$E_1$ 能级之间粒子数反转分布的表达式，它表明了能级间粒子数反转分布值与腔内光强 $I$、光波的中心频率 $\nu_0$、介质的饱和光强 $I_S$ 等参量的关系。

### 2.3.5 均匀增宽型介质粒子数反转分布的饱和效应

由式(2－18)可以看出，当腔内光强 $I\approx 0$ 时，介质中的粒子数反转分布值 $\Delta n$ 最大，其值为 $\Delta n^0$。当腔内光强的影响不能忽略时，粒子数反转分布值 $\Delta n$ 将随光强的增加而减小，此现象称为粒子数反转分布值的饱和效应。

当腔内光强一定时，粒子数反转分布值 $\Delta n$ 随腔内光波频率而变。图 2－5 给出了 $I$ 一定时，$\Delta n$ 随 $\nu$ 变化的曲线。

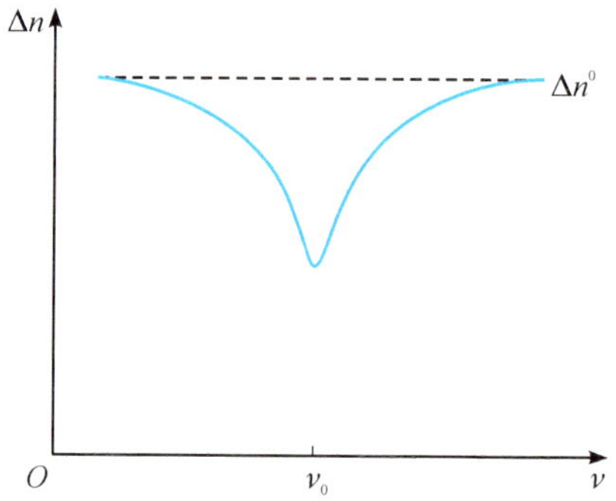


图 2－5　$\Delta n$ 的饱和效应曲线

为了更具体地说明频率对 $\Delta n$ 的影响，令腔中光强都等于 $I_S$，计算出不同频率下的 $\Delta n$ 值，如表 2－1 所示。由此可知，随着频率对中心频率的偏离，光波对粒子数反转分布值的影响逐渐减小。

表 2－1　不同频率下的 $\Delta n$ 值

| 频率 | $\nu_0$ | $\nu_0\pm\frac{\Delta\nu}{2}$ | $\nu_0\pm\left(1+\frac{I}{I_S}\right)^{1/2}\frac{\Delta\nu}{2}$ | $\nu_0\pm\Delta\nu$ |
|---|---|---|---|---|
| $\Delta n$ 值 | $\frac{\Delta n^0}{2}$ | $\frac{2}{3}\Delta n^0$ | $\frac{3}{4}\Delta n^0$ | $\frac{5}{6}\Delta n^0$ |

为了确定对介质有影响的光波的频率范围，通常采用与线型函数的线宽同样的定义方法，即：频率为 $\nu_0$、光强为 $I_S$ 的光波使 $\Delta n$ 减少了 $\Delta n^0/2$，这里把使 $\Delta n$ 减少 $\frac{1}{2}(\Delta n^0/2)$ 的光波频率 $\nu$ 与 $\nu_0$ 之间的间隔定义为能使介质产生饱和作用的频率范围，其表达式为

$$\nu_0-\nu=\pm\sqrt{1+\frac{I}{I_S}}\,\frac{\Delta\nu}{2}\tag{2-19}$$

粒子数反转分布值不能由实验直接测定。前面已经给出了增益系数和粒子数反转分布值之间的关系，而增益系数 $G$ 是可以由实验测定的，因此，粒子数反转分布值可以通过测定 $G$ 而间接得到。

需要说明的是，虽然式(2－18)是经过较多简化后导出的，但是实验证明，在激光器工作的过程中，它能够反映增益介质与各个参量之间的关系。

# 2.4　均匀增宽型介质的增益系数和增益饱和

增益系数对激光器的工作特性起着十分重要的作用，本节将对增益系数进行讨论。实验发现，不同介质的增益系数有很大的差别，同种介质的增益系数也随工作条件的变化而改变。介质的增益系数随频率变化的规律与介质的线型函数随频率变化的规律相似。当入射光的光强很弱且尚未发出激光时，测得的增益系数是一个常数，可以视为 2.3 节中定义的小信号的增益系数。当光强增强到一定程度后，增益系数的值将随光强的增强而减小，从而产生增益饱和现象。这些实验现象都将在本节中进行讨论。

## 2.4.1　均匀增宽型介质的增益系数

第 1 章中说明了当增益介质中发生粒子数反转分布时，受激辐射将大于受激吸收，在介质中传播的光将得到受激放大。标志介质受激放大能力的物理量——增益系数 $G$ 可以表示为

$$G(\nu)=\Delta n B_{21}\frac{\mu}{c}f(\nu)h\nu \tag{2-20}$$

式(2-20)说明，增益系数不仅与介质的若干物理常数有关，还取决于介质中的粒子数反转分布值 $\Delta n$。

对于均匀增宽型介质，将粒子数反转分布式代入式(2-20)，得到

$$G(\nu)=\frac{\Delta n^0}{1+\dfrac{I}{I_S}\dfrac{f(\nu)}{f(\nu_0)}}B_{21}\frac{\mu}{c}f(\nu)h\nu \tag{2-21}$$

当介质中尚未发生光放大时，粒子数反转分布值 $\Delta n$ 达到最大值 $\Delta n^0$，与之对应的增益系数可以定义为小信号增益系数，即

$$G^0(\nu)=\Delta n^0 B_{21}\frac{\mu}{c}f(\nu)h\nu_0 \tag{2-22}$$

式中，$f(\nu)$代表介质的线型函数。

由于光的频率 $\nu$ 的值很大，线宽 $\Delta\nu\ll\nu$，所以 $h\nu_0$ 可以用来代替 $h\nu$。

综合上两式可得，均匀增宽型介质增益系数的表达式为

$$G(\nu)=\frac{G^0(\nu)}{1+\dfrac{I}{I_S}\dfrac{f(\nu)}{f(\nu_0)}} \tag{2-23}$$

因为小信号粒子数反转与光强无关，所以式中表示的小信号增益系数也与光强无关，仅仅是频率 $\nu$ 的函数。这说明增益介质对不同频率的光波有不同的小信号增益系数，$G^0(\nu)$ 与谱线的线型函数 $f(\nu)$有相似的变化规律。

对于均匀增宽型介质，中心频率处线型函数值 $f(\nu_0)=\dfrac{2}{\pi\Delta\nu}$，将其代入式(2-22)中，可得到中心频率处的小信号增益系数为

$$G^0(\nu_0)=\Delta n^0 B_{21}\frac{\mu}{c}\frac{2}{\pi\Delta\nu}h\nu_0 \tag{2-24}$$

式(2-24)说明，中心频率处的小信号增益系数与线宽成反比，其原因是线型函数的归一化条件决定了线宽。线宽 $\Delta\nu$ 的值越小，中心频率处的 $f(\nu_0)$的值越大，受激辐射跃迁概率 $W_{21}$ 的值也越大，因此增益系数 $G^0(\nu_0)$的值也越大。

## 2.4.2 均匀增宽型介质的增益饱和

在测定增益系数的实验中发现，在抽运速率一定的条件下，当入射光的光强很弱时，增益系数是一个常数。当入射光的光强增强到一定程度后，增益系数随光强的增强而减小，这种现象称为增益饱和。增益系数随光强的增强而减小是因为光的受激辐射对介质的粒子数反转分布有着强烈的影响。当谐振腔中光强很弱时，介质的受激辐射概率很小，粒子数反转分布几乎不随光强变化，介质对光波的增益系数也不随光强改变。此时，光波在介质中以最大的相对增益系数 $G^0(\nu_0)$不断地获得放大。当腔内光强逐渐增强时，介质中的粒子数反转分布值将因受激辐射的消耗而明显下降，光强越强，受激辐射概率越大，上能级粒子数密度减少得越多，这就使得粒子数反转分布值也下降得越多，进而使增益系数也同样下降，这就是增益饱和的实质。但是这里应该注意的是，上面所说的光强的大小都是相对于饱和光强 $I_S$ 而言的，也就是指比值 $I/I_S$ 的大小。

下面分三种情况讨论增益饱和现象。

### 1. 介质对频率为 $\nu_0$、光强为 $I$ 的光波的增益系数

介质对此光波的增益系数为

$$G(\nu_0)=\frac{G^0(\nu_0)}{1+\dfrac{I}{I_S}\dfrac{f(\nu_0)}{f(\nu_0)}}=\frac{G^0(\nu_0)}{1+\dfrac{I}{I_S}} \tag{2-25}$$

此式中包含的饱和光强 $I_S$ 在 2.3 节中已经定义过，它是激光工作物质的一个重要参量，是发光物质光学性质的反映。不同激光工作物质的饱和光强 $I_S$ 的值不相同。有些介质(如二氧化碳)的饱和光强值很大。由二氧化碳构成的激光器，即使腔内光强的数值已经很大，与介质的饱和光强 $I_S$ 的比值仍远小于 1，介质对光波的增益仍然很大。直到腔内光强的数值大到足以与饱和光强相比拟时，介质对光波的增益才开始下降而出现饱和现象。因此，由饱和光强大的二氧化碳介质制成的激光器，腔内光强将会很强。而另外一些介质，如氦氖激光器的工作物质饱和光强很弱。在氦氖激光器中，腔内光强不很强时，与饱和光强相比已经是一个不可忽略的值了，因此介质在不大的光强值下就使增益系数开始减小，出现了增益饱和现象。这时，光波在介质中的放大率开始下降，随着光强值 $I$ 继续增加，比值 $I/I_S$ 继续增大，$I$ 被放大的相对增益系数 $G(\nu_0)$继续下降，直至光放大过程趋于停止。因此，饱和光强值小的介质，腔内光强一定不会很强。由此可见，饱和光强是介质的一个重要参量，它决定着腔内光强以及激光器输出功率的大小。下面给出几种激光器的饱和光强值，以供分析问题时参考。

(1) 氦氖激光器(632.8 nm 谱线)：$I_S\approx 0.3\ \mathrm{W/mm^2}$。

(2) 氩离子激光器(514.5 nm 谱线)：$I_S\approx 7\ \mathrm{W/mm^2}$。

(3) 纵向二氧化碳激光器(10.6 μm 谱线)：$I_S \approx 2\ \mathrm{W/mm^2}$。

### 2. 介质对频率为 ν、光强为 I 的光波的增益系数

当均匀增宽型介质中传播着频率为 ν、光强为 I 的光波时，将均匀增宽的线型函数代入式(2-23)，可得到介质中的增益系数为

$$G(\nu)=\frac{G^0(\nu)}{1+\dfrac{I}{I_S}\dfrac{f(\nu)}{f(\nu_0)}}=\frac{[(\nu-\nu_0)^2+(\Delta\nu/2)^2]G^0(\nu)}{(\nu-\nu_0)^2+\left(1+\dfrac{I}{I_S}\right)\left(\dfrac{\Delta\nu}{2}\right)^2} \tag{2-26}$$

此式说明当腔内光波的频率 $\nu\neq\nu_0$ 时也会引起增益饱和，只不过当 $\nu=\nu_0$ 时的作用更为显著。从式(2-26)中亦可看出，当

$$|\nu-\nu_0|\geqslant\sqrt{1+\frac{I}{I_S}}\ \frac{\Delta\nu}{2} \tag{2-27}$$

时，光强对增益系数的影响几乎可以忽略。此时，式(2-26)变为

$$G(\nu)=\frac{(\Delta\nu/2)^2}{(\nu-\nu_0)^2+\left(1+\dfrac{I}{I_S}\right)\left(\dfrac{\Delta\nu}{2}\right)^2}G^0(\nu_0) \tag{2-28}$$

为了比较各种频率的光波在介质中获得增益的大小，也为了比较各种频率的光波对增益系数作用的大小，根据式(2-28)可得到不同频率下 $G(\nu)$ 的值，如表 2-2 所示(表中各种频率光波的光强都等于饱和光强 $I_S$)。均匀增宽型增益饱和曲线如图 2-6 所示。

表 2-2 增益系数 $G(\nu)$ 与频率的关系

| 频 率 | $\nu_0$ | $\nu_0\pm\dfrac{\Delta\nu}{2}$ | $\nu_0\pm\left(1+\dfrac{I}{I_S}\right)^{1/2}\dfrac{\Delta\nu}{2}$ | $\nu_0\pm\Delta\nu$ |
|---|---|---|---|---|
| 增益系数 $G(\nu)$ | $\frac{1}{2}G^0(\nu_0)$ | $\frac{1}{3}G^0(\nu_0)=\frac{2}{3}G^0(\nu)$ | $\frac{1}{4}G^0(\nu_0)=\frac{3}{4}G^0(\nu)$ | $\frac{1}{6}G^0(\nu_0)=\frac{5}{6}G^0(\nu)$ |

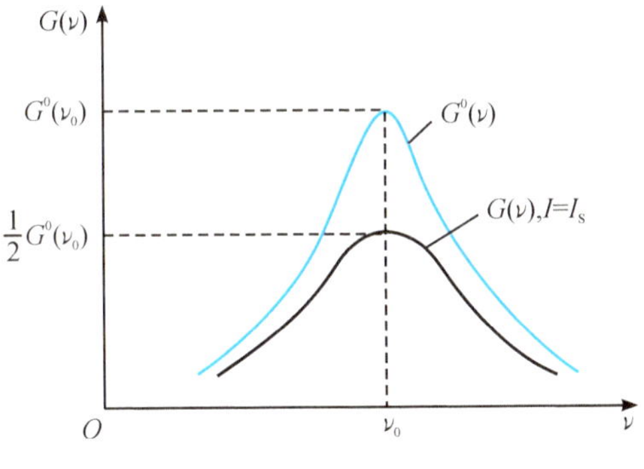


图 2-6 均匀增宽型增益饱和曲线

### 3. 在频率为 ν、光强为 I 的强光作用下介质对另一小信号光波 $i(\nu_i)$ 的增益系数

在腔内传播着频率为 ν、光强为 I 的光波的同时，再入射一束频率为 $\nu_i$、光强为 $i$ 的小信号光波，这时，I 和 $i$ 放大时消耗的是同一个 $E_2$ 能级上的粒子，而介质中 $E_2$ 能级上的粒子数密度已经在 I 的激励下大为减少，因此，此时介质对光波 $i(\nu_i)$ 的增益系数下降为

$G(\nu_i)$。

具体来说，频率为 $\nu$、光强为 $I$ 的强光不仅使本身频率处介质的增益系数由 $G^0(\nu)$ 下降至 $G(\nu)$，而且使介质的线宽范围内的一切频率处介质的增益系数 $G^0(\nu_i)$ 都下降了，变为 $G(\nu_i)$，即式(2－28)就是介质在频率为 $\nu$、光强为 $I$ 的光波作用下对各种频率的小信号光波的增益系数的表达式。由于光强 $I$ 仅改变粒子在上下能级间的分布值，并不改变介质的密度、粒子的运动状态，以及能级的宽度，因此在光强 $I$ 的作用下，介质的光谱线型不会改变，线宽不会改变，增益系数随频率的分布也不会改变，光强仅仅使增益系数在整个线宽范围内下降，如图 2－7 所示。而且由于增益系数与谱线的线型函数 $f(\nu)$ 具有相似的变化规律，因此中心频率附近的激光的增益系数大。偏离中心频率愈远的激光，其增益系数也愈小，这是均匀增宽型介质的特点。在后续章节中还会看到，因为模式竞争，用均匀增宽型介质制作的激光器所发出的激光只会输出一个单一的频率，其谱线宽度远小于介质线型函数的宽度。这种激光器发出的激光的增益系数与图 2－7 中的中心频率对应的增益系数极为接近。

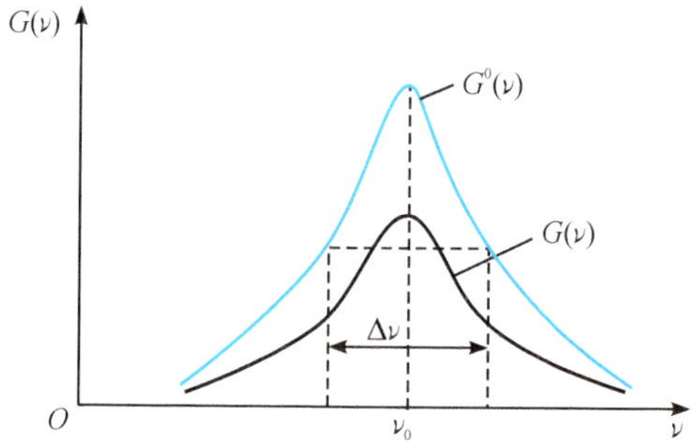


图 2－7 小信号光波的增益饱和曲线

## 2.5 光学谐振腔的损耗

光学谐振腔具有光学正反馈作用，但同时也存在各种损耗。损耗的大小是评价谐振腔的重要指标。在激光振荡过程中，光学谐振腔的损耗大小决定了激光振荡的阈值、达到稳定振荡状态时腔内的光强，以及激光的输出能量等。本节将分析无源腔的损耗，并由此讨论表征无源腔质量的品质因数 $Q$ 值。

### 2.5.1 损耗的种类

#### 1. 几何损耗

根据几何光线观点，激光在腔内的往返传播过程可以用近轴光线来描述。光线在腔内往返传播时，一些不平行于光轴的光线在某些几何结构的腔内经有限次往返传播后，有可能从腔的侧面偏折出去，即使平行于光轴的光线也仍然存在偏折出腔外的可能，这种损耗称为腔的几何损耗。

几何损耗的大小取决于腔的类型和几何尺寸，如稳定腔内近轴光线的几何损耗为零，而非稳腔则有较高的几何损耗。此外，不同横模阶次的几何损耗也不同，一般在同一光腔内，高阶横模的几何损耗比低阶横模的几何损耗大。

#### 2. 衍射损耗

根据波动光学观点，由于反射镜几何尺寸有限，光波在腔内往返传播时，必然因腔镜边缘的衍射效应而产生损耗。如果在腔内插入其他光学元件，还应考虑其边缘或孔径的衍射引起的损耗，这类损耗称为衍射损耗。衍射损耗的大小与腔的几何参数、菲涅耳数以及横模阶次有关。

#### 3. 输出腔镜的透射损耗

通常稳定腔至少有一个反射镜是部分透射的，以获得必要的激光输出，这部分有用损耗称为腔镜的透射损耗，又称为输出损耗。它与输出镜的透射率有关。

#### 4. 非激活吸收损耗、散射损耗

激光通过腔内光学元件以及到达反射镜表面时，会发生因吸收、散射而引起的损耗。此外，激活介质材料会对光造成非激活吸收损耗，介质的不均匀性和缺陷会造成散射损耗。

损耗根据是否与激光横模模式有关，可分为选择性损耗和非选择性损耗两大类。上述前两种损耗为选择性损耗，其大小随不同横模模式而异；后两种损耗为非选择性损耗，与光波模式无关，通常情况下它们对各个模式来说基本相同。

### 2.5.2　损耗因子

不论损耗由哪种原因引起，都可以用平均单程损耗因子来定量描述。

如果初始光强 $I_0$ 在腔内往返一周后，光强衰减为 $I_1$（如图 2-8 所示），则有

$$I_1 = I_0 e^{-2\delta} \tag{2-29}$$

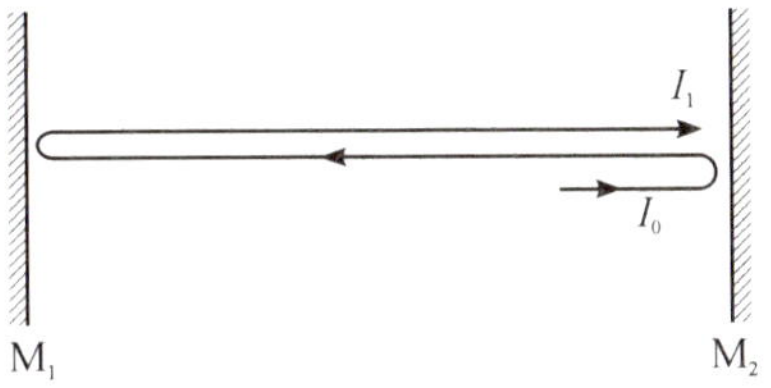


图 2-8　光强的衰减

由此可得，平均单程损耗因子 $\delta$ 为

$$\delta = \frac{1}{2}\ln\frac{I_0}{I_1} \tag{2-30}$$

如果腔内存在由多种因素引起的损耗，且每一种因素引起的损耗因子用 $\delta_i$ 来描述，则有

$$I_1 = I_0 e^{-2\delta_1} \cdot e^{-2\delta_2} \cdot e^{-2\delta_3} \cdot \cdots = I_0 e^{-2\delta} \tag{2-31}$$

其中，

$$\delta = \sum_i \delta_i = \delta_1 + \delta_2 + \delta_3 + \cdots \tag{2-32}$$

此式表明由各种因素引起的总损耗因子为腔内各个损耗因子的总和。

谐振腔的损耗特性除用平均单程损耗因子定量描述外，还经常用腔内光子的平均寿命以及谐振腔的品质因数等参量描述。

### 2.5.3 光子在腔内的平均寿命

由 2.5.2 节可知，初始光强 $I_0$ 在腔内往返 $m$ 次后光强变为

$$I_m = I_0(e^{-2\delta})^m = I_0 e^{-2\delta m} \tag{2-33}$$

若取 $t=0$ 时刻的光强为 $I_0$，则 $t$ 时刻时，光在腔内往返的次数为

$$m = \frac{t}{\frac{2L'}{c}} \tag{2-34}$$

其中，$L'$为光学谐振腔的光学长度。将式(2-34)代入式(2-33)，可得出 $t$ 时刻的光强为

$$I(t) = I_0 e^{-\frac{t}{\tau_R}} \tag{2-35}$$

其中，

$$\tau_R = \frac{L'}{\delta c} \tag{2-36}$$

$\tau_R$ 称为腔的时间常数，是描述光腔性质的一个重要参数。

当 $t=\tau_R$ 时，式(2-35)可写为

$$I(t) = \frac{I_0}{e} \tag{2-37}$$

此式表明了时间常数 $\tau_R$ 的物理意义：光强从初始值 $I_0$ 衰减到 $I_0$ 的$\frac{1}{e}$所用的时间。且从上述所示的 $\tau_R$ 与 $\delta$ 的关系可知，$\delta$ 越大，$\tau_R$ 越小，即腔的损耗越大，腔内光强衰减得越快。$\tau_R$ 也可以理解为光子在腔内的平均寿命，下面对此加以证明。设 $t$ 时刻腔内光子数密度为 $n(t)$，它与光强 $I(t)$的关系为

$$I(t) = n(t)h\nu v \tag{2-38}$$

式中，$v$ 为光在腔内的传播速度；$\nu$ 为光波频率。

将式(2-38)代入式(2-35)可得

$$n(t) = n_0 e^{-\frac{t}{\tau_R}} \tag{2-39}$$

式中，$n_0$ 是 $t=0$ 时刻时腔内光子数密度。

式(2-39)表明，由于损耗的存在，腔内光子数将随时间按指数规律衰减，到 $t=\tau_R$ 时刻，衰减为 $n_0$ 的$\frac{1}{e}$。在 $t\sim(t+dt)$时间内减少的光子数密度为

$$-dn = \frac{n_0}{\tau_R} e^{-\frac{t}{\tau_R}} dt \tag{2-40}$$

这$(-dn)$个光子在 $0\sim t$ 时间内存在于腔内，再经过无限小的时间间隔 $dt$ 后，就不存在了，因此，其寿命为 $t$。由此可计算出所有在 $t=0$ 时刻就存在于腔内的光子的平均寿命为

$$\bar{t} = \frac{1}{n_0}\int_0^\infty t(-dn) = \frac{1}{n_0}\int_0^\infty t\frac{n_0}{\tau_R} e^{-\frac{t}{\tau_R}} dt = \tau_R \tag{2-41}$$

由此可知，腔的时间常数 $\tau_R$ 是腔内光子的平均寿命。腔的损耗越小，$\tau_R$ 越大，腔内光子的平均寿命就越长。

### 2.5.4 无源腔的品质因数——$Q$ 值

在光学谐振腔中，也可以用品质因数 $Q$ 值来描述它的损耗特性。谐振腔 $Q$ 值的普遍定义式为

$$Q = 2\pi\nu \frac{W}{P} \tag{2-42}$$

其中，$W$ 为腔内储存的总能量，$P$ 为单位时间内损耗的能量。

设腔内振荡光束的体积为 $V$，当光子在腔内均匀分布时，腔内存储的总能量 $W$ 为

$$W = nh\nu V \tag{2-43}$$

单位时间内损耗的光能为

$$P = -\frac{\mathrm{d}W}{\mathrm{d}t} = -\frac{\mathrm{d}n}{\mathrm{d}t} \cdot h\nu V = \frac{n_0}{\tau_R} e^{-\frac{t}{\tau_R}} \cdot h\nu V \tag{2-44}$$

将式(2-43)和式(2-44)代入 $Q$ 值的普遍定义式中，可得光学谐振腔 $Q$ 值的一般表达式为

$$Q = 2\pi\nu\tau_R = 2\pi\nu \frac{L'}{\delta c} \tag{2-45}$$

由式(2-45)可以看出，腔的损耗 $\delta$ 越小，$Q$ 值越高。$Q$ 值高，表示腔的储能性好，光子在腔内的平均寿命长。

根据以上讨论，$\tau_R$、$\delta$ 和 $Q$ 三个物理量都可以描述无源腔的损耗大小，且它们之间存在确定的关系，腔内损耗 $\delta$ 值越大，腔内光子平均寿命 $\tau_R$ 越短，$Q$ 值也越小。在实际应用中，可根据需要选择合适的物理量。

## 2.6 光学谐振腔的衍射理论

2.2 节中利用几何光学分析方法讨论了光线在谐振腔中的传播、谐振腔的稳定性以及谐振腔的分类。而有关谐振腔振荡模式的存在、各种模式的花样、光束结构及光学谐振腔传输特性、衍射损耗等，只能用物理光学方法来解决。光学谐振腔模式理论实际上是建立在标量衍射理论的菲涅耳-基尔霍夫衍射积分以及模式再现概念的基础上的，因此本节将基于此来讨论光学谐振腔的衍射理论。

### 2.6.1 数学预备知识

在具体讨论光学谐振腔的衍射理论之前，先介绍一些数学预备知识，它们是后续推导衍射理论的基础。

#### 1. 亥姆霍兹方程

用标量函数表示在点和时刻的光扰动。对于单色波，标量场可写为

$$u(P, t) = A(P)\cos[2\pi\nu t - \varphi(P)] \tag{2-46}$$

利用复数记号可得到一个更简洁的形式，即

$$U(P)=A(P)\exp[\mathrm{j}\varphi(P)] \tag{2-47}$$

如果实值扰动 $u(P, t)$是用来表示光波的，那么在每一非光源点上它必须满足标量波动方程，即

$$\nabla^2 u-\frac{n^2}{c^2}\frac{\partial^2 u}{\partial t^2}=0 \tag{2-48}$$

结合上述式子可得到必须满足不含时间的方程，即亥姆霍兹方程：

$$(\nabla^2+k^2)A=0 \tag{2-49}$$

式中，$k$ 是波数，可表示为

$$k=2\pi n\frac{\nu}{c}=\frac{2\pi}{\lambda} \tag{2-50}$$

在实际中的许多情况下，相矢量场能够用一个缓变函数 $A(x, y, z)$乘以一个快速变化的相位因子 $\exp(\mathrm{j}kz)$来表示，即对于传播方向与光轴夹角很小的光波，复场的一般形式可近似写为

$$U(x, y, z)\approx A(x, y, z)\exp(\mathrm{j}kz) \tag{2-51}$$

式中，$A(x, y, z)$是 $z$ 的缓变函数。

假设在像 $\lambda$ 这样小的距离上，$A(x, y, z)$的变化可以忽略。如果将 $A(x, y, z)$的解代入亥姆霍兹方程，并应用缓慢变化假设$\frac{\partial^2}{\partial z^2}A\ll \mathrm{j}2k\frac{\partial A}{\partial z}$，便得到 $A(x, y, z)$必须满足的微分方程

$$\nabla_{\perp}^2 A+\mathrm{j}2k\frac{\partial A}{\partial z}=0 \tag{2-52}$$

式中，$\nabla_{\perp}^2=\frac{\partial^2}{\partial x^2}+\frac{\partial^2}{\partial y^2}$为拉普拉斯算符的横向部分。

式(2-52)为傍轴亥姆霍兹方程。显然傍轴亥姆霍兹方程与前述对称的三维形态的亥姆霍兹方程有很大不同，它对于激光谐振腔内光场的分析有很大帮助。

### 2. 格林定理

空间一点上的复扰动 $U$ 可借助于格林定理来计算。格林定理表述如下：令 $U(P)$和 $G(P)$为两个以位置为变量的任意复值函数，并令 $S$ 为包围体积 $V$ 的闭合曲面，如果 $U$、$G$ 及它们的一阶和二阶偏导数都是单值且在 $S$ 内和 $S$ 上连续，则有

$$\iiint_V (U\nabla^2 G-G\nabla^2 U)\,\mathrm{d}v=\iint_S\left(U\frac{\partial G}{\partial n}-G\frac{\partial U}{\partial n}\right)\mathrm{d}s \tag{2-53}$$

式中，$\partial/\partial n$ 表示 $S$ 上的每一点在向外的法线方向上的偏导数。

格林定理是标量衍射理论的重要基础。但是，只有慎重选择辅助函数 $G$ 和闭合曲面 $S$，才能将它直接用于衍射问题。现在讨论问题的前半部分——研究基尔霍夫对辅助函数的选择及由此得出的积分定理。

### 3. 亥姆霍兹-基尔霍夫积分定理

基尔霍夫的衍射理论建立在一个积分定理的基础上，这个积分定理把齐次波动方程在任意一点的解用包围这一点的任意闭合曲面上的解及其一阶导数的值来表示。这个定理在声学中已由亥姆霍兹导出。令观察点为 $P_0$，并令 $S$ 代表包围 $P_0$ 的一个任意闭合曲面，为

解决"如何用 $S$ 上的光扰动之值表示 $P$ 点的光扰动"这个问题，效仿基尔霍夫，应用格林定理，并选由 $P$ 点向外发散的单位振幅的球面波(所谓自由空间格林函数)作为辅助函数。于是在任意一点 $P_1$ 处基尔霍夫的 $G$ 函数为

$$G(P_1)=\frac{\exp(\mathrm{j}kr_{01})}{r_{01}} \tag{2-54}$$

在体积 $V'$ 内，扰动 $G$ 可简单地视为一个向外扩展的球面波，满足亥姆霍兹方程，即

$$(\nabla^2+k^2)G=0 \tag{2-55}$$

将式(2-49)和式(2-55)这两个亥姆霍兹方程代入式(2-53)的左边，可以得到

$$\iiint_{V'}(U\nabla^2 G-G\nabla^2 U)\,\mathrm{d}v=-\iiint_{V'}(UGk^2-GUk^2)\,\mathrm{d}v\equiv 0 \tag{2-56}$$

于是格林定理化简为

$$\iint_{S'}\left(U\frac{\partial G}{\partial n}-G\frac{\partial U}{\partial n}\right)\mathrm{d}s=0 \tag{2-57}$$

或者

$$-\iint_{S_\varepsilon}\left(U\frac{\partial G}{\partial n}-G\frac{\partial U}{\partial n}\right)\mathrm{d}s=\iint_{S}\left(U\frac{\partial G}{\partial n}-G\frac{\partial U}{\partial n}\right)\mathrm{d}s \tag{2-58}$$

注意，对于 $S'$ 上任意一点 $P_1$，有

$$\frac{\partial G(P_1)}{\partial n}=\cos(\boldsymbol{n},\boldsymbol{r}_{01})\left(\mathrm{j}k-\frac{1}{r_{01}}\right)\frac{\exp(\mathrm{j}kr_{01})}{r_{01}} \tag{2-59}$$

式中，$\cos(\boldsymbol{n},\boldsymbol{r}_{01})$ 代表向外的法线 $\boldsymbol{n}$ 与从 $P_0$ 到 $P_1$ 的矢量 $\boldsymbol{r}_{01}$ 之间夹角的余弦。对于 $P_1$ 点在 $S_\varepsilon$ 上的特殊情形，$\cos(\boldsymbol{n},\boldsymbol{r}_{01})=-1$，且有

$$G(P_1)=\frac{\exp(\mathrm{j}k\varepsilon)}{\varepsilon} \tag{2-60}$$

$$\frac{\partial G(P_1)}{\partial n}=\frac{\exp(\mathrm{j}k\varepsilon)}{\varepsilon}\left(\frac{1}{\varepsilon}-\mathrm{j}k\right) \tag{2-61}$$

令 $\varepsilon$ 任意变小，由 $U$(及其导数)在 $P_0$ 点的连续性，可以得到

$$\begin{aligned}&\lim_{\varepsilon\to 0}\iint_{S_\varepsilon}\left(U\frac{\partial G}{\partial n}-G\frac{\partial U}{\partial n}\right)\mathrm{d}s\\&=\lim_{\varepsilon\to 0}4\pi\varepsilon\left[U(P_0)\frac{\exp(\mathrm{j}k\varepsilon)}{\varepsilon}\left(\frac{1}{\varepsilon}-\mathrm{j}k\right)-\frac{\partial U(P_0)}{\partial n}\frac{\exp(\mathrm{j}k\varepsilon)}{\varepsilon}\right]\\&=4\pi U(P_0)\end{aligned} \tag{2-62}$$

结合上面的分析，并考虑负号，可以得到

$$U(P_0)=\frac{1}{4\pi}\iint_S\left\{\frac{\partial U}{\partial n}\left[\frac{\exp(\mathrm{j}kr_{01})}{r_{01}}\right]-U\frac{\partial}{\partial n}\left[\frac{\exp(\mathrm{j}kr_{01})}{r_{01}}\right]\right\}\mathrm{d}s \tag{2-63}$$

式(2-63)叫作亥姆霍兹-基尔霍夫积分定理，它在标量衍射理论的发展中起了重要作用，因为它使得任意一点的场可以用波在包围这一点的任意闭合曲面上的"边值"表示。

### 2.6.2　菲涅耳-基尔霍夫衍射公式

#### 1. 惠更斯-菲涅耳原理

光学中著名的惠更斯-菲涅耳原理是分析衍射问题和开腔模式问题的理论基础。惠更斯

为了描述波的传播过程，提出了关于子波的概念，认为波面上每一点可看作是新的波源，从这些点发出子波，下一时刻新的波阵面就是这些子波的包络面，如图 2-9 所示。菲涅耳引入干涉的概念，补充了惠更斯的原理，认为各子波源所发出的波是相干的，衍射时波场中各点的强度由各子波在该点的相干叠加决定。

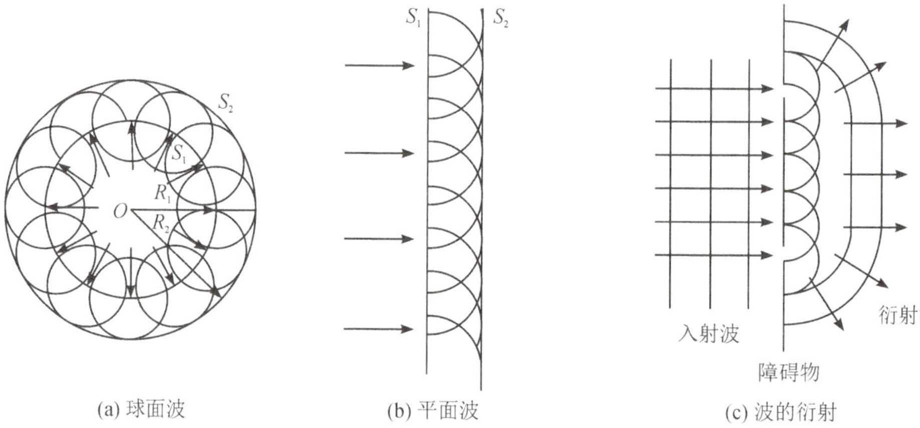


图 2-9 波的种类和波的衍射

### 2. 闭合面场的计算

利用亥姆霍兹-基尔霍夫积分定理来计算 $P_0$ 处的场时，首先需要选择一个积分曲面。仿效基尔霍夫的做法，选择的闭合曲面 $S$ 由两部分组成：正好位于衍射屏幕后的平面 $S_1$ 和一个半径为 $R$、中心在观察点 $P_0$ 的大球冠 $S_2$，如图 2-10 所示。于是有

$$U(P_0)=\frac{1}{4\pi}\iint_{S_1+S_2}\left(G\frac{\partial U}{\partial n}-U\frac{\partial G}{\partial n}\right)\mathrm{d}s \tag{2-64}$$

式中，$G=\dfrac{\exp(\mathrm{j}kr_{01})}{r_{01}}$。

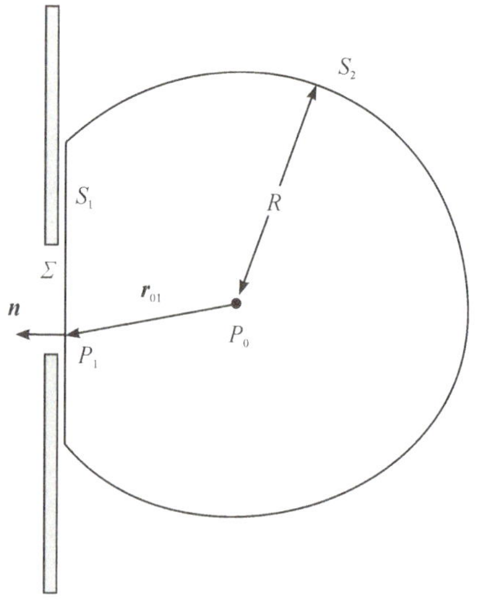


图 2-10 闭合面场的计算

随着 $R$ 的增大，$S_2$ 趋于一个大的半球壳。人们也许会轻易推断，由于 $U$ 和 $G$ 都随着 $1/R$ 减小，被积函数终将消失，从而使 $S_2$ 上的面积分之贡献为零。但是，积分面积是按 $R^2$ 增大的，上述论据是不全面的。人们也可能会轻易假设，既然扰动以有限速度 $c/n$ 传播，$R$ 最终变得如此之大，使波来不及传到 $S_2$，因此被积函数在这个面上将为零。但是这个论据与单色扰动的假定不相容：单色扰动必须在所有时间都存在。显然，在能够妥善处理 $S_2$ 对积分的贡献之前，还需要做更细致的研究。

下面更详细地考察这个问题。可以看到，在 $S_2$ 上，有

$$G=\frac{\exp(\mathrm{j}kR)}{R} \tag{2-65}$$

$$\frac{\partial G}{\partial n}=\left(\mathrm{j}k-\frac{1}{R}\right)\frac{\exp(\mathrm{j}kR)}{R}\approx \mathrm{j}kG \tag{2-66}$$

最后的近似在 $R$ 较大时成立。于是，问题中的积分可简化为

$$\iint_{S_2}\left[G\frac{\partial U}{\partial n}-U(\mathrm{j}kG)\right]\mathrm{d}s=\int_{\Omega}G\left(\frac{\partial U}{\partial n}-\mathrm{j}kU\right)R^2\mathrm{d}\omega \tag{2-67}$$

式中，$\Omega$ 是 $S_2$ 对 $P_0$ 点的立体角。

现在 $|R|$ 这个量在 $S_2$ 上是一致有界的，所以只要扰动对角度一致地具有以下性质：

$$\lim_{R\to\infty}R\left(\frac{\partial U}{\partial n}-\mathrm{j}kU\right)=0 \tag{2-68}$$

$S_2$ 上的整个积分就会随着 $R$ 的任意变大而消失。

式(2-68)称为索末菲辐射条件。若扰动 $U$ 趋于零的速度至少像发散球面波那样快，则满足索末菲辐射条件。它保证了处理的只是在 $S_2$ 面上出去的波，而不是进来的波，因为后者在 $S_2$ 上的积分当 $R\to\infty$ 时可能不为零。只有出去的波才会落到 $S_2$ 上，在 $S_2$ 上积分的贡献才会精确为零。

### 3. 基尔霍夫边界条件

在弃去曲面 $S_2$ 上的积分后，现在能够把 $P_0$ 点的扰动用紧贴在屏幕之后的无穷大平面 $S_1$ 上的扰动及其法向微商来表示，即

$$U(P_0)=\frac{1}{4\pi}\iint_{S_1}\left(\frac{\partial U}{\partial n}G-U\frac{\partial G}{\partial n}\right)\mathrm{d}s \tag{2-69}$$

除图 2-10 中张开的孔径 Σ 外，屏幕是不透明的，所以可以认为，对积分的主要贡献来自 $S_1$ 上的位于孔径 Σ 内的那些点，预期被积函数在那里最大。因此，基尔霍夫提出了以下假定条件：

(1) 在孔径 Σ 上，场分布 $U$ 及其导数 $\partial U/\partial n$ 和没有屏幕时的完全相同。

(2) 在 $S_1$ 位于屏幕的几何阴影区内的那一部分上，场分布 $U$ 及其导数 $\partial U/\partial n$ 恒为零。这两个假定条件称为基尔霍夫边界条件。第一个条件允许我们忽略屏幕的存在而确定孔径上的场扰动。第二个条件允许我们忽略全部积分曲面(除了直接位于孔径内的那一部分)。

于是式(2-69)可以简化为

$$U(P_0)=\frac{1}{4\pi}\iint_{\Sigma}\left(\frac{\partial U}{\partial n}G-U\frac{\partial G}{\partial n}\right)\mathrm{d}s \tag{2-70}$$

虽然基尔霍夫边界条件使结果大为简化，但重要的是要认识到这两个条件中没有一个

是完全正确的。屏幕的出现不可避免地会在某种程度上干扰 Σ 上的场，因为沿着孔径边缘必须满足一定的边界条件，屏幕不存在时并不要求这些边界条件。此外，屏幕后阴影也不可能是理想的，因为场必然会伸展到屏幕后几个波长的距离。但是，如果孔径的尺寸比波长大很多，那么这些边缘效应可以忽略，用这两个边界条件可得出跟实验结果一致性非常好的结果。

### 4. 菲涅耳-基尔霍夫衍射公式

$U(P_0)$的表示式可以进一步简化。注意到，从孔径到观察点的距离 $r_{01}$ 通常比波长大得多，从而 $k \gg 1/r_{01}$，于是得到

$$\frac{\partial G(P_1)}{\partial n} = \cos(\boldsymbol{n}, \boldsymbol{r}_{01})\left(\mathrm{j}k - \frac{1}{r_{01}}\right)\frac{\exp(\mathrm{j}kr_{01})}{r_{01}}$$

$$\approx \mathrm{j}k\cos(\boldsymbol{n}, \boldsymbol{r}_{01})\frac{\exp(\mathrm{j}kr_{01})}{r_{01}} \tag{2-71}$$

把 $G$ 的表示式代进来，可得

$$U(P_0) = \frac{1}{4\pi}\iint_{\Sigma}\frac{\exp(\mathrm{j}kr_{01})}{r_{01}}\left[\frac{\partial U}{\partial n} - \mathrm{j}kU\cos(\boldsymbol{n}, \boldsymbol{r}_{01})\right]\mathrm{d}s \tag{2-72}$$

现在假设孔径由 $P_1$ 点上的点光源发出的单个球面波照明，从 $P_1$ 到 $P_2$ 的距离为 $r_{21}$（如图 2-11 所示），则有

$$U(P_1) = \frac{A\exp(\mathrm{j}kr_{21})}{r_{21}} \tag{2-73}$$

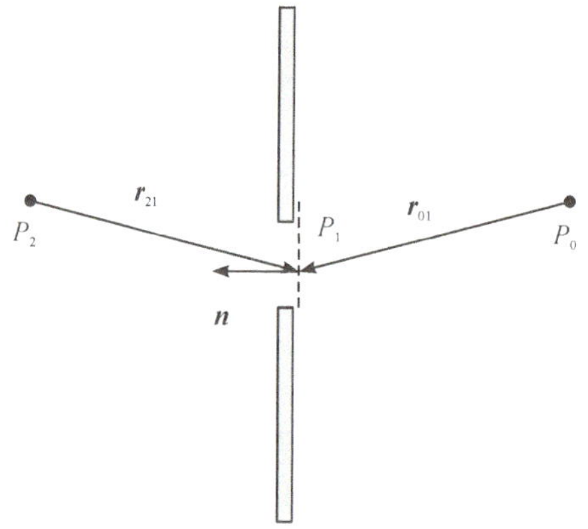


图 2-11 点光源发出的单个球面波

如果 $r_{21}$ 比几个波长还要大，则有

$$U(P_0) = \frac{A}{\mathrm{j}\lambda}\iint_{\Sigma}\frac{\exp[(\mathrm{j}k(r_{21} + r_{01}))]}{r_{21}r_{01}}\left[\frac{\cos(\boldsymbol{n}, \boldsymbol{r}_{01}) - \cos(\boldsymbol{n}, \boldsymbol{r}_{21})}{2}\right]\mathrm{d}s \tag{2-74}$$

此式就是菲涅耳-基尔霍夫衍射公式，只在由一个发散的球面波照明时成立。

对于无限远处的点光源产生的正入射平面波照明的特殊情况，倾斜因子由$[\cos(\boldsymbol{n}, \boldsymbol{r}_{01}) - \cos(\boldsymbol{n}, \boldsymbol{r}_{21})]/2$ 变成$(1+\cos\theta)/2$，$\theta$ 是矢量 $\boldsymbol{n}$ 和 $\boldsymbol{r}_{01}$ 之间的夹角，因此菲涅耳-基尔霍夫衍射公式又可以表示为

$$U(P_0) = \frac{\mathrm{j}k}{4\pi}\iint_{\Sigma}U(P_1)\frac{\exp(-\mathrm{j}kr_{01})}{r_{01}}(1 + \cos\theta)\,\mathrm{d}s \tag{2-75}$$

### 2.6.3　光学谐振腔的自再现模积分方程

#### 1. 自再现模概念

光学谐振腔是一种"开式"的谐振腔。所谓开式，是指谐振腔只靠两端的反射镜来实现光束在腔内的往返传播，对于光波没有任何其他限制。由于反射镜的大小有限，它在对光束起反射作用的同时，还会引起光波的衍射效应。腔内的光束每经过一次反射镜的作用，就会发生变化。1960 年，A. G. Fox 和 Tingye Li 采用计算机进行迭代计算，证明了：当反射次数足够多时(大约三百多次反射)，光束的横向场分布便趋于稳定，不再受衍射的影响。场分布在腔内往返传播一次后能够"再现"出来，反射只改变光的强度大小，而不改变光的强度分布。这种稳态场经一次往返后，唯一的变化是镜面上各点的场振幅按同样的比例衰减，各点的相位发生同样大小的滞后。当两个镜面完全相同(对称开腔)时，这种稳态场分布应在腔内经单程渡越(传播)后实现"再现"。这个稳定的横向场分布就是激光谐振腔的自再现模。

一方面，人们从理论上论证了自再现模的存在性，并且用数值和解析的方法求出了各种开腔的自再现模。另一方面，人们又从实验中观测到了激光的各种稳定的强度花样，而且理论分析与实验观测的结果符合得很好。因此证明了开腔的自再现模确实存在。

下面以如图 2－12(a)所示的理想开腔为例来分析光波在腔内的往返传播对横向光场分布的影响，其中，两块反射镜的直径均为 $2a$，腔长为 $L$。

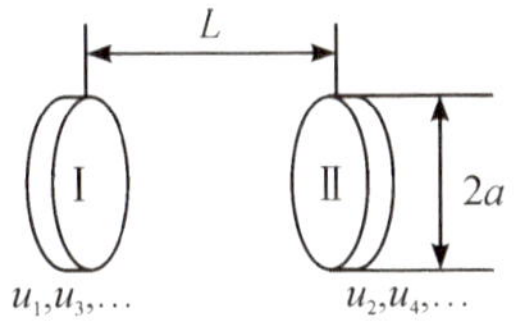


(a) 理想开腔

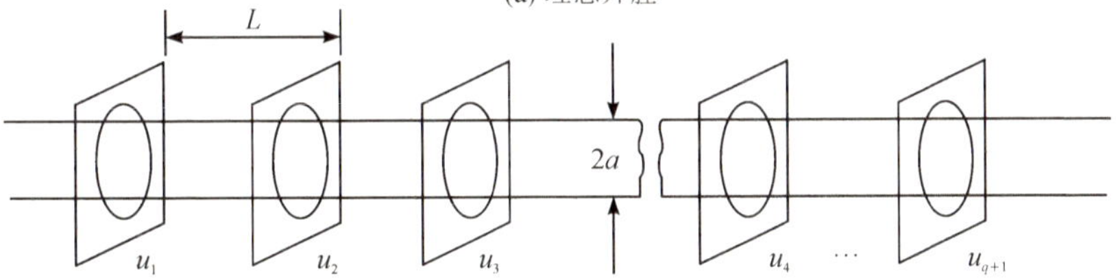


(b) 孔阑传输线

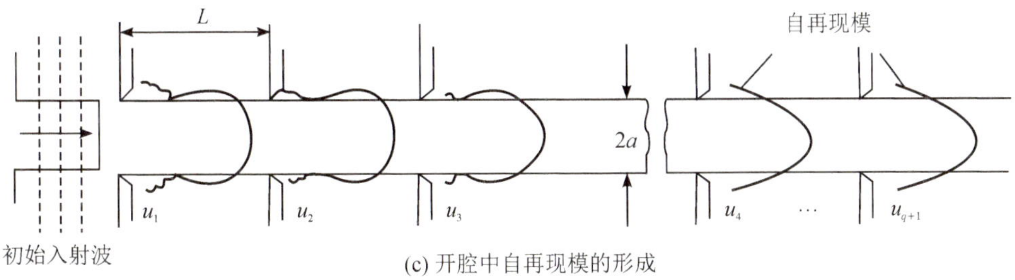


(c) 开腔中自再现模的形成

图 2－12　平行平面腔光波的传播对横向光场分布的影响

为了更形象地理解在理想开腔内如何形成稳定的光场分布，我们用孔阑传输线来模拟谐振腔，如图 2－12(b)所示。孔阑传输线由一系列间距等于腔长、孔径等于反射镜直径的同轴圆孔构成，这些圆孔开在平行放置的无限大的完全吸收屏上，光波在谐振腔内的往返传播可等效于光波在孔阑传输线上的单方向传播，开腔中稳定光场分布的形成可用光在孔阑传输线上的传播来说明。

如图 2－12(c)所示，设初始时刻有一均匀平面波垂直入射到第一个圆孔上，此时，该孔径内的场分布是均匀的。当平面波穿过第一个圆孔后，由于衍射作用，部分光将偏离原来的传播方向，光场分布将产生衍射旁瓣而不再是均匀的平面波了，光波的振幅和相位分布均发生一些变化。当平面波到达第二个圆孔时，射到圆孔以外的光将被屏完全吸收，因此光波边缘部分的能量将比中心部分弱。当平面波穿过第二个孔时，发生衍射作用，到达第三个圆孔处，又有部分光场能量由于扩展到孔外而被吸收，使得边缘处的光场更弱。当平面波顺次通过第三个、第四个等多个圆孔时，将继续发生上述过程。每通过一次圆孔，光场的振幅和相位就发生一次改变，这样，在通过足够多的圆孔后，光波的振幅和相位分布受衍射的影响越来越小，以至于形成一种稳定的分布而不再变化。

光在腔内的往返传播过程与此类似。设初始时刻在镜面 M 上有某一光场分布 $u_1$，到达镜面 M′上时由于衍射会损失一部分能量而变成新的光场分布 $u_2$，经镜面 M′反射再传播回到镜面 M 时又将形成新的光场分布 $u_3$，$u_3$ 又将产生 $u_4$，如此不断地进行下去。每经过一次传播，光波因衍射而损失一部分能量，从而引起能量分布的变化。只要经过足够多次的往返渡越后，所生成的光场分布都将明显地带有衍射的痕迹，也就是在镜面边缘处的场振幅比镜面中心部分的场振幅要小得多，这几乎是一切开腔模的光场分布的共同特点。

理论分析表明，经过足够多次的往返传播之后，腔内能形成一种稳定场，其光场的相对分布将不再受衍射作用的影响，经一次往返后，唯一可能的变化只是镜面上各点的场振幅按同样的比例衰减，各点的相位发生同样大小的滞后。这种存在于腔反射镜面处，且往返传播后仍能再现的稳定场分布称为自再现模，也就是横模。

不同的初始光场分布 $u$ 可得到不同的稳态场分布，这说明开腔的横模模式有很多种。因此，激光的横模实际上就是谐振腔所允许的光场的各种横向稳定分布。

开腔中的任何振荡都是从某种偶然的自发辐射开始的，故可以提供各种不同的初始光场分布。衍射作用在此起到一种“筛子”的作用，它将所有可能存在的各种自再现模筛选出来。光场在谐振腔内形成稳定分布主要是光的衍射作用所致，谐振腔的其他损耗(如光的吸收、散射等)只是使横截面上各点的场按同样比例衰减，对场的空间分布并不产生什么影响。

### 2. 自再现模积分方程

如图 2－13 所示，谐振腔由 M、M′组成，假设 M′上任一源点 $P'(x', y')$的光场强度 $u'(x', y')$是已知的，则由菲涅耳-基尔霍夫衍射公式可以计算出 M 上任意一个观察点 $P(x, y)$的光场强度为

$$u(x, y)=\frac{\mathrm{j}k}{4\pi}\iint_{M'} \frac{u'(x', y')\mathrm{e}^{-\mathrm{j}k\rho}}{\rho}\cdot(1+\cos\theta)\mathrm{d}s' \qquad (2-76)$$

式中，$M'$表示镜面 M′的镜面面积。

假设 $u_q(x', y')$ 为经过 $q$ 次渡越后在某一镜面上所形成的场分布，$u_{q+1}(x, y)$ 表示光波经过 $q+1$ 次渡越后到达另一镜面所形成的光场分布，则

$$u_{q+1}(x, y)=\frac{\mathrm{j}k}{4\pi}\iint_{M'}\frac{u_q(x', y')\mathrm{e}^{-\mathrm{j}k\rho}}{\rho}\cdot(1+\cos\theta)\mathrm{d}s' \tag{2-77}$$

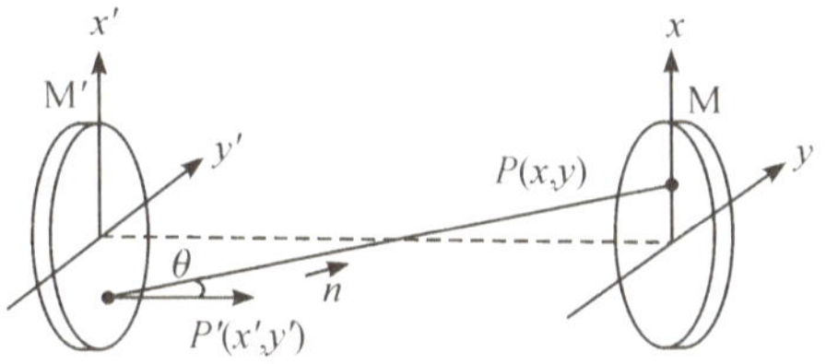


图 2-13　谐振腔光场强度的计算

按照自再现模的概念，除一个表示振幅衰减和相位移动的常数因子以外，$u_{q+1}(x, y)$ 应该能够将 $u_q(x', y')$ 再现出来，即

$$u_q=\sigma u_q \tag{2-78}$$

$$\sigma u_q(x, y)=\frac{\mathrm{j}k}{4\pi}\iint_{M'}\frac{u'_q(x', y')\mathrm{e}^{-\mathrm{j}k\rho}}{\rho}\cdot(1+\cos\theta)\mathrm{d}s' \tag{2-79}$$

去掉式(2-79)中的下标 $q$，用 $u(x, y)$ 表示稳态场分布函数，则自再现模积分方程为

$$\sigma u(x, y)=\frac{\mathrm{j}k}{4\pi}\iint_{M'}\frac{u'(x', y')\mathrm{e}^{-\mathrm{j}k\rho}}{\rho}\cdot(1+\cos\theta)\mathrm{d}s' \tag{2-80}$$

对式(2-80)做一些近似处理，便可得到自再现模所满足的积分方程为

$$\sigma_{mn}u_{mn}(x, y)=\iint K(x, y, x', y')u_{mn}(x', y')\mathrm{d}s' \tag{2-81}$$

其中，

$$K(x, y, x', y')=\frac{\mathrm{j}k}{2\pi L}\mathrm{e}^{-\mathrm{j}k\rho(x, y, x', y')}=\frac{\mathrm{j}}{\lambda L}\mathrm{e}^{-\mathrm{j}k\rho(x, y, x', y')} \tag{2-82}$$

$K$ 为积分方程的核；下标 $m$、$n$ 分别表示该方程存在一系列的不连续的本征函数解与本征值解，这说明在某一给定的腔中，可以存在不同的自再现模。由于积分方程是二维的，故需要两个模参数来区分这些不同的自再现模。

### 3. 积分方程解的物理意义

1）本征函数和横模

积分方程的本征函数解 $u_{mn}$ 一般为复数，它的模代表对称开腔任一镜面上的光场振幅分布，幅角则代表镜面上光场的相位分布。本征函数解表示的是在激光谐振腔中存在的稳定的横向场分布，即自再现模，通常叫作横模，$m$、$n$ 称为横模序数。$m=0$，$n=0$ 时所对应的横模为基模(或基横模)，基模的场集中在反射镜中心，是光斑的最简单结构，而其他的横模称为高阶横模。

2）本征值和单程衍射损耗

本征值 $\sigma_{mn}$ 一般是复数，它的模反映了自再现模在腔内单程渡越时所引起的功率损耗，即单程衍射损耗 $\delta$ 为

$$\delta = \frac{|u_q|^2 - |u_{q+1}|^2}{|u_q|^2}$$

结合前面的积分方程，有

$$\delta_{mn} = 1 - |\sigma_{mn}|^2 \tag{2-83}$$

自再现模在对称开腔中的单程渡越所产生的总相移为

$$\delta\Phi = \arg u_{q+1} - \arg u_q \tag{2-84}$$

式中，$\Phi$ 表示腔内光波的相位分布。而 $u_{q+1}=\sigma u_q$，故有

$$\arg u_{q+1} = \arg\sigma + \arg u_q \tag{2-85}$$

所以

$$\delta\Phi = \arg\sigma \tag{2-86}$$

另外，自再现模在对称开腔中的单程总相移一般并不等于由腔长 $L$ 所决定的几何相移 $kL$，它们的关系为

$$\delta\Phi = -kL + \Delta\phi \tag{2-87}$$

式中，$\Delta\phi$ 为单程附加相移，简称为单程相移。

$$\Delta\phi_{mn} = kL + \arg\sigma_{mn} \tag{2-88}$$

此式说明单程附加相移与本征值 $\sigma_{mn}$ 的幅角有关，不同的横模单程附加相移也不同。

### 2.6.4 激光谐振腔的谐振频率和激光纵模

#### 1. 谐振条件、驻波和纵模

当腔内存在激活物质时，为了使自再现模在往返传播过程中能形成稳定的振荡，必须满足谐振条件。这是因为当光波在腔镜上反射时，入射波和反射波会发生干涉。为在腔内形成稳定的振荡，要求光波因干涉而得到加强，即光波在腔内往返一周的总相移使腔内形成稳定的振荡要求光波因干涉而加强，即光波在腔内往返一周的总相移应等于 $2\pi$ 的整数倍：

$$2\delta\Phi = 2q\pi \quad (q=1, 2, 3, \cdots) \tag{2-89}$$

每一个 $q$ 值对应有正、反两列沿轴线相反方向传播的同频率光波，这两列光波叠加在腔中形成驻波，每一列驻波称为一个纵模。激光器中满足谐振条件的不同纵模对应着谐振腔内各种不同的稳定驻波场，具有不同的频率。$q$ 值定义为纵模序数，其等于驻波的波节数。光波的波长是微米数量级的，不难看出，一般的光学谐振腔内产生的驻波波节数是一个很大的量，因此 $q$ 是一个很大的数。

利用总相移的表达式以及光波矢与谐振频率的关系，可以得到稳定存在于开腔中的激光振荡模式的谐振频率为

$$\nu_{mnq} = \frac{qc}{2\mu L} + \frac{c}{2\pi\mu L}\Delta\phi_{mn} \tag{2-90}$$

激光谐振腔的谐振频率与纵模序数 $q$、谐振腔的单程附加相移以及各物理常数有关。其中，单程附加相移取决于横模序数 $m$、$n$。由于纵模序数 $q$ 值很大，并且单程附加相移 $\Delta\phi$ 的值很有限，因此激光谐振腔的谐振频率主要取决于纵模序数 $q$，即

$$\nu_{mnq} = \frac{qc}{2\mu L} \tag{2-91}$$

### 2. 纵模频率间隔

腔内两个相邻纵模频率之差 $\Delta\nu_q$（$q$ 表示不同的纵模序号）称为纵模频率间隔，即

$$\Delta\nu_q = \nu_{q+1} - \nu_q = \frac{c}{2\mu L} \tag{2-92}$$

$\Delta\nu_q$ 与 $q$ 无关，对于一定的光腔为一常数，因而腔的纵模在频率尺度上是等距离排列的。

例如，对于腔长 $L=10$ cm 的 He-Ne 激光器，设 $\mu=1$，可得 $\Delta\nu_q=1.5\times10^9$ Hz；对于腔长 $L=30$ cm 的 He-Ne 激光器，$\Delta\nu_q=0.5\times10^9$ Hz。在普通的 Ne 原子辉光放电中，荧光光谱的中心频率 $\nu=4.74\times10^4$ Hz（波长为 632.8 nm），其线宽 $\Delta\nu_F=1.5\times10^9$ Hz。而在光学谐振腔中，允许的谐振频率是一系列分立的频率，其中只有满足谐振条件，同时又满足阈值条件，且落在 Ne 原子 632.8 nm 荧光线宽范围内的频率成分才能形成激光振荡。因此，腔长为 10 cm 的 He-Ne 激光器只能出现一种频率的激光，通常称此激光器为单模（或单纵模）激光器；而腔长为 30 cm 的 He-Ne 激光器则可能出现三种频率的激光，也就是可能出现三个纵模，这种激光器称为多模（或多纵模）激光器。

由以上的讨论可以看出，光学谐振腔中只留下满足谐振条件以及阈值条件的那些频率，其他的频率都被抑制掉了，因此激光器输出的激光的单色性就比普通光源好得多。

# 第 3 章 激光器的输出

激光器作为光源与普通光源的主要区别之一是激光器有一个谐振腔。谐振腔倍增了激光增益介质的受激放大作用长度以形成激光的高亮度，并且提高了激光的方向性。此外，激光高度的相干性也是由谐振腔决定的。由于激光器的谐振腔中存在分立的振荡模式，大大提高了输出激光的单色性，改变了输出激光的光束结构及其传输特性。本章将基于谐振腔的衍射理论来研究输出激光的高斯光束传播特性、激光器的输出功率和线宽极限。

## 3.1 对称共焦腔内外的光场分布

除激光的频率外，在应用激光的时候还必须了解输出激光的具体场分布，从而控制激光的强度和相位。为此，需要求解对称开腔中的自再现模积分方程。该方程是一个具有连续对称核的线性齐次积分方程，在积分方程的理论中称为第二类弗雷德霍姆积分方程。从数学上可以证明，此方程的解是存在的，但是，至今仍未找到通用的解析求解方法。对于不同结构的腔只能采用不同的求解方法，如对于平行平面腔，可用迭代法进行数值计算，结果用图或表的形式给出；对于对称共焦腔，可用解析法求出方程的精确解以及近似解的解析表达式。本节以方形镜面的对称共焦腔（以下简称共焦腔）为例，求解积分方程，给出场函数的具体表达式，从而得到共焦腔镜面上的场分布，并由此导出激光器谐振腔内外的空向场分布，得到输出激光的强度和相位。

### 3.1.1 共焦腔镜面上的场分布

#### 1. 方形镜面共焦腔自再现模积分方程的解析解

设方镜每边长为 $2a$，共焦腔的腔长为 $L$，光波波长为 $\lambda$，把 $x$、$y$ 坐标的原点选在镜面中心，以 $(x, y)$ 来表示镜面上的任意点，则在近轴情况下，积分方程有本征函数的近似解析解为

$$u_{mn} \approx C_{mn} H_m(X) H_n(Y) \mathrm{e}^{-\frac{X^2+Y^2}{2}} \tag{3-1}$$

式中，$X = x\sqrt{\frac{2\pi}{\lambda L}}$；$Y = y\sqrt{\frac{2\pi}{\lambda L}}$；$C_{mn}$ 为常数；$H_m(X)$ 和 $H_n(Y)$ 均为厄米多项式，其表达式分别为

$$
\begin{cases}
H_0(X)=1\\
H_1(X)=2X\\
H_2(X)=4X^2-2\\
\quad\vdots\\
H_m(X)=(-1)^m \mathrm{e}^{X}\dfrac{\mathrm{d}^m}{\mathrm{d}X^m}\mathrm{e}^{-X^2}
\end{cases}
\tag{3-2}
$$

$$
\begin{cases}
H_0(Y)=1\\
H_1(Y)=2Y\\
H_2(Y)=4Y^2-2\\
\quad\vdots\\
H_n(Y)=(-1)^m \mathrm{e}^{Y}\dfrac{\mathrm{d}^m}{\mathrm{d}Y^m}\mathrm{e}^{-Y^2}
\end{cases}
\tag{3-3}
$$

本征值的近似解为

$$
\sigma_{mn}=\mathrm{e}^{-\mathrm{j}\left[kL-(m+n+1)\frac{\pi}{2}\right]}
\tag{3-4}
$$

### 2. 镜面上自再现模场的特征

积分方程的本征函数决定了镜面上的光场分布，其中本征函数的模决定振幅分布，本征函数的辐角决定相位分布；单程衍射损耗和单程附加相移则与积分方程的本征值有关。

1）振幅分布

令 $F_m(X)=H_m(X)\mathrm{e}^{-X^2/2}$，$F_n(Y)=H_n(Y)\mathrm{e}^{-Y^2/2}$，则有 $u_{mn}\approx C_{mn}F_m(X)F_n(Y)$，从而可得

$$
I_{mn}\propto u_{mn}^2\propto F_m^2(X)F_n^2(Y)
$$

图 3-1 给出了 $m=0$，1，2 和 $n=0$，1 时的 $F_m(X)-X$ 及 $F_n(Y)-Y$ 变化曲线，以及 $\mathrm{TEM}_{mn}$ 光斑图像。$\mathrm{TEM}_{mn}$ 为激光模式符号，$\mathrm{TEM}_{00}$ 是基横模。$m$、$n$ 的数值正好分别等于

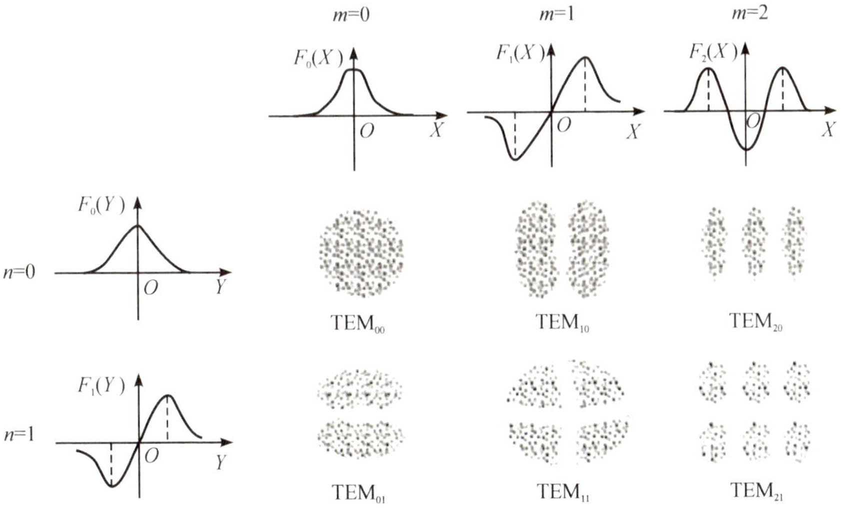


图 3-1　不同 $m$、$n$ 下的 $F_m(X)-X$、$F_n(Y)-Y$ 变化曲线及 $\mathrm{TEM}_{mn}$ 光斑图像

光强在 $x$、$y$ 方向上的节线(光强为零的线)数目，而且 $m$、$n$ 的数值越大，光场越向外扩展。

基横模 $TEM_{00}$ 场分布为 $u_{00}=C_{00}e^{-\frac{x^2+y^2}{\lambda L/\pi}}$。镜面上基横模的光斑有效截面半径为 $\omega_s=\sqrt{x_s^2+y_s^2}=\sqrt{\lambda L/\pi}$。

2) 相位分布

共焦腔反射镜面本身构成光场的一个等相位面。

3) 单程衍射损耗

单程衍射损耗一般忽略不计，但是在讨论激光器单横模的选取时，必须考虑单程衍射损耗。

4) 单程相移与谐振频率

由式(2-88)和式(3-4)可得

$$\Delta\phi_{mn}=(m+n+1)\frac{\pi}{2}$$

将其代入式(2-90)可得

$$\nu_{mnq}=\frac{c}{2\mu L}\left[q+\frac{1}{2}(m+n+1)\right]$$

故

$$\begin{cases}\Delta\nu_q=\dfrac{c}{2\mu L}\\ \Delta\nu_m=\Delta\nu_n=\Delta\nu_q/2\end{cases} \tag{3-5}$$

也就是说，$\Delta\nu_m$、$\Delta\nu_n$ 与 $\Delta\nu_q$ 属于同一个数量级。这样一来，共焦腔对谐振频率出现了高度简并的现象，即所有 $2q+m+n$ 相等的模式都将具有相同的谐振频率。例如，$TEM_{mnq}$、$TEM_{(m-1)(n+1)q}$、$TEM_{(m-2)n(q+1)}$ 都有相同的谐振频率。这种现象会对激光器的工作状态产生不良影响，即所有频率相等的模式都处在激活介质增益曲线的相同位置处，从而彼此间产生强烈的竞争作用，导致多模振荡，使输出激光束质量变坏。图 3-2 所示为方形镜共焦腔的振荡频谱。

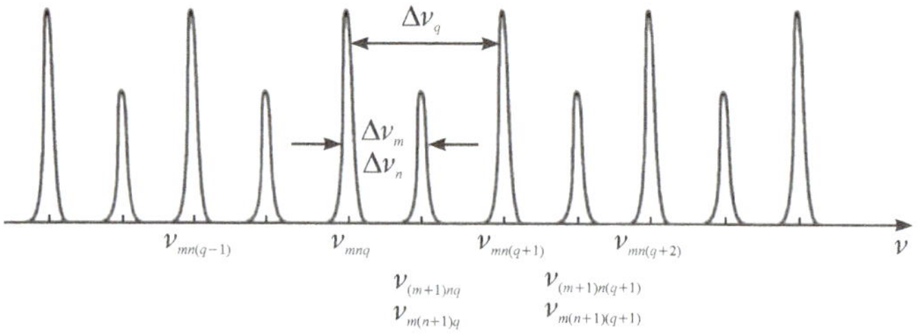


图 3-2 方形镜共焦腔的振荡频谱

腔内的光场可以通过菲涅耳-基尔霍夫衍射公式来计算。腔外的光场就是腔内沿一个方向传播的行波透过镜面的部分，即行波函数乘以镜面的透射率 $t$。

如图 3-3 所示，将镜面场分布代入菲涅耳-基尔霍夫衍射公式，可得

$$\zeta=\frac{2z}{L} \tag{3-6}$$

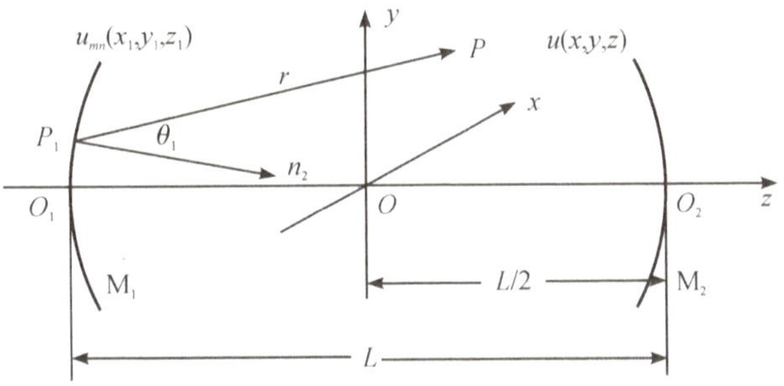


图 3 - 3　镜面场分布

$$u_{mn}(x,y,z)=C_{mn}H_m\left(\sqrt{\frac{2}{1+\zeta^2}}\cdot\frac{\sqrt{2}}{\omega_s}x\right)H_n\left(\sqrt{\frac{2}{1+\zeta^2}}\cdot\frac{\sqrt{2}}{\omega_s}y\right)\cdot \exp\left(-\frac{2}{1+\zeta^2}\cdot\frac{x^2+y^2}{\omega_s^2}\right)\exp(-\mathrm{j}\phi(x,y,z)) \tag{3-7}$$

$$\phi(x,y,z)=k\left[\frac{L}{2}(1+\zeta)+\frac{\zeta}{1+\zeta^2}\frac{x^2+y^2}{L}\right]-(m+n+1)\left(\frac{\pi}{2}-\varphi\right) \tag{3-8}$$

$$\varphi=\arctan\frac{1-\zeta}{1+\zeta}=\arctan\frac{L-2z}{L+2z} \tag{3-9}$$

式(3 - 7)、式(3 - 8)和式(3 - 9)描述了共焦腔内场的空间分布。其中：$u_{mn}(x,y,z)$是空间$P(x,y,z)$点的场函数；$C_{mn}$ 是一个与 $m$ 和 $n$ 有关的常量，对空间场函数的分布没有影响，以下予以忽略；$\phi(x,y,z)$描述了波阵面上的相位分布，称为相位因子。

$H_m$、$H_n$ 是厄米多项式，由 $m\times n$ 项组成，其中 $m=0$，$n=0$ 的一项是由镜面场分布的基横模衍射生成的基横模行波场分布，为基横模行波场中最简单的一项。激光器输出常常只用它的基横模输出。基横模行波输出在与光束前进方向的垂直平面上的强度呈高斯型分布，这种光束通常称为高斯光束。高斯光束在激光应用中具有极其重要的意义，下面将对它进行单独讨论。

### 3.1.2　高斯光束的传播特性

高斯光束与普通光束有很大的区别，它的传播方向性很好，同时也会不断地发散，其发散的规律不同于球面波。在传播过程中，它的波面曲率一直在变化，但是永远不会变成0。严格地讲，除光束中心外，高斯光束并不沿直线传播。因此，为了在实践中广泛地使用激光，必须对高斯光束的传播特性进行深入的研究。

### 3.1.3　光束的波阵面

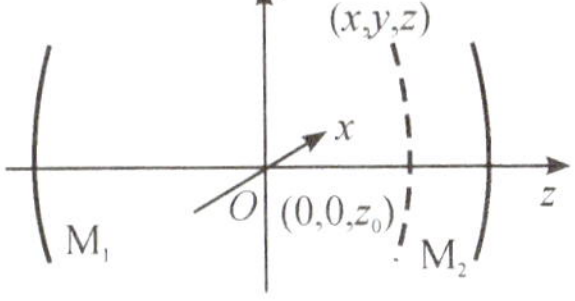


图 3 - 4　波阵面的相位表示

如图 3 - 4 所示，波阵面上任何一点$(x,y,z)$的相位都等于$(0,0,z_0)$点的相位，即

$$\left(1+\frac{2z}{L}\right)\frac{\pi L}{\lambda}+(x^2+y^2)\frac{2\pi}{\lambda L}\cdot\frac{2z/L}{1+(2z/L)^2}-(m+n+1)\left(\frac{\pi}{2}-\arctan\frac{1-2z/L}{1+2z/L}\right)$$
$$=\left(1+\frac{2z_0}{L}\right)\frac{\pi L}{\lambda}-(m+n+1)\left(\frac{\pi}{2}-\arctan\frac{1-2z_0/L}{1+2z_0/L}\right) \tag{3-10}$$

式(3-10)整理后，可得

$$z-z_0=-\frac{x^2+y^2}{L}\cdot\frac{2z/L}{1+(2z/L)^2}+\frac{\lambda}{2\pi}(m+n+1)\left(\arctan\frac{1-2z/L}{1+2z/L}-\arctan\frac{1-2z_0/L}{1+2z_0/L}\right)\tag{3-11}$$

由于只讨论傍轴的情况，$z\approx z_0$，则式(3-11)可写为

$$z-z_0=-\frac{x^2+y^2}{L}\cdot\frac{2z_0/L}{1+(2z_0/L)^2}=-\frac{x^2+y^2}{2z_0\left[1+\left(\frac{L}{2z_0}\right)^2\right]}\tag{3-12}$$

令 $R_0=z_0\left[1+\left(\frac{L}{2z_0}\right)^2\right]$，则有

$$z-z_0=-\frac{x^2+y^2}{2R_0}\approx R_0\sqrt{1-\frac{x^2+y^2}{R_0^2}}-R_0=\sqrt{R_0{}^2-(x^2+y^2)}-R_0\tag{3-13}$$

$$R_0^2=x^2+y^2+(z-z_0+R_0)^2\tag{3-14}$$

在傍轴情况下，对称共焦腔光束的波阵面近似为一系列其球心在腔轴上的球面，其半径为

$$R_0=z_0\left[1+\left(\frac{L}{2z_0}\right)^2\right]\tag{3-15}$$

由式(3-12)和式(3-13)可知，当 $z_0>0$ 时，$z-z_0<0$，而当 $z_0<0$ 时，$z-z_0>0$，则 $R_0$ 可表示为

$$R_0=|z_0|\left[1+\left(\frac{L}{2z_0}\right)^2\right]\tag{3-16}$$

由式(3-16)可知：

(1) 当 $z_0=0$ 时，$R_0=\infty$，即共焦腔中心的波阵面为垂直于腔轴的平面。

(2) 当 $z_0=|z_0|$ 和 $z_0=-|z_0|$ 时，共焦腔波阵面的曲率半径相同，即共焦腔光束的波阵面在中心两侧是对称分布的。

(3) 当 $|z_0|=L/2$ 时，$R_0=L$，即共焦腔的两个反射镜面正好与光束在此两处的波阵面重合，也就是说，镜面上的各点具有相同的相位。

(4) 波阵面的曲率半径 $R_0$ 总是大于 $|z_0|$，即波阵面的曲率中心不会与腔心重合。又由 $R_0-|z_0|=|z_0|\left(\frac{L}{2z_0}\right)^2=\frac{L^2}{4|z_0|}$ 看出，$|z_0|$ 越大，$R_0-|z_0|$ 越小，即波阵面离中心越远，其曲率中心离腔中心越近，如图 3-5 所示。

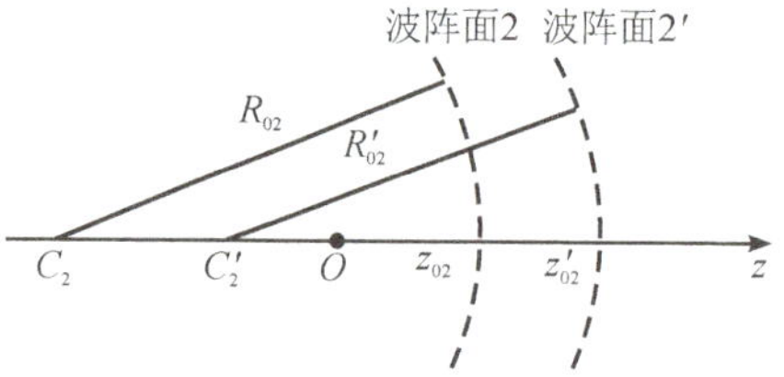


图 3-5 波阵面的曲率半径 $R_0$ 与 $|z_0|$ 的关系示意图

(5) 波阵面的曲率半径 $R_0$ 随坐标 $z_0$ 的变化规律如图 3-6 所示，表达式为

$$\frac{dR_0}{dz_0}=1-\left(\frac{L/2}{z_0}\right)^2 \tag{3-17}$$

即

$$\begin{cases} 当|z_0|<\dfrac{L}{2}时，\dfrac{dR_0}{dz_0}<0 \\ 当|z_0|=\dfrac{L}{2}时，\dfrac{dR_0}{dz_0}=0 \\ 当|z_0|>\dfrac{L}{2}时，\dfrac{dR_0}{dz_0}>0 \end{cases}$$

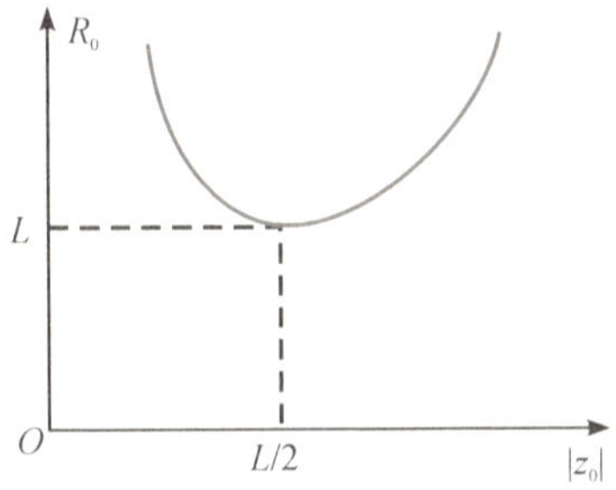


图 3-6　波阵面的曲率半径 $R_0$ 随坐标 $z_0$ 的变化规律示意图

波阵面的分布示意图如图 3-7 所示。共焦腔中的光束好像是从腔轴上的一系列的“发光点”上发出的球面波，其波阵面对腔的中心具有对称分布。$|z_0|$ 与 $L/2$ 的关系可以总结如下：

(1) $|z_0|<\dfrac{L}{2}$时，波阵面的“发光点”在腔外，当波阵面向腔心接近时，波阵面的曲率半径逐渐增大，“发光点”也逐渐远离腔体。

(2) $|z_0|>\dfrac{L}{2}$时，波阵面的“发光点”在腔内，当波阵面远离腔体时，波阵面的曲率半径逐渐增大，“发光点”也逐渐向腔中心靠近。

(3) $|z_0|=\dfrac{L}{2}$时，波阵面的曲率半径最小，“发光点”恰好落在另一个镜面的中心。

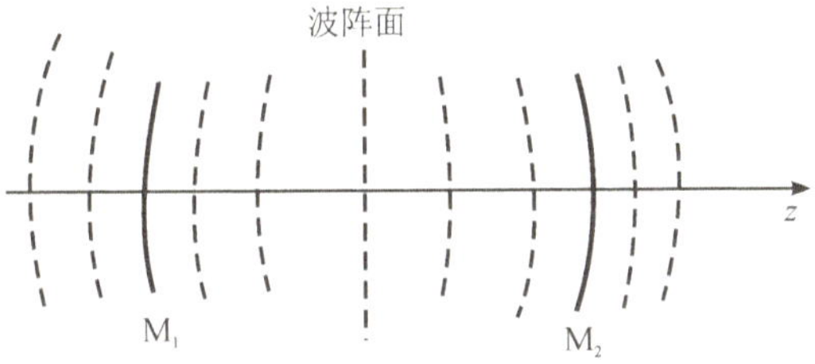


图 3-7　波阵面分布

与球面波类比，可以把高斯光束看成是从其对称轴(即光轴)上一系列的“发光点”上发出的球面波，其波阵面对共焦腔中心具有对称分布。在腔内的波阵面所对应的“发光点”都在腔外，且随着波阵面由镜面向腔中心接近，波阵面的曲率半径逐渐增大，“发光点”由镜面中心移向无穷远处。腔中心处的波阵面是个平面。在腔外的波阵面所对应的“发光点”在腔内，且随着波阵面由镜面远离腔体，波阵面的曲率半径逐渐增大，“发光点”由镜面中心向腔中心处靠近。无穷远处的波阵面所对应的“发光点”在腔中心，因为波阵面的曲率半径增大成无穷大，波阵面也变成平面。镜面本身也是波阵面，它对应的曲率半径最小，每个镜面对应的“发光点”恰好落在另一个镜面的中心。显然，如果在场的任意个等相位面处放置一块具有相应曲率的反射镜片，则入射在该镜片上的场将准确地沿着原入射方向返回，这样共焦腔的场分布将不会受到扰动。

### 3.1.4 光束在波阵面上的强度分布和有效截面半径

本小节针对基横模进行讨论。共焦腔基横模的一些波阵面如图 3-8 所示，其对应的行波的振幅为

$$U_{mn}(x, y, z) \propto \sqrt{\frac{2}{1+(2z/L)^2}} H_m\left(x\sqrt{\frac{2\pi}{\lambda L}}\sqrt{\frac{2}{1+(2z/L)^2}}\right) \cdot H_n\left(y\sqrt{\frac{2\pi}{\lambda L}}\sqrt{\frac{2}{1+(2z/L)^2}}\right)\exp\left[-(x^2+y^2)\cdot\frac{\pi}{\lambda L}\cdot\frac{2}{1+(2z/L)^2}\right] \tag{3-18}$$

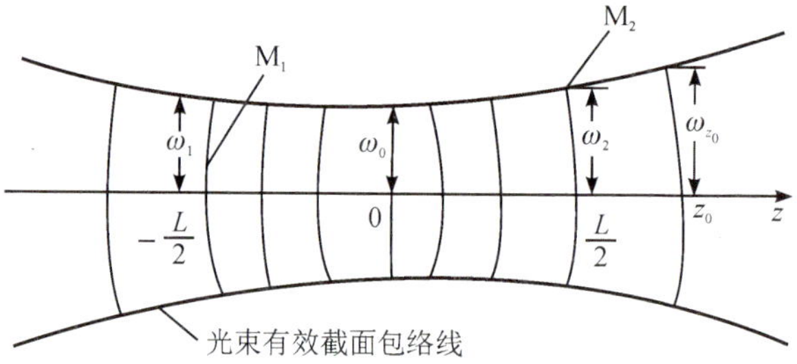


图 3-8 共焦腔基横模的一些波阵面

对基横模有 $H_m = H_n = H_0 = 1$，则对应基横模的振幅可写为

$$U_0(x, y, z) \propto \sqrt{\frac{2}{1+(2z/L)^2}}\exp\left[-(x^2+y^2)\cdot\frac{\pi}{\lambda L}\cdot\frac{2}{1+(2z/L)^2}\right] \tag{3-19}$$

对傍轴的波面有 $z \approx z_0$，则式(3-19)可写为

$$U_0(x, y, z) \approx U_0(x, y, z_0) \propto \sqrt{\frac{2}{1+(2z_0/L)^2}}\exp\left[-(x^2+y^2)\cdot\frac{\pi}{\lambda L}\cdot\frac{2}{1+(2z_0/L)^2}\right] \tag{3-20}$$

令

$$\omega_{z_0} = \sqrt{\frac{\lambda L}{2\pi}\left[1+\left(\frac{2z_0}{L}\right)^2\right]} \tag{3-21}$$

则有

$$U_0(x, y, z) \approx U_0(x, y, z_0) \propto \sqrt{\frac{\lambda L}{\pi}}\frac{1}{\omega_{z_0}}e^{-\frac{x^2+y^2}{\omega_{z_0}^2}} \tag{3-22}$$

对某一波阵面来说，波阵面的振幅为

$$U_0(x, y, z_0) \propto e^{-\frac{x^2+y^2}{\omega_{z_0}^2}} \tag{3-23}$$

即振幅随着离开腔轴的距离($\rho = \sqrt{x^2+y^2}$)的变化而呈现高斯型的分布，因此光束称为高斯光束。当 $\rho = \omega_{z_0}$ 时，振幅下降到轴线上振幅的 1/e，而光强下降到轴线上光强的 $1/e^2$，这个范围称为光束的有效截面，$\omega_{z_0}$ 为光束的有效截面半径。

有效截面半径 $\omega_{z_0}$ 在腔心处最小，称腔心为光束的“腰部”。其腰粗为

$$\omega_0=\omega_{z_0}\big|_{z_0=0}=\sqrt{\frac{\lambda L}{2\pi}} \tag{3-24}$$

随着波阵面离开腔心的距离增加，有效截面半径也增加。镜面 $M_1$、$M_2$ 上的光束有效截面半径(又叫“镜面光斑半径”)为

$$\omega_1=\omega_2=\omega_{z_0}\Big|_{z_0=\pm\frac{L}{2}}=\sqrt{\frac{\lambda L}{\pi}}=\sqrt{2}\,\omega_0 \tag{3-25}$$

有效截面上的最大光强与 $|z_0|$ 的关系为

$$U_0(x,\ y,\ z_0)\propto\sqrt{\frac{\lambda L}{\pi}}\ \frac{1}{\omega_{z_0}}\mathrm{e}^{-\frac{x^2+y^2}{\omega_{z_0}^2}} \tag{3-26}$$

即每个截面的 $I_{\max}$ 在点(0，0，$z_0$)处，$I_{\max}\propto\frac{1}{\omega_{z_0}^2}$；$\omega_{z_0}$ 随 $|z_0|$ 的增加而增加，$|z_0|$ 越小，$I_{\max}$ 越大，并且越远离腔心，最大光强越小。

镜面上的最大光强与腔心光强之比为 $\frac{\omega_0^2}{\omega_1^2}=\frac{1}{2}$。图 3-9 所示为中心截面和镜面上的光强对于腔心处光强的相对光强分布。

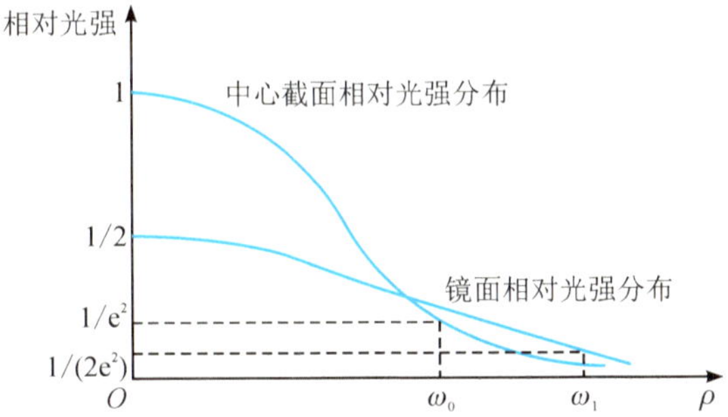


图 3-9　中心截面和镜面上的光强对于腔心处光强的相对光强分布

由于光束是限制在各个有效截面以内传播的，因此可以证明通过每个有效截面上的总光功率 $I$ 是相同的。

## 3.2　光束的发散角及激光的高亮度

### 1. 光束的发散角

通常用发散角 $2\theta$(全角)来描述激光束的发散程度。其表达式为

$$2\theta=2\frac{\mathrm{d}\omega_{z_0}}{\mathrm{d}|z_0|}=\frac{4\lambda|z_0|}{\pi L\omega_{z_0}} \tag{3-27}$$

(1) 当 $|z_0|=0$ 时，$2\theta=0$，即腔心处的光束是平行的。

(2) 当 $|z_0|=\frac{L}{2}$ 时，$2\theta=2\sqrt{\frac{\lambda}{\pi L}}$，这是光束在镜面上的发散角。

(3) 当 $|z_0|\to\infty$ 时，$2\theta=2\sqrt{\frac{2\lambda}{\pi L}}$，这是光束的远场发散角。

通常，激光的发散角指的是远场发散角。由 $\omega_{z_0}=\sqrt{\frac{\lambda L}{2\pi}\left[1+\left(\frac{2|z_0|}{L}\right)^2\right]}$ 可推得

$$\lim_{|z_0|\to\infty}\frac{\omega_{z_0}}{|z_0|}=\sqrt{\frac{2\lambda}{\pi L}}=\theta\Big|_{|z_0|\to\infty} \tag{3-28}$$

如图 3-10 所示，远场发散角的角顶正好落在腔的中心。高斯光束的远场发散角完全取决于其束腰半径。相关计算表明，包含在全角发散角内的功率占高斯基横模光束总功率的 86.5%。由波动光学可知，在单色平行光照明下，一个半径为 $r$ 的圆孔夫琅禾费衍射角 $\theta=0.61\lambda/r$。比较可知，高斯光束远场发散角 $2\theta$ 在数值上近似于以腰粗 $\omega_0$ 为半径的光束的衍射角(因为高斯光束强度更集中在中心及其附近，所以实际上高斯光束远场发散角比圆孔衍射角要小一点)。例如，在共焦腔氦氖激光器中，$L=30$ cm，$\lambda=0.6328$ μm，则 $\theta_{1/e^2}=2.3\times10^{-3}$ rad；在共焦腔 $CO_2$ 激光器中，$L=1$ m，$\lambda=10.6$ μm，则 $\theta_{1/e^2}=5.2\times10^{-3}$ rad。可见，共焦腔基横模光束的理论发散角具有毫弧度(mrad)的数量级，说明它的方向性相当好。由于高阶模的发散角随着模的阶次的增大而增大，所以多模振荡时光束的方向性要比单基模振荡时的差。

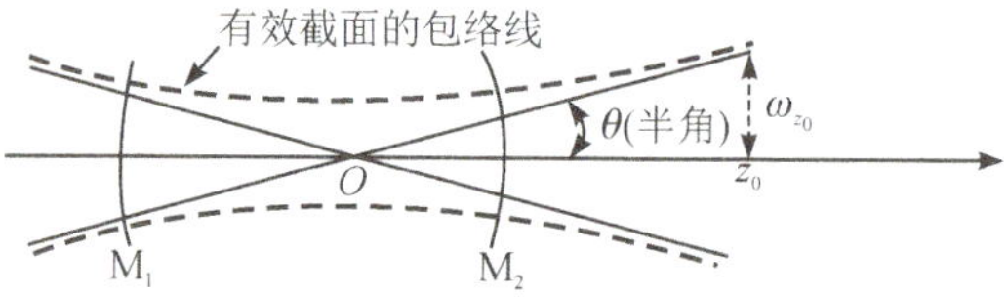


图 3-10 光束远场发散角

## 2. 激光的高亮度

由于激光器发出的高斯光束有良好的方向性，因而它也具有高亮度的特点。激光束的立体角如图 3-11 所示。亮度 $B$ 定义为：单位面积的发光面在其法线方向上单位立体角范围内输出的辐射功率。若 $\Delta S$ 为发光面的面积，其沿着发光面法线方向 $\Delta\Omega$ 立体角辐射的光功率为 $\Delta I$，则光源在该方向上的亮度为

$$B=\frac{\Delta I}{\Delta S\Delta\Omega} \tag{3-29}$$

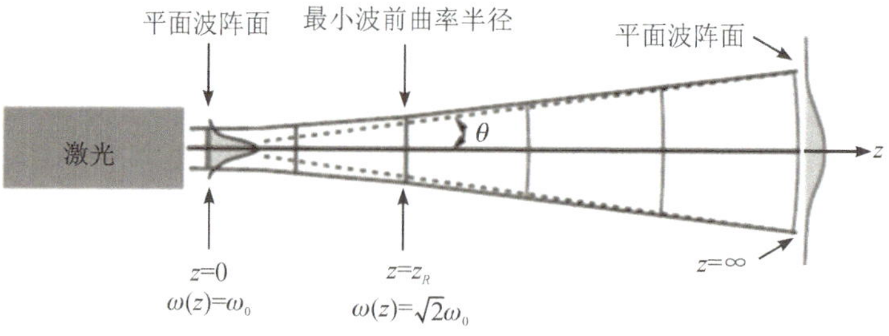


图 3-11 激光束的立体角

由式(3-29)可以看出，在其他条件不变的情况下，$\Delta\Omega$ 越小则亮度越高。对激光来说，有

$$\Delta\Omega=\frac{\pi(\theta R)^2}{R^2}=\pi\theta^2 \tag{3-30}$$

由于激光的发散角比普通光源的发散角小得多，因此激光的亮度要大得多。对高阶横模来说，光束的发散角比基横模的大。

鉴于高斯光束在激光应用中极其重要的地位，这里再强调一下它与球面波的区别。

(1) 高斯光束不像球面波那样在波阵面上具有均匀的振幅分布，而是呈现出高斯型的振幅分布。

(2) 高斯光束在光束中心处能十分集中，不像球面波那样在所有的波阵面具有一个共同的球心，而是不同的波阵面具有不同的曲率中心。

(3) 高斯光束不像球面波那样向空间均匀地辐射，而是局限在十分微小的发散角内输出光束，具有极好的方向性。其重要参量有波阵面曲率半径 $R_0$、光束有效截面半径 $\omega_{z_0}$ 和远场发散角 $2\theta$，表达式分别为

$$R_0=|z_0|\left[1+\left(\frac{\pi\omega_0^2}{\lambda z_0}\right)\right] \tag{3-31}$$

$$\omega_{z_0}=\omega_0\sqrt{1+\left(\frac{\lambda z_0}{\pi\omega_0^2}\right)^2} \tag{3-32}$$

$$2\theta=\frac{2\lambda}{\pi\omega_0} \tag{3-33}$$

## 3.3 稳定球面腔的光束传播特性

对一般的稳定球面腔而言，原则上也可用直接求解它的积分方程的方法得到某镜面上的光场分布函数，并进一步用衍射积分得到腔内、外的行波，但其计算较之对称共焦腔更为复杂。这里采用等价对称共焦腔方法，将对称共焦腔的结果推广到一般的稳定球面腔。

### 3.3.1 稳定球面腔的等价对称共焦腔

如果在场的任意一个等相位面处放上一块具有相应曲率的反射镜片，则入射在该镜片上的场将准确地沿着原入射方向返回，这样对称共焦腔中产生的场分布将不会改变。只要该反射镜不在对称共焦腔原先的反射镜位置上，其曲率半径就与原反射镜不相同，从而可得到一个新的球面腔。该球面腔与原对称共焦腔等价，产生的行波场与原共焦场完全一致，但是一定不是共焦的。由于任何一个对称共焦腔场有无穷多个等相位面，因而存在无穷多个“等价”的球面腔。

反过来，任意一个满足稳定性条件的球面腔只可唯一地与一个对称共焦腔等价。下面给定稳定球面腔，以双凹腔(见图3-12)为例，来求解与之对应的唯一一个对称共焦腔。假设双凹腔两个镜面 $M_1$ 与 $M_2$ 的曲率半径分别为 $R_1$ 和 $R_2$，腔长为 $L$，而所要求的等价共焦腔的共焦参数为 $f$。以等价共焦腔中点为 $z$ 坐标的原点，$M_1$、$M_2$ 的 $z$ 坐标分别为 $z_1$ 和 $z_2$。

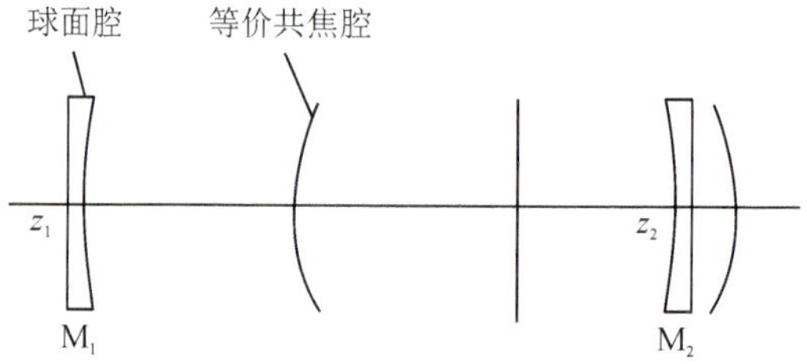


图 3-12 双凹腔示意图

按图示情况，根据式(3-15)，波阵面曲率半径 $R_1$ 和 $R_2$ 可以用 $f$、$z_1$ 和 $z_2$ 表示为

$$\begin{cases} R_1 = |z_1|\left[1+\left(\dfrac{f}{z_1}\right)^2\right] \\ R_2 = |z_2|\left[1+\left(\dfrac{f}{z_2}\right)^2\right] \end{cases}$$

于是有

$$\begin{cases} |z_1| = \dfrac{L(R_2-L)}{R_1+R_2-2L} \\ |z_2| = \dfrac{L(R_1-L)}{R_1+R_2-2L} \end{cases} \tag{3-34}$$

其中，$|z_1|+|z_2|=L$。整理可得

$$f=\frac{\sqrt{L(R_1-L)(R_2-L)(R_1+R_2-L)}}{R_1+R_2-2L} \tag{3-35}$$

如果 $R_1$、$R_2$、$L$ 满足 $0<(1-L/R_1)(1-L/R_2)<1$，则不难证明 $z_1<0$，$z_2>0$，$f>0$，这说明给定稳定球面腔可唯一确定一个等价共焦腔。

## 3.3.2 基横模的传播特性

这里只讨论基横模(也就是相应高斯光束)的传播特性，再对稳定球面腔的谐振频率进行讨论。前者与激光束的应用密切相关，后者涉及激光器的选频。

### 1. 等效共焦腔的束腰半径

把式(3-35)代入 $\omega_0=\sqrt{\dfrac{\lambda L'}{2\pi}}$(其中 $L'=2f$)，可得

$$\omega_0=\left[\left(\frac{\lambda}{\pi}\right)^2\frac{L(R_1-L)(R_2-L)(R_1+R_2-L)}{(R_1+R_2-2L)^2}\right]^{\frac{1}{4}} \tag{3-36}$$

这就是稳定球面腔输出的基横模高斯光束的束腰半径，它决定了稳定球面腔输出的基横模光束的几乎全部性质。

### 2. 原球面腔镜面的基横模光束有效截面半径

为了决定腔镜面的大小，还需要知道腔镜面上的基横模光束有效截面半径。稳定球面腔镜面上的基横模光束有效截面半径等于它的等价对称共焦腔在该球面腔镜面处的基横模光束有效截面半径。

把式(3-34)和式(3-35)代入式(3-32)，可得到基横模光束有效截面半径为

$$\begin{cases} \omega_{s1}=\sqrt{\dfrac{\lambda L}{\pi}}\left[\dfrac{R_1^2(R_2-L)}{L(R_1-L)(R_1+R_2-L)}\right]^{1/4} \\ \omega_{s2}=\sqrt{\dfrac{\lambda L}{\pi}}\left[\dfrac{R_2^2(R_1-L)}{L(R_2-L)(R_1+R_2-L)}\right]^{1/4} \end{cases} \tag{3-37}$$

### 3. 谐振频率

由式(3-8)可知方形镜一般稳定球面腔的两个反射镜面顶点处的相位因子分别为

$$\phi(0,0,z_1)=kf\left(1+\frac{z_1}{f}\right)-(m+n+1)\left(\frac{\pi}{2}-\arctan\frac{f-z_1}{f+z_1}\right) \tag{3-38}$$

$$\phi(0,0,z_2)=kf\left(1+\frac{z_2}{f}\right)-(m+n+1)\left(\frac{\pi}{2}-\arctan\frac{f-z_2}{f+z_2}\right) \tag{3-39}$$

按谐振条件，单程总相移必须满足 $\phi(0,0,z_2)-\phi(0,0,z_1)=q\pi$，则有

$$k(z_2-z_1)+(m+n+1)\left(\arctan\frac{f-z_2}{f+z_2}-\arctan\frac{f-z_1}{f+z_1}\right)=q\pi$$

$$\frac{2\pi}{\lambda}L+(m+n+1)\arctan\frac{fL}{f^2-z_1z_2}=q\pi$$

$$\frac{2\pi}{\lambda}L-(m+n+1)\arccos\sqrt{g_1g_2}=q\pi$$

故

$$\nu_{mnq}=\frac{c}{\mu\lambda}=\frac{c}{2\mu L}\left[q+\frac{1}{\pi}(m+n+1)\arccos\sqrt{g_1g_2}\right] \tag{3-40}$$

此式也是圆形镜一般稳定球面腔的谐振频率公式。

若令 $g_1=g_2=0$，则 $\arccos\sqrt{g_1g_2}=\pi/2$，于是式(3-40)变成

$$\nu_{mnq}=\frac{c}{4\mu L}[2q+(m+n+1)] \tag{3-41}$$

式(3-41)是3.1节所给出的对称共焦腔的谐振频率公式。由此可见，对称共焦腔不过是一般稳定球面腔的一种特例。

## 3.4 其他几种常用的激光束

在稳定球面腔中，除了基横模高斯光束，还存在高阶高斯光束和其他类型的光束。较为常用的激光束有厄米-高斯光束和拉盖尔-高斯光束，它们在光学信息处理中有着特殊用途，而贝塞尔光束由于其独特的光强分布和传播性质，也有着广泛的应用。因此，本节将在前面提及的傍轴亥姆霍兹方程和亥姆霍兹方程的基础上简单介绍这三种常用的激光束。

### 3.4.1 厄米-高斯光束

与高斯光束有着密切关系的是厄米-高斯光束。此光束的波前和发散性质与高斯光束的

相同，但是强度分布不同。特别是，厄米-高斯光束不只是描述简单的零级高斯光束，它还可用于描述光学谐振腔中更广泛的一系列模式。光学谐振腔的模式是复杂的光束剖面，它们在两个终端反射镜之间来回反射复制其自身，这两个反射镜的反射面一般是球面。若一个波是谐振腔的一个模式，则它必须在来回往复穿越谐振腔之后复制出它自身，特别是振幅和相位的分布，二者都必须原样复制出来。

假定将高斯模式修改为可分离变量的一组相乘的振幅剖面，其中一个是 $x$ 的函数，一个是 $y$ 的函数，并要求产生的波满足傍轴亥姆霍兹方程，那么分离变量后将得到一组三个常微分方程，$x$、$y$、$z$ 三个变量分别对应一个方程。本征值问题的解是模式振幅调制，经求得为厄米多项式，它修正光束的振幅。厄米多项式由下面的递推关系定义，即

$$H_{l+1}(u)=2uH_l(u)-2lH_{l-1}(u) \tag{3-42}$$

$$H_0(u)=1 \tag{3-43}$$

$$H_1(u)=2u \tag{3-44}$$

厄米-高斯函数定义为

$$G_l(u)=H_l(u)\exp\left(-\frac{u^2}{2}\right) \tag{3-45}$$

于是厄米-高斯模式振幅可以写为

$$U_{l,m}(x,y,z)=A_{l,m}\left[\frac{\omega_0}{\omega(z)}\right]G_l\left(\frac{\sqrt{2}x}{\omega(z)}\right)G_m\left(\frac{\sqrt{2}y}{\omega(z)}\right)\times \exp\left[jkz+jk\frac{r^2}{2R(z)}-j(l+m+1)\phi(z)\right] \tag{3-46}$$

式中，$A_{l,m}$ 是振幅，用于描述厄米-高斯函数的幅度大小；$\phi(z)$是幅角；$\omega(z)$是光束在位置 $z$ 处的束腰半径；$\omega_0$ 是束腰半径；$G_l$ 和 $G_m$ 的厄米多项式。

### 3.4.2 拉盖尔-高斯光束

对圆形镜共焦腔求解自再现模所满足的积分方程可以得到高斯光束的多模解，即拉盖尔-高斯光束，其场分布由拉盖尔多项式与高斯函数的乘积来描述。

如果在柱面坐标系($\gamma$，$\theta$，$z$)中重写傍轴亥姆霍兹方程，可以求得另一组特征解。$\gamma$ 和 $\theta$ 分离变量得出一组光束，其复振幅为

$$U_{l,p}(r,\theta,z)=A_{l,p}\left[\frac{\omega_0}{\omega(z)}\right]\left[\frac{\sqrt{2}r}{\omega(z)}\right]^{|l|}L_p^{|l|}\left(\frac{2r^2}{\omega(z)^2}\right)\exp\left(-\frac{r^2}{\omega(z)^2}\right)\times \exp\left[jkz+jk\frac{r^2}{2R(z)}+jl\theta-j(|l|+2p+1)\phi(z)\right] \tag{3-47}$$

式中，$L_p^{|l|}$ 是($l$，$p$)级广义拉盖尔多项式；参量 $\omega_0$、$\omega(z)$和 $R(z)$与前面对高斯光束的定义完全相同；参量($p>0$)叫作径向指标；参量 $l$ 叫作方位指标。

可以看到，相位从$-(l+2p+1)\cdot\pi/2$ 向$(l+2p+1)\cdot\pi/2$ 变化。各模式通常被一个使它们总功率相等的常量因子归一化，即

$$A_{l,p}=\sqrt{\frac{2p}{(1+\delta_{0l})\pi(p+|l|)}} \tag{3-48}$$

式中，$\delta_{0l}$ 是 Kronecker $\delta$ 函数。这个模式的强度为

$$I_{l,p}(r,\theta,z)=|A_{l,p}|^2\left[\frac{\omega_0}{\omega(z)}\right]^2\left[\frac{2r^2}{\omega^2(z)}\right]^{|l|}\left[L_p^{|l|}\frac{2r^2}{\omega^2(z)}\right]^2\exp\left(-\frac{2r^2}{\omega^2(z)}\right) \tag{3-49}$$

该强度仅仅依赖于 $r$，因此，拉盖尔-高斯解的一切模式都是圆对称的。这些模式的一个有趣的性质来自与方位角 $\theta$ 成正比的相位项。这一项的出现意味着：当 $l>0$ 时，光束的波前有一个螺旋扭转，扭转的大小随方位指标 $l$ 的增大而增大。可以证明，这样一个波携带有轨道角动量，并且对它撞到的任何物体施加一个转矩。当相位围绕一个强度零点转圈时，便有一个所谓的"光涡旋"或"相位涡旋"。这些模式也在像一个离焦函数那样旋转点扩展函数的合成中起到一定的作用。

### 3.4.3 贝塞尔光束

贝塞尔光束不随光波在 $z$ 方向的传播而发散。要导出贝塞尔光束的形式，可从考虑 $z=0$ 平面上的标量场的理想化的角谱出发。这个角谱是由等强度的傅里叶分量组成的一个圆环，圆环足够薄，可以用傅里叶平面上径向的一个 $\delta$ 函数表示，即假定光束的角谱形式为

$$A(f_X,f_Y;0)=A_0\delta(\rho-\rho_0) \tag{3-50}$$

式中，$f_X=\alpha/\lambda$，$f_Y=\beta/\lambda$，$\rho=\sqrt{f_X^2+f_Y^2}$，$A_0$ 是一个常数，$\rho_0$ 是值小于 $1/\lambda$ 的固定径向频率。

对应于这样一个谱的场的空间分布，可通过逆傅里叶-贝塞尔变换求出，即

$$U(x,y,0)=2\pi A_0\int_0^{\infty}\rho\delta(\rho-\rho_0)\mathrm{J}_0(2\pi\rho r)\mathrm{d}\rho=2\pi\rho_0A_0\mathrm{J}_0(2\pi\rho_0 r) \tag{3-51}$$

式中，$r=\sqrt{x^2+y^2}$。

由于光波在 $z$ 方向传播，这个场分布的变化应考虑频域。自由空间传播可以用传递函数表示为

$$H(f_X,f_Y)=\exp\left[\mathrm{j}2\pi\frac{z}{\lambda}\sqrt{1-(\lambda f_X)^2-(\lambda f_Y)^2}\right] \tag{3-52}$$

如果将这个传递函数与式(3-50)中的角谱相乘，就得到一个新角谱，即

$$A(f_X,f_Y;z)=A_0\delta(\rho-\rho_0)\exp\left(\mathrm{j}2\pi\frac{z}{\lambda}\sqrt{1-\lambda^2\rho_0^2}\right) \tag{3-53}$$

由于 $\rho_0$ 是常数，传播的效果只是将一个依赖于 $z$ 的相位因子应用到整个谱环，对这个环中的一切空间频率，这个相位因子完全相同。于是可以看到，距离 $z$ 处的场的空间分布是

$$U(x,y,z)=2\pi\rho_0A_0\mathrm{J}_0(2\pi\rho_0 r)\exp\left(\mathrm{j}2\pi\frac{z}{\lambda}\sqrt{1-\lambda^2\rho_0^2}\right) \tag{3-54}$$

这个场的强度为

$$I(x,y,z)=(2\pi\rho_0A_0)^2\mathrm{J}_0^2(2\pi\rho_0 r) \tag{3-55}$$

由此可见，场的强度与 $z$ 无关，因此光束传播时不会发散。

贝塞尔光束在以下几方面是理想化的：

(1) 它包含无穷多的能量。

(2) 它伸展到整个无穷平面上，若将它截断，会破坏它传播时不发散的性质。

(3) 无穷薄(和无穷高)的角谱环绝不可能在实际中精确实现。

一个有限宽度的环不显示零发散的理想性质，虽然经过适当的设计以后可以把发散做得很小。

# 3.5 激光器的输出功率

当连续激光器稳定工作时，由于激光工作物质的光放大作用、谐振腔内的损耗系数分布不均匀、各纵模的驻波效应以及光场的横向高斯分布等因素使得腔内光强分布不均匀，因而精确计算各点的光强是个非常复杂的问题。从谐振腔内的光强分布出发来计算激光器的输出功率也就变得十分复杂。本节从另一个角度——增益饱和效应出发来计算激光器在稳态工作时腔内的平均光强，并在此基础上计算出激光器的输出功率。

## 3.5.1 均匀增宽型介质激光器的输出功率

在均匀增宽型介质激光器中，通常只有一个纵模(详见第4章的讨论)，这个纵模是满足谐振条件的诸纵模中增益系数最大的，也就是谐振频率 $\nu_q$ 离中心频率 $\nu_0$ 最近的纵模。由于 $|\nu_0-\nu_q|$ 很小，因此 $\nu_q$ 的增益系数 $G(\nu_q)$ 可以近似地用 $\nu_0$ 的增益系数代替，即

$$G=\frac{G^0}{1+I/I_S} \tag{3-56}$$

式中，$I$ 为激光器在稳态工作时腔内的平均光强；$I_S$ 为激光工作介质的饱和光强；$G^0$ 为激光工作介质的小信号增益系数。

### 1. 稳定出光时激光器内诸参数

激光器在稳态下工作时，腔内诸参数也都达到了稳定。由部分反射镜 $M_1$ 反射的、沿腔轴传播的光强 $I^+(0)$ 是腔内最弱的行波光强。因为随着 $I^+(0)$ 穿过增益介质，它将不断地得到放大，结果使腔内任一点的光强都大于 $I^+(0)$(光强符号的上标"+"表示沿腔轴正方向传播；"−"表示沿腔轴负方向传播)。腔内最大光强 $I^+(0)$ 在腔内往返放大一周，再回到反射镜 $M_1$ 处时，光强已增大为 $I^-(2L)$，如图3-13所示，它是腔内行波光强值最大者，其与 $I^+(0)$ 的关系为

$$I^-(2L)=r_2I^+(0)\exp[2L(G-a_{内})] \tag{3-57}$$

式中，$r_2$ 为反射镜 $M_2$ 的反射率；$L$ 为腔长；$a_{内}$ 为谐振腔的内部损耗系数。

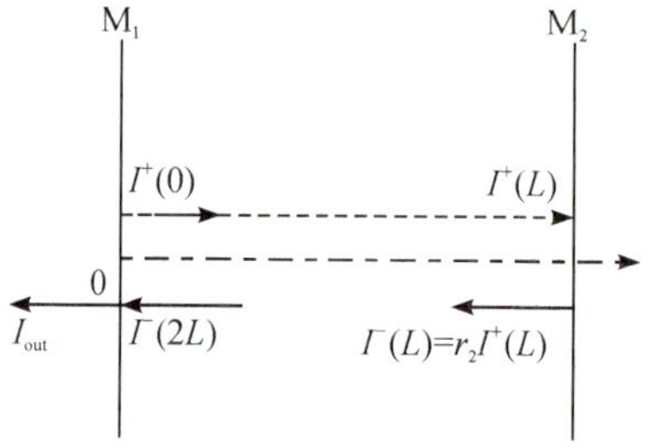


图3-13 谐振腔内的光强

输出光强为

$$I_{out}=t_1 I^-(2L)=t_1 r_2 I^+(0)\exp[2L(G-a_{内})] \tag{3-58}$$

镜面损耗为

$$I_h=a_1 I^-(2L)=a_1 r_2 I^+(0)\exp[2L(G-a_{内})] \tag{3-59}$$

最小光强为

$$I^+(0)=r_1 I^-(2L)=r_1 r_2 I^+(0)\exp[2L(G-a_{内})] \tag{3-60}$$

由能量守恒定律可得

$$I^-(2L)-I^+(0)=I_{out}+I_h=(a_1+t_1)I^-(2L) \tag{3-61}$$

由图 3-13 可知，对于腔内任何一处 $z$ 都有两束传播方向相反的行波 $I^+(z)$ 和 $I^-(2L-z)$ 引起粒子数反转分布值发生饱和，增益系数也随之发生饱和。如果近似用平均光强 $2I$ 来代替 $I^+(z)+I^-(2L-z)$，则腔内的平均增益系数为

$$G=\frac{G^0}{1+2I/I_S}=G_{阈} \tag{3-62}$$

腔内的平均行波光强为

$$I=\frac{I_S}{2}\left(\frac{G^0}{G_{阈}}-1\right)=\frac{I_S}{2}\left(\frac{G^0}{a_{总}}-1\right) \tag{3-63}$$

### 2. 激光器的输出功率

理想的情况($a_{内}\approx 0$)是将全反射镜 $M_2$ 上的镜面损耗都折合到 $M_1$ 上，这样对 $M_2$ 有 $r_2\approx 1$，$t_2\approx 0$，$a_2\approx 0$，对 $M_1$ 有 $r_1=1-(a_1+t_1)$。激光器的总损耗为

$$a_{总}=a_{内}-\frac{1}{2L}\ln r_1 r_2=-\frac{1}{2L}\ln[1-(a_1+t_1)] \tag{3-64}$$

如果 $a_1+t_1$ 很小，将 $\ln[1-(a_1+t_1)]$ 用级数展开，再取一级近似，可得

$$a_{总}=\frac{a_1+t_1}{2L} \tag{3-65}$$

则激光器内行波的平均光强 $I$ 可以化为

$$I=\frac{I_S}{2}\left(\frac{2LG^0}{a_1+t_1}-1\right) \tag{3-66}$$

激光器输出光强也可以表示为

$$I_{out}=t_1 I=\frac{I_S}{2}t_1\left(\frac{2LG^0}{a_1+t_1}-1\right) \tag{3-67}$$

若激光器的平均截面为 $A$，则其输出功率为

$$P=AI_{out}=\frac{1}{2}t_1 I_S A\left(\frac{2LG^0}{a_1+t_1}-1\right) \tag{3-68}$$

### 3. 输出功率与诸参量之间的关系

1) 输出功率与饱和光强的关系

激光器的输出功率 $P$ 与饱和光强 $I_S$ 成正比，只要回想一下 2.3 节中关于饱和光强的讨论，这一点是不难理解的。

2）输出功率与光束截面的关系

截面 $A$ 大的激光器，其输出功率 $P$ 也大。高阶横模的光束截面要比基模的大，因此，一般来说，输出高阶横模的激光器，其输出功率要比同型号的输出基模的激光器的输出功率大。

3）输出功率与输出反射镜的透射率的关系

部分反射镜的透射率 $t_1$ 的选取对激光器输出功率的影响很大。设计激光器时总是希望输出功率大，镜面损耗小，以使光波在腔中往返一次所获得的光能量的绝大部分都用于激光器的输出，即

$$I^-(2L)-I^+(0)=(a_1+t_1)I^-(2L)\approx t_1 I^-(2L) \tag{3-69}$$

这就要求 $t_1$ 尽可能地大，$a_1$ 尽可能地小，使 $t_1 \gg a_1$。但是 $t_1$ 不能太大，因为 $t_1$ 太大会使增益系数的阈值 $G_{阈}$ 升高，如果介质的双程增益系数 $2LG^0$ 不够大，将会导致腔内光强减小，反而使输出功率降低，严重时甚至会使腔内不能形成激光。当然，$t_1$ 也不能太小，因为 $t_1$ 太小时，虽然能使增益系数的阈值降低，使腔内光强增强，但是，随着腔内光强的增强，镜面损耗 $a_1 I^-(2L)$ 也将增大，这使光波在介质中往返一次所增加的光能量中用于损耗的部分增多，并未实现增加输出的预期效果。为了让激光器有最大的输出功率，必须使透射率取最佳值。其最佳值可以通过对式(3-68)求极值而得到，即令 $\mathrm{d}P/\mathrm{d}t_1=0$，则

$$\frac{1}{2}AI_\mathrm{S}\left(\frac{2LG^0}{a_1+t_1}-1\right)+\frac{1}{2}t_1 AI_\mathrm{S}\left(-\frac{2LG^0}{(a_1+t_1)^2}\right)=0 \tag{3-70}$$

解此方程得

$$t_1=(2LG^0 a_1)^{1/2}-a_1=\sqrt{a_1}\left(\sqrt{2LG^0}-\sqrt{a_1}\right) \tag{3-71}$$

式(3-71)是最佳透射率的表达式。在此透射率下，激光器的输出功率为

$$\begin{aligned} P&=\frac{1}{2}I_\mathrm{S}A\sqrt{a_1}\left(\sqrt{2LG^0}-\sqrt{a_1}\right)\cdot\left(\frac{2LG^0}{\sqrt{2LG^0 a_1}}-1\right)\\ &=\frac{1}{2}I_\mathrm{S}A\left(\sqrt{2LG^0}-\sqrt{a_1}\right)^2 \end{aligned} \tag{3-72}$$

实际工作中，总是先用实验方法确定最佳透射率，再估算镜面损耗大小。

### 3.5.2 非均匀增宽型介质激光器的输出功率

在非均匀增宽型介质中，频率为 $\nu$ 的光波只能使速度为 $\pm v_z$ 的粒子数反转分布值饱和，对其他速度的粒子数反转分布值几乎无影响。所以非均匀增宽型介质对腔内各纵模的增益系数仅受本纵模光强的影响，基本上与其他纵模的光强无关。这是非均匀增宽型介质与均匀增宽型介质的不同之处。因此，由非均匀增宽型介质构成的激光器中，对其各个纵模的讨论可以分别独立地进行。

#### 1. 稳定出光时激光器内诸参数

非均匀增宽型介质激光器腔内的光强如图 3-14 所示。在稳定出光时，腔内诸参量也达到稳定，其中一部分参量与均匀增宽型介质激光器中的情况相似，具体如下：

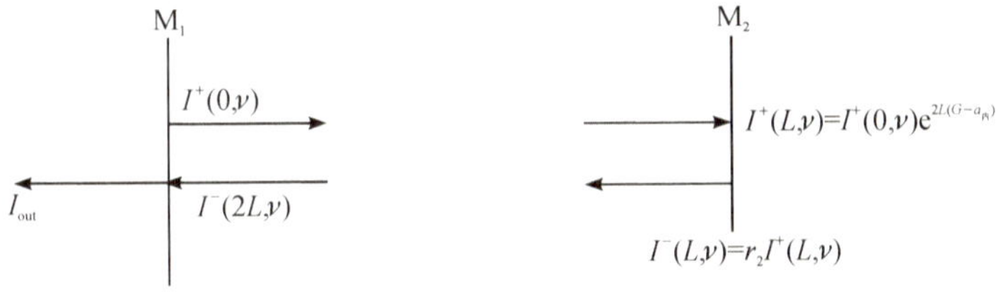


图 3-14 非均匀增宽型介质激光器腔内的光强

1) 腔内最大光强

腔内最大光强为

$$I^-(2L, \nu) = r_2 I^+(0, \nu)\exp[2L(G - a_{内})] \tag{3-73}$$

2) 输出光强

输出光强为

$$I_{out}(\nu) = t_1 I^-(2L, \nu) = t_1 r_2 I^+(0, \nu)\exp[2L(G - a_{内})] \tag{3-74}$$

3) 镜面损耗

镜面损耗为

$$I_h(\nu) = a_1 I^-(2L, \nu) = a_1 r_2 I^+(0, \nu)\exp[2L(G - a_{内})] \tag{3-75}$$

4) 最小光强

最小光强为

$$I^+(0, \nu) = r_1 I^-(2L, \nu) = r_1 r_2 I^+(0, \nu)\exp[2L(G - a_{内})] \tag{3-76}$$

5) 非均匀增宽型介质的增益系数

(1) 非均匀增宽型介质对光波的增益系数随频率 $\nu$ 而变，下面分两种情况进行讨论，即光波的频率 $\nu$ 为介质的中心频率 $\nu_0$ 的情况，以及光波的频率 $\nu$ 不在介质的中心频率处的情况。

频率为 $\nu$ 的光波沿腔轴的正方向传播时，将使沿 $G(\nu)$ 的腔轴方向运动的速度为 $v_z$ 的粒子数反转分布值饱和；当该光波经反射镜反射后沿着腔轴的反方向传播时，又使介质中速度为 $-v_z$ 的粒子数反转分布值饱和。这样，光波在腔内传播时，将有两部分粒子——速度为 $v_z$ 的粒子和速度为 $-v_z$ 的粒子对它的放大作出贡献。也就是说，频率为 $\nu$ 的光波，$I^+(\nu, z)$ 和 $I^-(\nu, 2L-z)$ 两束光在 $G$-$\nu$ 曲线上 $\nu_0$ 的两侧对称地“烧”了两个孔。对每一个孔起饱和作用的分别是 $I^+(\nu, z)$ 和 $I^-(\nu, 2L-z)$，而不是两者之和。

腔内不同位置的光强不同，取 $I$ 作为平均光强，当增益不太大时，$I \approx I^+ \approx I^-$，则非均匀增宽型介质对非中心频率光波的增益系数的表达式为

$$G(\nu) = \frac{G_D^0(\nu)}{\sqrt{1 + I/I_S}} = G_{阈} \tag{3-77}$$

(2) 光波的频率为线型函数的中心频率 $\nu_0$，它只能使介质中速度为 $v_z = 0$ 的这部分粒子数反转分布值饱和。此时腔内的光强为 $I^+ + I^-$，故介质对 $\nu_0$ 光波的增益系数为

$$G_D(\nu_0) = \frac{G_D^0(\nu_0)}{\sqrt{1 + (I^+ + I^-)/I_S}} = G_{阈} \tag{3-78}$$

若用平均光强 $2I$ 来代替 $I^{+}(z, \nu_0)+I^{-}(2L-z, \nu_0)$，则光波在腔中的平均增益系数可表示为

$$G_D(\nu_0)=\frac{G_D^0(\nu_0)}{\sqrt{1+2I/I_S}}=G_{阈} \tag{3-79}$$

若腔内各频率的光强都等于 $I_S$，则 $\nu_0$ 以及 $\nu_0$ 附近的 $\nu$ 光波所获得的增益系数分别为

$$G_D(\nu_0)=\frac{G_D^0(\nu_0)}{\sqrt{3}},\ G_D(\nu)=\frac{G_D^0(\nu)}{\sqrt{2}}$$

若增益系数的阈值都相等，则腔内 $\nu_0$ 比 $\nu_0$ 附近各频率为 $\nu$ 光波的平均光强要弱，表达式为

$$I(\nu_0)=\frac{1}{2}I_S\left[\left(\frac{G_D^0(\nu_0)}{G_{阈}}\right)^2-1\right],\ I(\nu)=I_S\left[\left(\frac{G_D^0(\nu)}{G_{阈}}\right)^2-1\right]$$

**2. 激光器的输出功率**

(1) 若腔内只允许存在一个谐振频率，且 $\nu\neq\nu_0$，激光器在理想的情况下，仍有

$$a_{内}\approx 0,\ r_2\approx 1,\ a_{总}=\frac{a_1+t_1}{2L}$$

则此时腔内的平均光强为

$$I(\nu)=I_S\left[\left(\frac{2LG_D^0(\nu)}{a_1+t_1}\right)^2-1\right]$$

激光器的输出光强为

$$I_{out}(\nu)=t_1 I(\nu)=t_1 I_S\left[\left(\frac{2LG_D^0(\nu)}{a_1+t_1}\right)^2-1\right]$$

若 $\nu$ 光束的截面为 $A$，则激光器的输出功率为

$$P(\nu)=AI_{out}(\nu)=At_1 I_S\left[\left(\frac{2LG_D^0(\nu)}{a_1+t_1}\right)^2-1\right] \tag{3-80}$$

(2) 若腔内单纵模的频率为 $\nu_0$，则激光器的腔内平均光强为

$$I(\nu_0)=\frac{1}{2}I_S\left[\left(\frac{2LG_D^0(\nu_0)}{a_1+t_1}\right)^2-1\right]$$

激光器的输出光强为

$$I_{out}(\nu_0)=t_1 I(\nu_0)=\frac{1}{2}t_1 I_S\left[\left(\frac{2LG_D^0(\nu_0)}{a_1+t_1}\right)^2-1\right]$$

若 $\nu_0$ 光束的截面为 $A$，则激光器的输出功率为

$$P(\nu_0)=AI_{out}(\nu_0)=\frac{1}{2}At_1 I_S\left[\left(\frac{2LG_D^0(\nu_0)}{a_1+t_1}\right)^2-1\right] \tag{3-81}$$

对比式(3-80)和式(3-81)可以看出，虽然介质在中心频率处的小信号增益系数 $G_D^0(\nu_0)$ 要比其他任何频率的小信号增益系数 $G_D^0(\nu)$ 都大，但是，由于在输出功率的表达式中出现系数 1/2，所以该激光器对 $\nu_0$ 光波的输出功率 $P(\nu_0)$ 要比它对 $\nu_0$ 附近各频率光波的输出功率 $P(\nu)$ 还低。如果使单纵模输出的激光器的谐振频率由小到大逐渐变化，对应每一个频率为 $\nu$ 的光波，它都在增益系数 $G(\nu)$ 曲线上对称地“烧”两个宽度约为 $(1+I/I_S)^{1/2}\Delta\nu$

的孔，如图 3-15(a)所示，而在输出功率 $P(\nu)$ 曲线上，对应于 $\nu$ 光波的输出功率为 $P(\nu)$。随着频率逐渐接近于 $\nu_0$，输出功率也逐渐增大，有

$$\nu_0 - \sqrt{1+\frac{I}{I_S}}\frac{\Delta\nu}{2} < \nu < \nu_0 + \sqrt{1+\frac{I}{I_S}}\frac{\Delta\nu}{2} \tag{3-82}$$

当频率 $\nu$ 变到式(3-82)的范围内时，该光波在增益系数 $G(\nu)$ 曲线上对称"烧"的两个孔发生了重叠，这意味着参与对 $\nu$ 光波进行增益放大的粒子数开始减少，因此，输出功率将不再随 $G_D^0(\nu)$ 的增大而增大。随着 $\nu$ 与 $\nu_0$ 的距离越来越小，$G(\nu)$ 曲线上两个孔的重叠部分越来越大，输出功率也逐渐减小，直至 $\nu=\nu_0$ 时，$G(\nu)$ 曲线上的两个孔完全重合，输出功率降至一个极小值。输出功率 $P(\nu)$ 曲线如图 3-15(b)所示。$P(\nu)$ 曲线在中心频率 $\nu_0$ 处出现一个凹陷，称为"兰姆凹陷"。

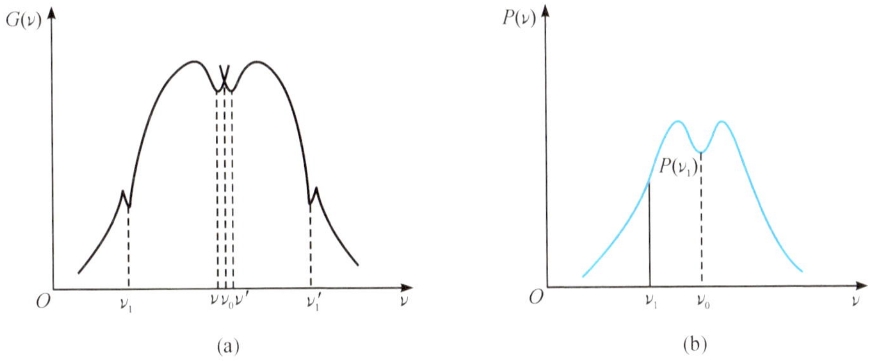


图 3-15　"烧孔效应"与"兰姆凹陷"

兰姆凹陷的中心频率为 $\nu_0$，宽度大致为均匀增宽的线宽 $\Delta\nu$，当激光管内气体压力加大时，碰撞增宽使 $\Delta\nu$ 增大，这将使兰姆凹陷变宽、变浅，甚至会使之消失。图 3-16 所示的是不同气压下输出功率随频率变化的曲线，图中 $P_3>P_2>P_1$。

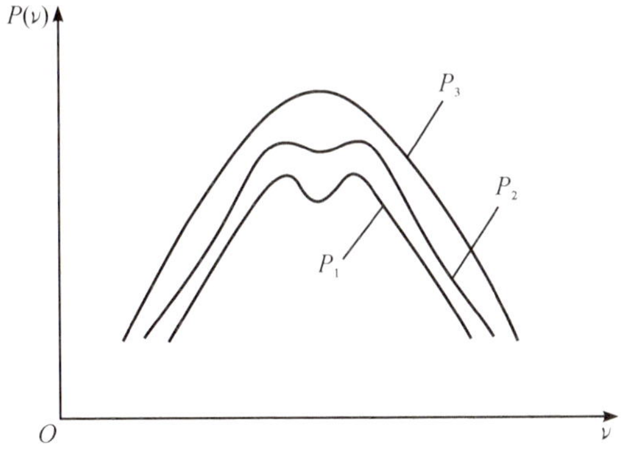


图 3-16　不同气压下"兰姆凹陷"的变化

### 3. 多频激光器的输出功率

(1) 若腔内只允许多个谐振频率，且相邻两个纵模的频率间隔大于烧孔的宽度，各频率的烧孔都是彼此独立的，则每个纵模的诸参数与其他纵模不存在时一样，其光强为

$$I(\nu)=\begin{cases} I_S\left[\left(\dfrac{2LG_D^0(\nu)}{a_1+t_1}\right)^2-1\right], & \nu\neq\nu_0 \\ \dfrac{1}{2}I_S\left[\left(\dfrac{2LG_D^0(\nu)}{a_1+t_1}\right)^2-1\right], & \nu=\nu_0 \end{cases}$$

输出功率为

$$P(\nu)=\begin{cases} At_1I_S\left[\left(\dfrac{2LG_D^0(\nu)}{a_1+t_1}\right)^2-1\right], & \nu\neq\nu_0 \\ \dfrac{1}{2}At_1I_S\left[\left(\dfrac{2LG_D^0(\nu)}{a_1+t_1}\right)^2-1\right], & \nu=\nu_0 \end{cases}$$

多频激光器的输出功率为

$$P=\sum_{i=1}^{N}P(\nu_i)$$

(2) 若腔内多纵模的频率 $\nu$ 对称地分布在 $\nu_0$ 的两侧，即有一个纵模频率 $\nu=\nu_0+b$，必有另一个纵模频率 $\nu'=\nu_0-b$，则在理想情况下纵模 $\nu$ 的增益系数为

$$G(\nu)=\frac{G_D^0(\nu)}{\sqrt{1+(I(\nu)+I(\nu'))/I_S}}=\frac{G_D^0(\nu)}{\sqrt{1+2I/I_S}}=G_{阈}$$

腔内的平均行波光强为

$$\overline{I(\nu)}=\frac{1}{2}I_S\left[\left(\frac{G_D^0(\nu)\cdot 2L}{a_1+t_1}\right)^2-1\right]$$

输出功率为

$$P(\nu)=\frac{1}{2}At_1I_S\left[\left(\frac{G_D^0(\nu)\cdot 2L}{a_1+t_1}\right)^2-1\right]$$

多频激光器的输出功率为

$$P=\sum_{i=1}^{N}P(\nu_i)$$

## 3.6 激光器的线宽极限

激光具有良好的单色性，但它的频率是否绝对单一呢？本节将对这一问题进行简单的分析。由于激光线宽的理论计算值和实际值相差甚远，所以本节仅对激光线宽做定性说明，而不做定量的理论计算。

第 1 章中已经说明普通光源发光的谱线是具有一定的宽度的。造成线宽的原因很多，其中主要有：能级的有限寿命造成了谱线的自然宽度；发光粒子之间的碰撞造成了谱线的碰撞宽度(或压力宽度)；发光粒子的热运动造成了谱线的多普勒宽度。这三种原因一般是同时起作用的，实际的谱线线型是它们共同作用的结果。这样的谱线叫作发光物质的荧光谱线，其线宽叫作荧光线宽。

对一个激光器来说，当它在稳定工作时，其增益正好等于总损耗。这时的理想情况是：损耗的能量在腔内的受激过程中得到了补充，而且在受激过程中产生的光波与原来光波有相同的相位，所以新产生的光波与原来的光波相干叠加，使腔内光波的振幅始终保持恒定，

相应地就有无限长的波列，故线宽应为“0”。当激光器是单模输出时，它输出的谱线应该是落在荧光线宽 $\Delta\nu_F$ 范围内的一条“线”，如图 3－17(a)所示。

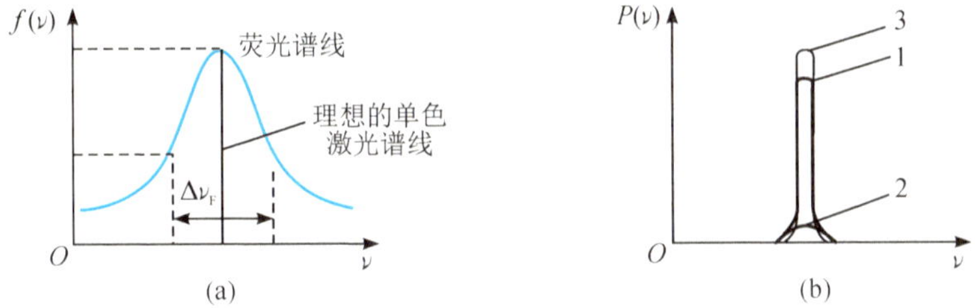


图 3－17 激光器的输出曲线与谱线

实际上线宽不可能等于“0”。激光的谱线虽然极窄，但仍然有一定宽度。造成激光线宽的原因是多方面的。

首先是内部的原因：在理想的激光器中完全忽略了激活介质的自发辐射。而一个实际的激光器，尽管它的自发辐射相对于受激辐射来说是极其微弱的，但它毕竟还是不可避免地存在着，而且在激光器的输出功率中也贡献有它极其微小的一个份额。这一份额是非相干的辐射功率，而受激辐射过程贡献的则是相干的辐射功率。这样，激光器的增益就应该包括受激过程和自发过程两部分的贡献。在振荡达到平衡时，激光器内的能量平衡，应该是介质的受激辐射增益与自发辐射增益之和等于腔的总损耗，因而受激辐射的增益应略小于总损耗。这样，对于受激辐射的相干光来说，每一个波列都存在一定的衰减，正是这种衰减造成了一定的线宽。另外，腔内自发辐射又产生一列一列前后相位无关的波列，这些波列和相干的波列的光强相叠加，使腔内的光强保持稳定。这样一些一段一段互相独立的自发辐射的波列也会造成一定的线宽。以上两方面的因素就造成了由于自发辐射引起的激光线宽。激光器的输出曲线与谱线如图 3－17(b)所示，曲线 1 是衰减的相干光的谱线，曲线 2 是自发辐射本身的谱线，曲线 3 是总的谱线。

如果激光器的输出功率增大，就说明腔内辐射场的能量密度也变大了，而受激辐射概率是正比于辐射场能量密度的，自发辐射的概率却不变，因此受激辐射所占的比例相应地增大，激光振荡谱线的宽度也相应地变窄。这表明：增大激光器的输出功率可以减小由于自发辐射引起的激光线宽。理论计算表明，此激光线宽和激光器输出功率成反比。

理论计算还指出，单纯由于腔内自发辐射而引起的激光线宽远小于 1 Hz。例如，腔长 $L=1$ m，单程损耗 $a_{总}\approx1\%$，每端输出 1 mW 的 He-Ne 激光器发出的 0.6328 $\mu$m 谱线的宽度约为 $5\times10^{-4}$ Hz，这是个极其微小的线宽。实验测得的激光线宽远远大于这个数值。这说明造成激光线宽还有其他较自发辐射影响更大的因素。尽管如此，对于自发辐射造成激光线宽的分析还是十分有意义的。因为自发辐射在任何激光器中都存在，所以这种因素造成的激光线宽无法排除。也就是说，这种线宽是消除了其他各种使激光线宽增加的因素后，最终可以达到的最小线宽，所以叫作线宽极限。

影响激光稳定性的一些因素，如温度波动、机械振动、大气压力和湿度变化、空气对流、损耗波动、增益波动和荧光中心频率漂移等，是产生激光线宽的外部原因。因为当激光的频率不稳定时，激光振荡就不会是等幅的连续的正弦振荡，它必然会形成一定的频率分布，因而出现一定的谱线宽度。

## 3.7 激光束质量的品质因子

在激光技术及其应用领域，以及激光器的设计和生产过程中，激光束质量是衡量激光束优劣的一项重要指标。因此激光束质量的定义和测试是激光研究的重要内容之一。但是，长期以来，激光束质量一直没有确切的定义，也未建立标准的测量方法，这给科研和应用都带来了不便。

在激光的发展过程中，针对不同的应用目的，曾用多种参数来评价光束质量，如聚焦光斑尺寸、远场发散角等。但由于激光束经过光学系统后，束腰尺寸和发散角均可以发生改变，减小腰斑半径必然会使发散角增大，因此单独使用发散角或腰斑尺寸来评价激光束质量是不科学的。为了克服常用的激光束质量评价方法的局限性，近年来国际光学界发展出了一种表征激光束质量的参量——品质因子 $M^2$，并已由国际标准化组织(ISO)予以推荐试用。

激光束质量是激光束可聚焦程度的度量。激光束的品质因子 $M^2$ 的定义式为

$$M^2 = \frac{\omega\theta}{\omega_0\theta_0} \tag{3-83}$$

式中，$\omega$ 和 $\omega_0$ 分别为实际光束和基横模高斯光束的束腰半径；$\theta$ 和 $\theta_0$ 分别为实际光束和基横模高斯光束的远场发散角。

从定义中可以看出品质因子 $M^2$ 是以理想高斯光束即基横模$\text{TEM}_{00}$ 作为比较标准的。

在讨论基横模高斯光束的特性时，已经得到其束腰半径和远场发散角的表达式分别为

$$\omega_0 = \sqrt{\frac{\lambda L}{2\pi}},\ \theta_0 = \sqrt{\frac{2\lambda}{\pi L}}$$

式中，$\lambda$ 为光波波长，$L$ 为激光器的腔长。

不难看出，基横模高斯光束的束腰半径和远场发散角的乘积为一个常量 $\omega_0\theta_0 = \lambda/\pi$，即使采用各种光学变换方法，如聚焦或准直来减小束腰半径或者压缩远场发散角，$\omega_0\theta_0$ 也总是为一个常量，因此束腰半径与远场发散角的乘积反映了基横模高斯光束的固有特性，这样就避免了只用光斑尺寸或只用发散角作为光束品质判据所带来的不确定性。作为比较标准，基横模高斯光束的 $M^2=1$，为 $M^2$ 因子的极小值。也就是说，基横模$\text{TEM}_{00}$ 高斯光束有最好的光束品质。

高阶厄米-高斯光束在 $x$ 和 $y$ 方向上的振幅分布可以表示为

$$\begin{cases} F_m(X) = C_m H_m(X) e^{-\frac{X^2}{2}},\ X = \dfrac{\sqrt{2}\,x}{\omega_{00}(z)} \\ F_n(Y) = C_n H_n(Y) e^{-\frac{Y^2}{2}},\ Y = \dfrac{\sqrt{2}\,y}{\omega_{00}(z)} \end{cases} \tag{3-84}$$

式中，$\omega_{00}(z)$ 表示基横模高斯光束的光斑半径。

高阶厄米-高斯光束在 $x$ 和 $y$ 方向上的光斑半径的平方 $\omega_m^2(z)$ 和 $\omega_n^2(z)$ 可以表示为

$$\begin{cases}\omega_m^2(z)=\dfrac{4\int_{-\infty}^{\infty}F_m(X)x^2F_m^*(X)\mathrm{d}X}{\int_{-\infty}^{\infty}|F_m(X)|^2\mathrm{d}X}\\[2ex]\omega_n^2(z)=\dfrac{4\int_{-\infty}^{\infty}F_n(Y)y^2F_n^*(Y)\mathrm{d}Y}{\int_{-\infty}^{\infty}|F_n(Y)|^2\mathrm{d}Y}\end{cases}\tag{3-85}$$

利用厄米多项式的正交归一化性质，即

$$\int_{-\infty}^{\infty}\mathrm{e}^{-X^2}H_m(X)H_n(X)\mathrm{d}X=2^m\sqrt{\pi}m!\,\delta_{mn}$$

可以得到

$$\int_{-\infty}^{\infty}F_m(X)F_m^*(X)\mathrm{d}X=2^m\sqrt{\pi}|C_m|^2m!$$

式中，$C_m$ 为常系数。

再利用厄米多项式的递推公式

$$XH_m(X)=\frac{1}{2}H_{m+1}(X)+mH_{m-1}(X)$$

可以得到

$$4\int_{-\infty}^{\infty}F_m(X)x^2F_m^*(X)\mathrm{d}X=2^m\sqrt{\pi}|C_m|^2(2m+1)m!\,\omega_{00}^2(z)$$

结合以上分析可以计算得到高阶厄米-高斯光束在 $x$ 和 $y$ 方向上的光斑半径的平方，即

$$\begin{cases}\omega_m^2(z)=(2m+1)\omega_{00}^2(z)\\\omega_n^2(z)=(2n+1)\omega_{00}^2(z)\end{cases}\tag{3-86}$$

式(3-86)将高阶厄米-高斯光束的光斑半径的平方与其阶数联系起来。当 $m\neq n$ 时，$x$ 方向上的光斑半径不等于 $y$ 方向上的光斑半径，并且 $m$、$n$ 越大，高阶厄米-高斯光束的光斑半径越大，其场分布在空间也就越发散。

对于厄米-高斯光束的远场发散角，仍然采用与基横模高斯光束一样的定义式，因此在 $x$ 和 $y$ 方向上高阶厄米-高斯光束的远场发散角为

$$\begin{cases}\theta_m=\lim\limits_{z\to\infty}\dfrac{\omega_m(z)}{z}=\sqrt{2m+1}\lim\limits_{z\to\infty}\dfrac{\omega_{00}(z)}{z}=\sqrt{2m+1}\,\theta_0\\[2ex]\theta_n=\lim\limits_{z\to\infty}\dfrac{\omega_n(z)}{z}=\sqrt{2n+1}\lim\limits_{z\to\infty}\dfrac{\omega_{00}(z)}{z}=\sqrt{2n+1}\,\theta_0\end{cases}\tag{3-87}$$

对于高阶厄米-高斯光束，其光腰位于 $z=0$ 处，根据前面的分析容易得到高阶厄米-高斯光束在 $x$ 和 $y$ 方向上的品质因子 $M^2$ 为

$$\begin{cases}M_x^2=2m+1\\M_y^2=2n+1\end{cases}\tag{3-88}$$

显然，高阶厄米-高斯光束的品质因子 $M^2$ 大于基横模高斯光束的品质因子 $M^2$。并且，

随着模阶数 $m$ 或 $n$ 的增加，其束腰半径及发散角与基横模高斯光束相比偏差越来越大；束腰半径与远场发散角之积越大，激光束质量也就越差。

高阶拉盖尔-高斯光束也用$TEM_{mn}$ 来表示，但该处的 $m$ 表示光束沿径向的节线圆的数目，$n$ 表示光束沿辐角方向的节线数目，在此直接给出拉盖尔-高斯光束的光斑半径$\omega_{mn}(z)$和远场发散角 $\theta_{mn}$ 的表达式：

$$\omega_{mn}(z)=\sqrt{m+2n+1}\,\omega_{00}(z) \tag{3-89}$$

$$\theta_{mn}=\sqrt{m+2n+1}\,\theta_0 \tag{3-90}$$

同样，随着模阶数 $m$ 或 $n$ 的增加，其束腰半径及发散角发生变化，与基横模高斯光束相比偏差越来越大；束腰半径与远场发散角之积越大，激光束质量也就越差。

因此，对实际激光束来说，$M^2 \geqslant 1$，$M^2$ 的值越大，激光束质量越差。并且品质因子 $M^2$ 克服了常用激光束质量评价方法的局限性，用 $M^2$ 作为评价标准对激光器系统进行质量监控及辅助设计等具有十分重要的意义。

# 第4章

# 激光技术

自激光器发明以来，各种新型激光器一直是人们研究的重点。激光器发出的高亮度、高相干性、强方向性的辐射转化为可实际利用的光能，促使激光技术得到了极大的发展。这些技术可以改变激光辐射的特性，以满足各种实际应用的需要。其中有的技术直接对激光器谐振腔的输出特性产生作用，如选模技术、稳频技术、调Q技术和锁模技术等；有的技术则独立应用于谐振腔外，如光束变换技术、调制技术和偏转技术等。在将激光作为光源使用时，这些技术必不可少。本章将讨论激光工程中使用的一些主要技术，但因激光技术涉及的内容十分广泛，这里只给出相关技术的基本原理和方法。

## 4.1　选模技术

前几章中已经讨论过激光器谐振腔的谐振频率。大多数激光器为了得到较大的输出能量使用较长的谐振腔，这就使得激光器的输出是多模的。然而，与高阶模相比，基横模($TEM_{00}$模)具有亮度高、发散角小、径向光强分布均匀、振荡频率单一等特点，且具有最佳的时间和空间相干性，因此单一基横模运转的激光器是一种理想的相干光源，对激光干涉计量、激光测距、激光加工、光谱分析、全息摄影和激光在信息技术中的应用等十分重要。为满足使用要求，必须采取一些措施来抑制多模激光器中大多数谐振频率的工作，获得单模单频激光输出。

激光器输出的选模(选频)分为两个部分：一部分是对激光纵模的选取；另一部分是对激光横模的选取。前者对激光器输出的频率影响较大，能够大大提高激光的相干性，采用的技术通常称为选频技术；后者主要影响激光器输出的光强均匀性，能够提高激光的亮度，采用的技术一般称为选模技术。

### 4.1.1　单纵模的选取

#### 1. 均匀增宽型谱线的纵模竞争

对于均匀增宽型介质来说，每个发光粒子对形成整个光谱线型都有相同的贡献。当强度很大的光通量通过均匀增宽型增益介质时，由于受激辐射，粒子数反转分布值下降，于是光增益系数也相应下降，但是光谱的线型并不会改变。其结果是增益曲线按同一比例降低，线宽和频率分布都不发生变化。

当谐振腔的长度足够大，即多纵模的情况下且每个纵模的小信号增益系数都大于增益系数的阈值 $G_{阈}$ 时，这些纵模可能在腔内形成振荡。如图 4-1 所示，设有 $q-1$、$q$、$q+1$ 三个纵模满足振荡条件。随着腔内光强的逐步增强，$q-1$ 和 $q+1$ 纵模都被抑制掉，只有 $q$ 纵模的光强继续增强，最后变为曲线 3 的情形。若此时的光强为 $I_q$，则有 $G(\nu_q, I_q)=G_{阈}$，于是振荡达到稳定，使激光器内部只剩下 $q$ 纵模的振荡，这种现象叫作“纵模竞争”。由上面的分析可以看到，纵模竞争的结果总是使最靠近谱线中心频率的那个纵模被保留下来。所以，一般来说，均匀增宽型谱线的稳定激光器的输出常常是单纵模的，而且它们的频率总是在谱线中心附近。

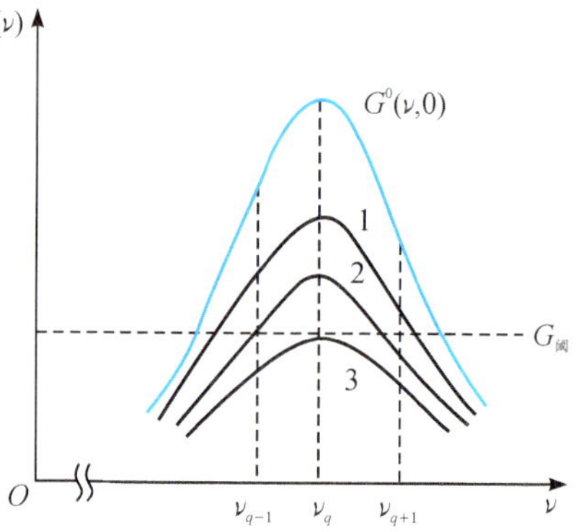


图 4-1 均匀增宽型谱线纵横竞争

在均匀增宽型谱线的稳定激光器中，当受激辐射比较强时，也可能有比较弱的其他纵模出现。其原因如下：当腔内形成纵模为 $q$ 的强激光振荡时，在激光器腔内形成的是一个驻波场，腔内的光强并不均匀，波腹处的光强最强，波节处的光强最弱，因此在整个腔长范围内各点的增益系数也不相同，只是平均增益系数等于 $G_{阈}$，而在波节处增益系数就比较高。由于其他纵模的波节和波腹与 $q$ 纵模的波节和波腹并不重合，所以这些纵模就可以在 $q$ 纵模的波节处得到较高的增益，形成较 $q$ 纵模弱的振荡。这种现象称为模式的“空间竞争”。

### 2. 非均匀增宽型谱线的多纵模振荡

对非均匀增宽型介质来说，某一种纵模的光强增强时，增益饱和并不引起整个增益曲线下降，而是在该纵模对应的频率处形成一个凹陷(即“烧孔”效应)。如果一个非均匀增宽型谱线的稳定激光器有多个纵模的小信号增益系数都大于增益系数的阈值，那么这些纵模可以建立自己的振荡，所以非均匀增宽型谱线的稳定激光器的输出一般为多纵模。

### 3. 单纵模的选取

要提高光束的单色性(如干涉测长仪要求良好的单色性)和相干长度，就需要使激光器工作在单纵模(一般是基横模)下。但是，许多非均匀增宽型气体激光器往往有几个纵模同时振荡，因此，要设计单纵模激光器，就必须采用选频方法。常用的选频方法有以下几种。

1) 短腔法

根据谐振腔原理可知，两个相邻纵模频率之差(即纵模频率间隔)为 $\Delta\nu_q=\frac{c}{2\mu L}$，其与谐振腔的腔长成反比。要想得到单纵模输出，只要缩短腔长，使 $\Delta\nu_q$ 的宽度大于增益曲线阈值以上所对应的宽度即可。例如，在 He-Ne 激光器中，其荧光谱线 $\Delta\nu_F$ 约为1500 MHz，若激光器腔长为 10 cm，则纵模频率间隔 $\Delta\nu_q$ 为 1500 MHz。因此，对 He-Ne 激光器，只要做到腔长小于 10 cm，就会得到单纵模输出。

短腔法虽然简单，但是有致命的缺点。首先，由于腔长受到限制，激活介质的工作长度也相应地受到限制，因此激光器的输出功率必然受到限制。这对于那些需要大功率单纵模输出的应用场合是不适合的。其次，有些激光器输出的谱线荧光宽度很宽，若要加大到足够的纵模间宽度，势必要使腔长缩到很短，激活介质的工作长度也相应变短，以致难以实现粒子数反转而不能输出激光。例如，YAG 激光器谱线的荧光宽度约为 200 GHz，这就要求单纵模振荡的腔长只有 4 mm，显然采用这种短腔法获得单纵模是不可取的。

2）法布里-珀罗标准具法

如图 4-2 所示，法布里-珀罗标准具法就是在外腔激光器的谐振腔内沿近乎垂直于腔轴方向插入一个法布里-珀罗标准具。这种标准具是用透射率很高的材料制成的，两个端面平行且镀有高反射率的反射膜。由于多光束干涉，这种反射膜对于满足条件

$$\nu_m = \frac{mc}{2d\sqrt{\mu'^2 - \mu^2 \sin^2\varphi}} \tag{4-1}$$

的光具有极高的透射率。式(4-1)中，$c$ 是真空中的光速；$\mu$ 是腔外气体介质的折射率；$\mu'$ 是标准具的折射率；$d$ 是标准具的厚度；$\varphi$ 是标准具侧面法线与谐振腔线间的夹角。这时产生的激光频率不仅要符合谐振条件，还要对标准具有最大的透射率。

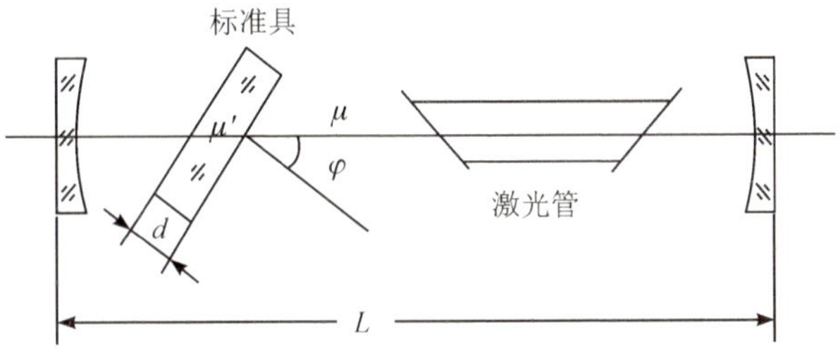


图 4-2 法布里-珀罗标准具法示意图

由式(4-1)可知，能获得最大透射率的两个相邻的频率间隔为

$$\Delta\nu_m = \frac{c}{2d\sqrt{\mu'^2 - \mu^2 \sin^2\varphi}} \tag{4-2}$$

而谐振腔的纵模频率间隔为

$$\Delta\nu_{纵} = \frac{c}{2\mu L} \tag{4-3}$$

当 $d \ll L$ 时，就可以使 $\Delta\nu_m$ 远大于 $\Delta\nu_{纵}$，从而使得在整个谱线宽度内只有一个 $\nu_m$ 具有最大透射率。若再适当地调整 $\varphi$ 角，就可以使得具有最大透射率的 $\nu_m$ 正好等于激光器的多个纵模中的某个纵模 $q$ 所对应的频率 $\nu_q$。这样就只有纵模 $q$ 对标准具有较高的透射率而形成振荡，其他的纵模都因为对标准具的透射率很低(相当于损耗很大)而不能形成振荡，从而达到选模的目的。

由于高选模性的标准具总要带来百分之几的透射损失，因此这种方法对于低增益的激

光器(如 He-Ne 激光器)不太合适，但对于高增益的激光器(如 $CO_2$ 激光器)则十分有效。

3）三反射镜法

如图 4－3 所示，三反射镜法就是将激光器一端的反射镜用三块反射镜的组合所代替，其中 $M_3$ 和 $M_4$ 为全反射镜，$M_2$ 是具有适当透射率的部分透射反射镜。这个组合相当于两个谐振腔的耦合。其中一个谐振腔由 $M_1$、$M_3$ 组成，腔长为 $L_1+L_2$；另一个谐振腔由 $M_3$、$M_4$ 组成，腔长为 $L_2+L_3$。如果腔长 $L_2$、$L_3$ 较短，就形成了一个短谐振腔和一个长谐振腔的耦合。

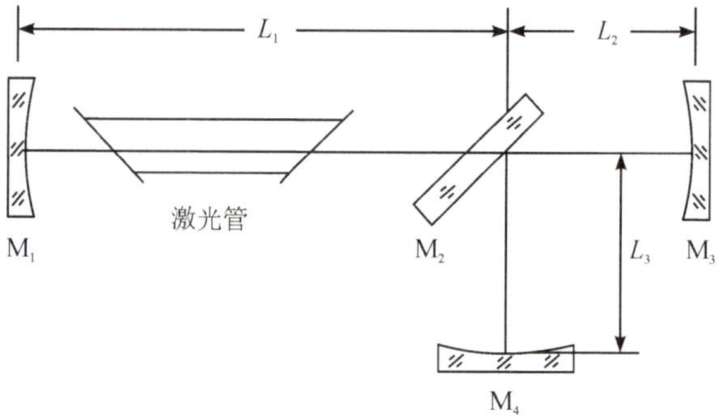


图 4－3 三反射镜法示意图

短谐振腔的纵模频率间隔为

$$\Delta\nu_{短}=\frac{c}{2\mu(L_2+L_3)} \tag{4-4}$$

长谐振腔的纵模频率间隔为

$$\Delta\nu_{长}=\frac{c}{2\mu(L_1+L_2)} \tag{4-5}$$

只有同时满足上面两个谐振条件的光才能形成振荡，故只要选取的 $L_2+L_3$ 足够小，就可以获得单纵模输出。

选频方法还有单反射表面法、行波腔选模法、晶体双折射选模法、吸收介质选模法等，此处不再详细介绍。

## 4.1.2 单横模的选取

激光振荡的条件是增益系数 $G$ 必须大于损耗系数 $a_{总}$。损耗可分为与横模阶数有关的衍射损耗和与振荡模式无关的其他损耗(如输出损耗、吸收损耗、散射损耗等)。基横模选择的实质是使 $TEM_{00}$ 模达到振荡条件，而使高阶横模的振荡受到抑制。因此，只需控制各高阶模的衍射损耗，即可达到选取基横模的目的。一般只要能抑制比基横模高一阶的 $TEM_{10}$ 模和 $TEM_{01}$ 模振荡，就能抑制其他高阶模的振荡。

### 1. 衍射损耗与菲涅耳数

由第 3 章的讨论可知，在激光器谐振腔内振荡的基横模是高斯光束，其光振幅和光强分布在与光轴垂直的平面上呈高斯函数形式，一直延伸到离光轴无限远处。由于反射镜尺寸的限制，每一次反射都会有一部分光被衍射到镜面之外，造成光能量损耗。这种由衍射效应造成的光能量损耗称为衍射损耗。

如图 4 - 4 所示，设有一个腔长为 $L$、反射镜直径为 $2a$ 的激光器，腔内传播的是高斯光束，该光束在镜面处的场强分布可以写为

$$U(x,\ y)=U(\rho)=U_0\exp\left(-\frac{\rho^2}{\omega_1^2}\right) \tag{4-6}$$

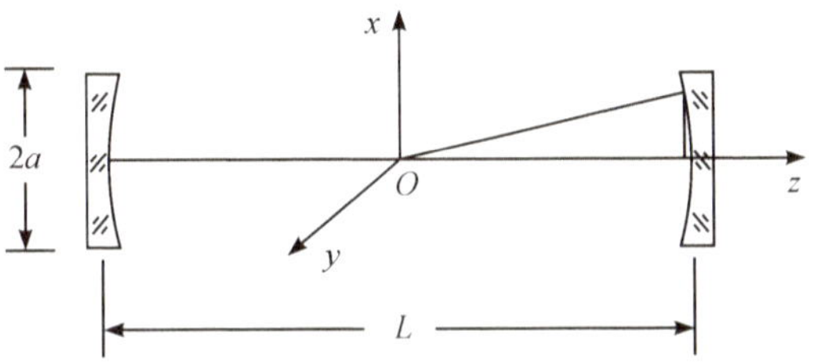


图 4 - 4　腔的衍射损耗示意图

由于光强分布正比于场强的平方，因此镜面处的光强分布为

$$I(\rho)=I_0\exp\left(-\frac{2\rho^2}{\omega_1^2}\right) \tag{4-7}$$

由式(4 - 7)可以看出，光强分布一直弥散到 $\rho\to\infty$，但是由于反射镜尺寸的限制，$\rho>a$ 处的光能量将落到镜面外而逸出腔体，这将引起能量的损耗。

设射向镜面的总光功率为 $I$，因落在 $\rho>a$ 处而损耗了的光功率为 $I'$，则谐振腔的单程衍射损耗可定义为

$$\delta_D=\frac{I'}{I} \tag{4-8}$$

下面以共焦腔为例估算单程衍射损耗。先计算 $I$ 和 $I'$：

$$I=\int_0^{\infty} I(\rho)2\pi\rho\mathrm{d}\rho=\pi I_0\int_0^{\infty}\exp\left(-\frac{2\rho^2}{\omega_1^2}\right)\mathrm{d}\rho^2=\frac{\pi I_0}{2}\omega_1^2 \tag{4-9}$$

$$I'=\int_a^{\infty} I(\rho)2\pi\rho\mathrm{d}\rho=\frac{\pi I_0}{2}\omega_1^2\exp\left(-\frac{2a^2}{\omega_1^2}\right) \tag{4-10}$$

$$\delta_D=\frac{I'}{I}=\exp\left(-\frac{2a^2}{\omega_1^2}\right) \tag{4-11}$$

由此可见，反射镜镜面半径越大，衍射损耗越小。在实际激光器中，反射镜镜面是足够大的，对光束的限制来自增益介质的孔径，如氦氖激光器中的充氦氖气体的毛细管的半径、红宝石激光器的红宝石棒的半径等。如果在激光器谐振腔中加入小孔光阑，则 $a$ 应当取光阑的半径。

由前面的讨论知道，横模阶次越高，则光斑尺寸越大。因此在 $a$ 一定的情况下，越高阶的横模，其衍射损耗越大。基横模的衍射损耗最小。

由共焦腔基横模的镜面光斑尺寸 $\omega_1=\sqrt{\dfrac{\lambda L}{\pi}}$ 可得

$$\delta_D=\exp\left(-\frac{2\pi a^2}{\lambda L}\right)$$

令 $N=\dfrac{a^2}{\lambda L}$，则有

$$\delta_D = \exp(-2\pi N) \tag{4-12}$$

其中，$N$ 称为“菲涅耳数”。

菲涅耳数是表征谐振腔衍射损耗的一个特征参数。对于共焦腔的基横模来说，衍射损耗只与菲涅耳数 $N$ 有关，$N$ 越大，则衍射损耗越小。

### 2. 衍射损耗曲线

上述衍射损耗与菲涅耳数的关系式是针对共焦腔基横模得到的。对于其他形式的谐振腔及高阶横模，这两者之间的关系会比较复杂，一般没有解析表达式，只能用计算机模拟。通常将计算结果画成曲线，这就是衍射损耗曲线。

图 4-5 所示为圆截面共焦腔和圆截面平行平面腔的 $\delta_D-N$ 曲线。由图 4-5 可以得出：

(1) $N$ 越大，则 $\delta_D$ 越小。

(2) 在同样的 $N$ 下，横模序数越高，则 $\delta_D$ 越大。

(3) 在同样的 $N$ 和同样的横模序数下，共焦腔的 $\delta_D$ 比平行平面腔的 $\delta_D$ 小得多，这是由于凹面镜的会聚作用使光能更集中于中心处的缘故。

图 4-6 所示为对称腔 $TEM_{00}$ 模的单程衍射损耗随菲涅耳数的变化情况。由图 4-6 可知，在相同的 $N$ 下，越接近于共焦腔($g=0$)，衍射损耗越小。

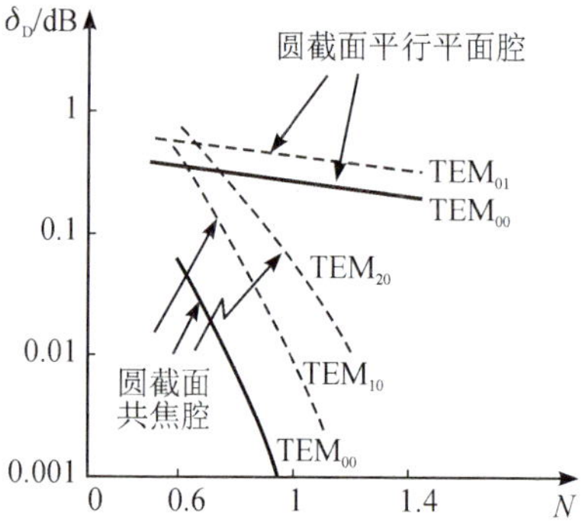


图 4-5 不同腔的衍射损耗曲线

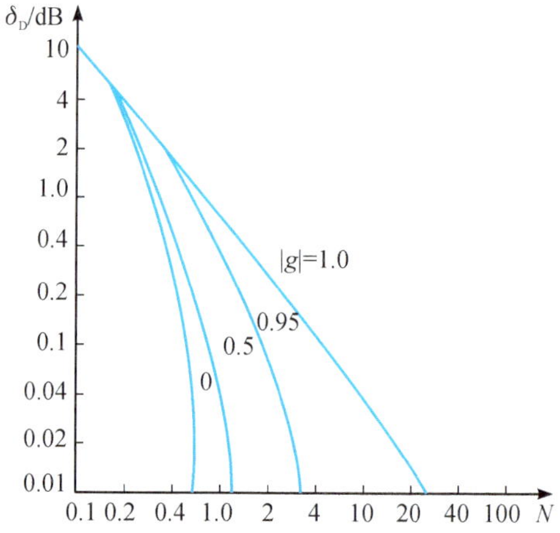


图 4-6 对称腔 $TEM_{00}$ 模的单程衍射损耗随菲涅耳数的变化情况

### 3. 高阶横模的抑制

一般来说，抑制高阶横模需要两方面的条件：一方面要求基横模光束的衍射损耗小，以使基横模不仅满足振荡的阈值条件，而且有较大的功率输出；另一方面要求高阶横模的衍射损耗足够大。下面介绍两种常用的抑制高阶横模的方法。

(1) 调节反射镜。

(2) 腔内加光阑。高阶横模的光束截面比基横模的大，故减小增益介质的有效孔径 $a$，从而减小菲涅耳数 $N$，即可大大增加高阶横模的衍射损耗，实现高阶横模的抑制。最简单的办法就是在腔内靠近反射镜的地方放置一个光阑(用于增益较低的气体激光器)，如图 4-7 所示。

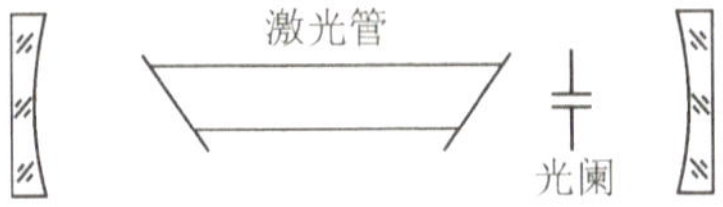


图 4-7 腔内加光阑

## 4.2 稳频技术

4.1 节讨论了利用模式选择技术使激光器获得单频单模输出的问题。激光器通过选模获得单频振荡后，由于内部和外界条件的变化，谐振频率仍然会在整个线型宽度内移动，这种现象叫作“频率的漂移”。由于漂移的存在，出现了激光器频率稳定性问题。稳频的目的就是设法将振荡频率的干扰减至最小限度，从而提高激光器频率的稳定性，减小频率的漂移。

频率的稳定性包括两个方面：一是频率稳定度，二是频率复现度。

频率稳定度是指激光器在一次连续工作时间内的频率漂移 $\Delta\nu$ 与振荡频率 $\nu$ 之比，即

$$S=\frac{\Delta\nu}{\nu} \tag{4-13}$$

$S$ 的值越小，频率稳定度越高。频率稳定度又分为观测取样时间小于 1 s 的短期稳定度和大于 1 s(通常达到数分钟乃至几小时)的长期稳定度。

频率复现度是指激光器在不同地点、时间、环境下使用时频率的相对变化量，通常将其定义为

$$R=\frac{\delta_\nu}{\nu} \tag{4-14}$$

式中，频率偏差 $\delta_\nu$ 可以由同一台激光器产生，也可以是根据相同设计而生产的不同激光器或是用相同能级跃迁、不同设计所制成的激光器在不同条件下输出光频率之间的偏差。频率复现度的提高对于长度计量的基准的统一和精度的提高有着极其重要的意义。

根据实际的需要和现实的技术水平，一般希望频率稳定度和频率复现度都能在 $10^{-8}$ 以上。目前频率稳定度一般在 $10^{-9}$ 左右，较高的可达 $10^{-11}\sim10^{-13}$。频率复现度不易达到频率稳定度那样高，一般在 $10^{-7}$ 左右，高的可达 $10^{-10}\sim10^{-12}$。

激光器中，气体激光器的单色性最好。本节以氦氖激光器为主来介绍稳频技术，很多方法对其他激光器也是适用的。

### 4.2.1 影响频率稳定性的因素

对共焦腔的 $TEM_{00}$ 模来说，谐振频率公式可以简化为

$$\nu=q\cdot\frac{c}{2\mu L} \tag{4-15}$$

当 $L$ 的变化为 $\Delta L$、$\mu$ 的变化为 $\Delta\mu$ 时，引起的频率相对变化为

$$\frac{\Delta\nu}{\nu}=-\left(\frac{\Delta L}{L}+\frac{\Delta\mu}{\mu}\right) \tag{4-16}$$

### 1. 腔长的变化

影响腔长变化的因素很多，如温度波动、机械振动、声波及重力影响等都会引起腔长的短期和长期不稳定。

气体激光器谐振腔的构成有两种：一种是将腔的反射镜片直接贴在谐振腔的两端；另一种是将腔的反射镜片固定在特制的金属镜架上。这两种结构都会因热膨胀或机械变形而改变腔长。温度变化 $\Delta T$ 引起腔长 $L$ 的变化可以表示为 $\Delta L=\alpha L\Delta T$，因而 $\Delta\nu/\nu=-\Delta L/L=-\alpha\Delta T$。硬质玻璃的热膨胀系数 $\alpha=4\times10^{-6}/℃$，表示温度每变化 1 ℃，频率相对漂移(频率稳定度)为 $4\times10^{-6}$。低膨胀系数的物质，如石英的 $\alpha=5\times10^{-7}/℃$，殷钢的 $\alpha=9\times10^{-7}/℃$，用这些物质做成激光管或谐振腔支架，温度每变化 1℃，频率稳定度为 $10^{-7}$ 数量级。在这种结构下，要达到 $10^{-8}$ 的稳频要求，温度变化必须稳定在 0.01℃以内。

此外，外界传入的机械振动也会引起腔长的变化。对于 10 cm 长的激光管，外界振动只要引起腔长有 $10^{-3}$ μm 的变化，频率漂移也可达到 $10^{-8}$ 数量级。为了消除引起上述频率不稳定的振动的干扰，应采取减震措施。例如，一种简单的方法是在工作台下垫一个充气的汽车内胎，这样可以有效地消除高频振动。

由上述讨论可知，用限制腔长变化来达到稳频的目的，其要求的条件是很苛刻的。

### 2. 折射率的变化

受到气压、温度和湿度变化的影响，气体折射率会产生较大的变化，从而对频率稳定性造成影响。对于内腔式激光器来讲，谐振腔封闭在放电管内，气压、温度和湿度的变化对工作物质折射率的影响很小，可以忽略。对于那些外腔式激光器或半外腔式激光器，由于谐振腔中的部分气体与大气连通，这部分的折射率受气压、温度和湿度的影响较大。这些原因折合成对频率稳定度的影响，即

$$\frac{\Delta\nu}{\nu}=\frac{L-L_0}{L}(\beta_T\Delta T+\beta_P\Delta P+\beta_H\Delta H) \tag{4-17}$$

式中，$L-L_0$ 为腔中暴露在大气里的长度；$\Delta P$ 为以 Pa 为单位的大气压变化量；$\Delta H$ 为以 Pa 为单位的水蒸气分压的变化量；$\Delta T$ 为以℃为单位的温度的变化量；$\beta_T=\frac{1}{\mu}\left(\frac{\partial\mu}{\partial T}\right)_{P,H}$ 称为折射率的温度系数，其物理意义是在气压和湿度不变的条件下，单位温度变化引起的折射率变化；$\beta_P$、$\beta_H$ 也有类似的意义，这里不再赘述。

例如，在 $T=20℃$，$P=1.01\times10^5$ Pa，$H=1.133$ kPa 的情况下，大气对 633 nm 波长光的折射率变化系数 $\beta_T$、$\beta_P$ 和 $\beta_H$ 分别为 $-9.3\times10^{-7}/℃$、$5\times10^{-5}/\mathrm{Pa}$ 和 $-8\times10^{-6}/\mathrm{Pa}$。当 $\frac{L-L_0}{L}=0.1$、$\Delta T=1℃$、$\Delta P=\Delta H=0$ 时，$\frac{\Delta\nu}{\nu}\approx10^{-7}$。

空气的流动会使 $T$、$P$、$H$ 发生快速的脉动变化，因此对非内腔激光器来说，应尽量减小暴露于大气的部分，以使 $\frac{L-L_0}{L}$ 尽量小，同时还要屏蔽通风，以减小 $T$、$P$、$H$ 的脉动。

除以上所说的外部因素外，激光器某些内部因素，如放电条件（工作气体的总压强、成分、放电电流等）的变化也对频率有影响，这些因素或者可以控制（如放电电流），或者变化不大（如气体总压强），这里不再具体讨论。

## 4.2.2　稳频分类

稳频分为被动式稳频和主动式稳频两类。

### 1. 被动式稳频

被动式稳频方法有：利用热膨胀系数低的材料制作谐振腔的间隔器；将热膨胀系数为负值的材料与热膨胀系数为正值的材料按一定长度配合，使热膨胀互相抵消，实现稳频。被动式稳频一般用于工程上对稳频精度要求不高的场合。当然在精密控温的实验室内，再加上性能极好的受热隔离装置，也可以达到很高的稳定度。例如，在几十毫秒内输出波长为 632.8 nm 的氦氖激光器，频率变化可达到小于 20 Hz，短期稳定度达到 $10^{-13}$。

### 2. 主动式稳频

主动式稳频的基本原理是：把单频激光器的频率与某个稳定的参考频率相比较，当振荡频率偏离参考频率时，鉴别器会产生一个正比于偏离量的误差信号，这个误差信号经放大后又通过反馈系统返回并控制腔长，使振荡频率回到标准的参考频率上，从而实现稳频。

依据选择参考频率的方法的不同，主动式稳频方法可分为以下两类。

（1）把激光器中原子跃迁的中心频率作为参考频率，把激光频率锁定到跃迁的中心频率上。属于这类方法的有兰姆凹陷法、塞曼效应法、功率最大值法等。这类方法简便易行，可以得到 $10^{-9}$ 的稳定度，能够满足一般精密测量的需要，但是频率复现度不高，只有 $10^{-7}$。

（2）把振荡频率锁定在外界的参考频率上，即饱和吸收法，如用分子或原子的吸收线作为参考频率，这是目前水平较高的一种稳频方法，所选取的吸收物质的吸收频率必须与激光频率相重合。例如，目前已发现碘分子（$I_2^{127}$，$I_2^{129}$）对于 He-Ne 激光器的632.8 nm 谱线附近有强烈的吸收，甲烷（$CH_4$）分子对于 He-Ne 激光器的 632.8 nm 谱线附近有强烈的吸收，甲烷（$CH_4$）分子对于 He-Ne 激光复现度在 $10^{-11}$ 以上，有的短期稳定度高达$5\times10^{-15}$，复现度可达 $3\times10^{-14}$。

## 4.2.3　兰姆凹陷法稳频

He-Ne 激光器的谱线主要是非均匀增宽型的，如图 4－8 所示。非均匀增宽型的输出功率 $P$ 随频率 $\nu$ 的变化曲线是钟形的，在中心频率 $\nu_0$ 处出现兰姆凹陷。在 $\nu_0$ 附近频率的微小变化将会引起输出功率的显著变化。因此，可以通过监测输出光强，设计出更为灵敏的腔长自动补偿的伺服系统。

兰姆凹陷法稳频激光器结构如图 4－9 所示。在反射镜和谐振腔支架之间加上一块压电陶瓷，将压电陶瓷接到稳频器上，稳频器按实际情况正确地给出调整电压，该电压加到压电陶瓷内外表面上使其伸缩，从而自动调节腔长以达到稳频的目的。

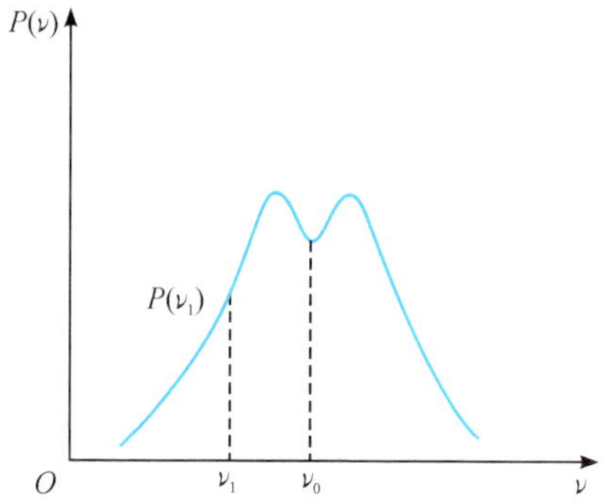


图 4-8 He-Ne 激光器的谱线

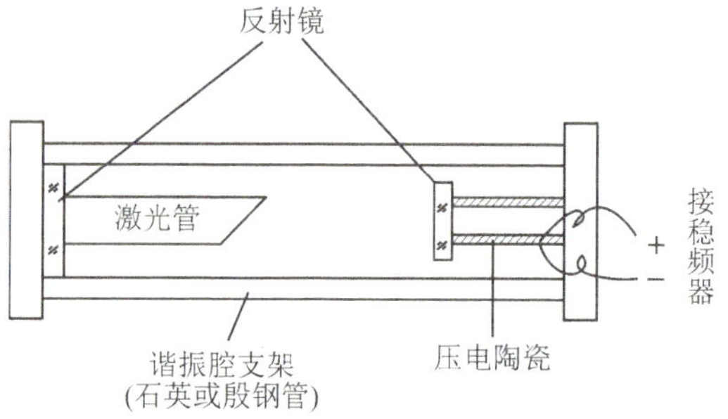


图 4-9 兰姆凹陷法稳频激光器结构图

兰姆凹陷法稳频方框图如图 4-10 所示。在压电陶瓷上需加一直流电压，使初始频率为 $\nu_0$。在压电陶瓷上还需加一频率为 $f$(约 1 kHz)、幅度很小(只有零点几伏)的交流信号，此信号称为“搜索信号”。搜索信号的电压使腔长 $L$ 以频率 $f$ 进行振动，这就使得激光频率也以频率 $f$ 变化，从而造成输出功率的变化。

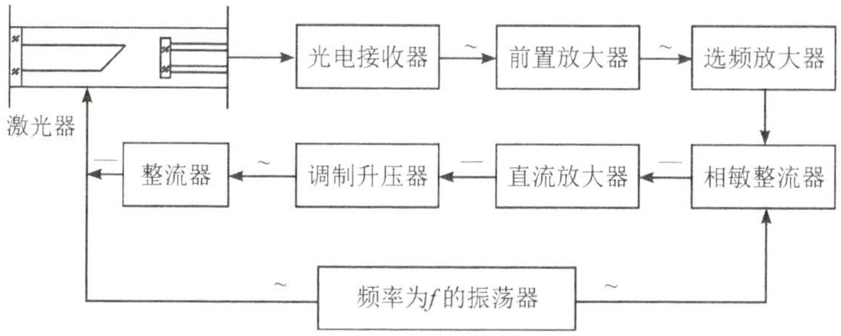


图 4-10 兰姆凹陷法稳频方框图

假如由于某种原因(如温度升高)使 $L$ 伸长，引起激光频率由 $\nu_0$ 偏至 $\nu_A$，即 $\Delta P$ 与 $\Delta\nu$ 的相位正好相反；由于某种原因使 $L$ 缩小，引起激光频率由 $\nu_0$ 偏至 $\nu_B$，即 $\Delta P$ 与 $\Delta\nu$ 的相位正好同相。

$\Delta P$ 通过前置放大器和选频放大器变为一个误差信号而进入相敏整流器。在相敏整流器中误差信号和搜索信号进行比较，当它们有相同的相位时，则给出一个正的直流电压，反之则给出一个负的直流电压。输出直流电压的大小由误差信号的大小决定。

在中心频率 $\nu_0$ 附近，不论 $\nu$ 是小于 $\nu_0$ 还是大于 $\nu_0$，其结果都使输出功率 $P$ 增加，而且此时 $\Delta P$ 会以频率 $2f$ 变化，如图 4-11 所示。

在这样的稳频措施中，还有如下一些问题需要加以注意。

(1) 激光器的激励电源最好是稳压和稳流的。

(2) 氖的不同同位素的原子谱线中心有一定频差。图 4-12 所示为不同同位素对兰姆凹陷的影响。稳频激光管都是采用 Ne 的同位素来制造的，对同位素的纯度有较高要求。若同位素气体不纯，将会引起兰姆凹陷线型的不对称。而曲线在中心频率两侧的斜率不对称时，斜率大的一侧会产生较大的误差信号，斜率小的一侧会产生相对较小的误差信号。这样，输出频率就不能准确地调到凹陷的频率中心了。

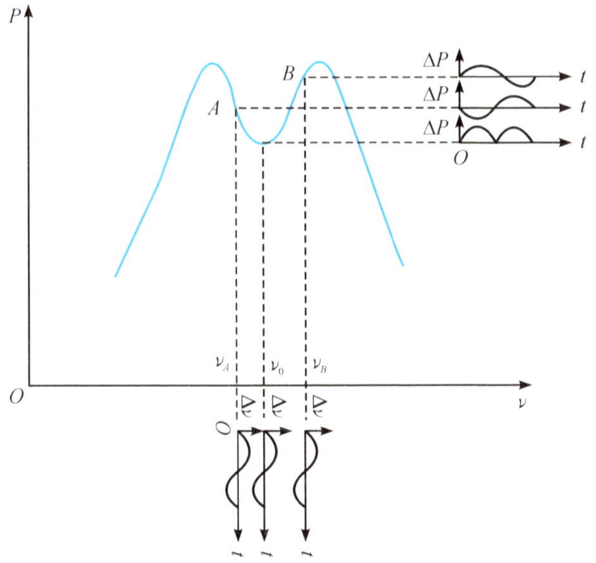


图 4－11　稳频原理

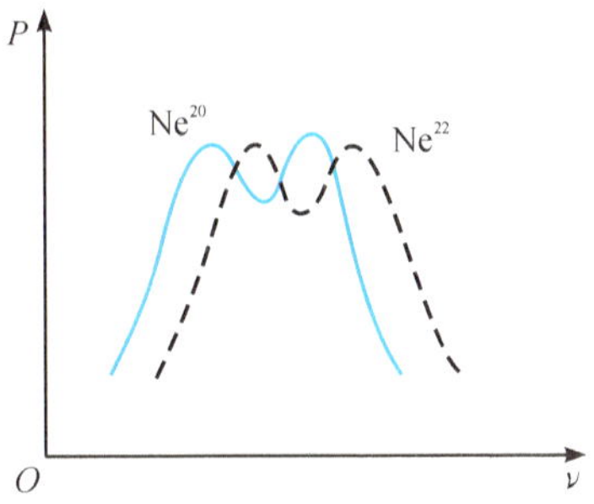


图 4－12　不同同位素对兰姆凹陷的影响

（3）频率的稳定性与兰姆凹陷中心两侧的斜率大小有关。斜率越大，则稳定性越好。因此，为了得到较高的稳定度，应该增加兰姆凹陷的深度。

（4）频率复现度不高主要是由参考频率 $\nu_0$ 的漂移引起的。

### 4.2.4　饱和吸收法稳频

兰姆凹陷法稳频采用的参考频率是激光器原子谱线本身的中心频率，因而不可避免地会出现频率漂移，所以频率复现度不高。为了克服这个缺点，在兰姆凹陷法稳频的基础上又发展了一种利用外界频率标准进行高精度稳频的方法，即“饱和吸收法”。

饱和吸收法稳频装置示意图如图 4－13 所示，除激光管外，这种装置在谐振腔中还加了一个吸收管，在吸收管内充以特定的气体，此气体在激光谐振频率处应有一个强的吸收线且吸收管内所充气体的气压很低。

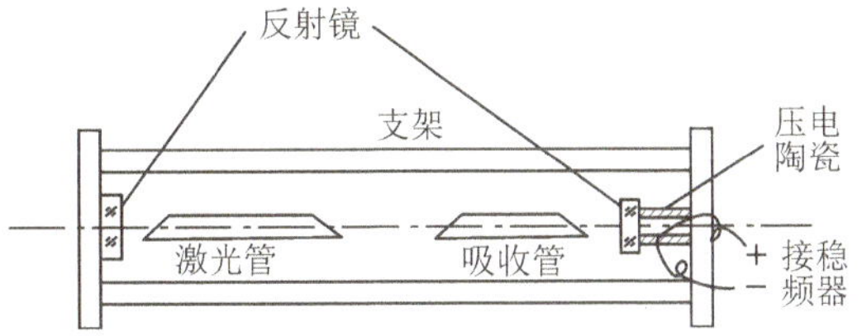


图 4－13　饱和吸收法稳频装置示意图

如图 4－14 所示，吸收介质的吸收曲线上有一个吸收凹陷，吸收凹陷产生的原因和兰姆凹陷产生的原因是类似的。对非均匀增宽型介质，在吸收曲线的中心频率处，只有沿激光管轴方向的速度为 0 的原子才能吸收光子，这种现象称作“饱和吸收”。

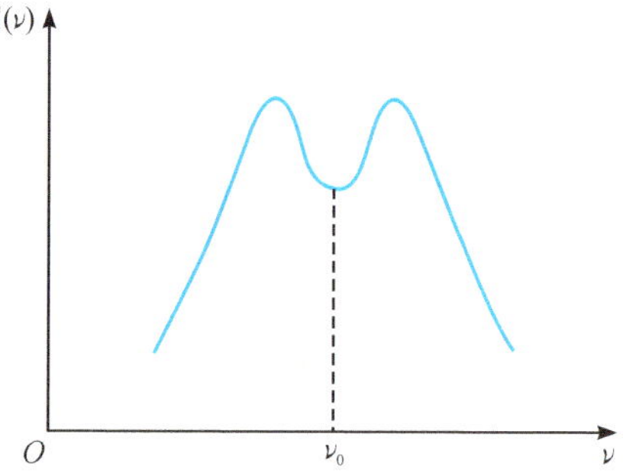


图 4-14 吸收介质的吸收曲线

由于吸收管内的压强很低，碰撞增宽很小，因此吸收曲线中心形成的凹陷比激光管中兰姆凹陷的宽度要窄得多。单程净增益的表达式为

$$G'(\nu)_{净}=G'(\nu)-A'(\nu) \tag{4-18}$$

当 $G'(\nu)_{净}>0$ 时，那些频率才有可能在整个腔内形成振荡。

如果在整个多普勒宽度内，除了 $\nu_0$ 附近的所有频率范围中，饱和吸收都比激光增益大(如图 4-15(a)所示)，则只有腔模调到 $\nu_0$ 附近的激光才能振荡。如果饱和吸收在整个谱线宽度内都比激光增益小(如图 4-15(b)所示)，则腔模在整个线宽范围内调谐均能振荡。但是，由于在 $\nu_0$ 附近吸收最小，故在 $\nu_0$ 附近的净增益比线宽内其余部分都要大，这就形成了净增益曲线上的尖峰，此现象称为"反转兰姆凹陷"。

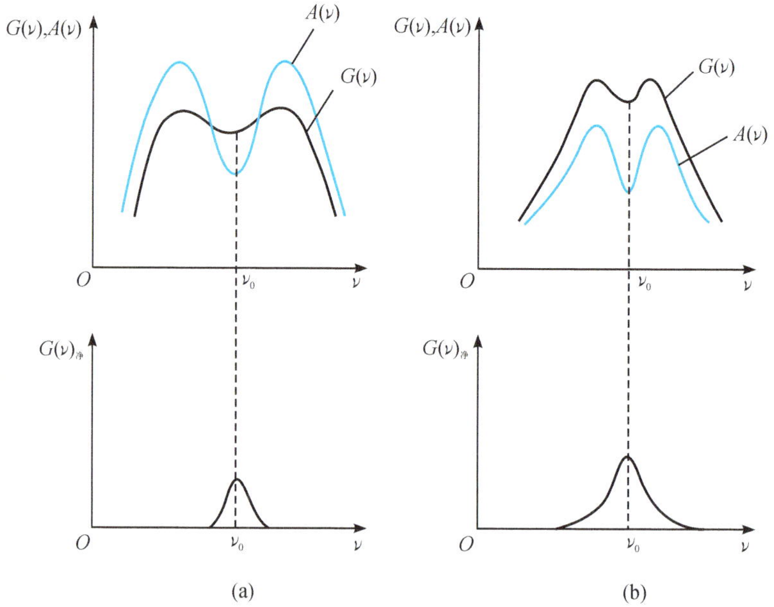


图 4-15 反转兰姆凹陷

由于反转兰姆凹陷的宽度比兰姆凹陷的宽度窄，因此其中心频率两侧曲线的斜率就比兰姆凹陷曲线的斜率大，这样就可以减小搜索信号的幅度，从而提高频率的稳定性；同时，由于吸收曲线中心频率极为稳定，所以利用饱和吸收法可获得很高的长期稳定度和频率复现度。

# 4.3 光束变换技术

绝大多数激光器发出的光束是高斯光束，且在投入使用前都要通过一定的光学系统变换成所需要的形式，因此高斯光束通过光学系统的变换特性是激光应用的一个最重要的基本问题。3.1 节已经详细讨论过高斯光束在自由空间中的传播特性，发现它与球面波有着一系列不同的特点。同样，在通过光学系统时高斯光束也有和球面波不一样的特性。本节将讨论高斯光束的变换特性，具体地说，本节研究高斯光束的聚焦、扩束和准直的问题，这些问题在实际工作中经常遇到。例如，激光打孔需要对激光光束进行聚焦，全息摄影常需要将激光的光束扩大，而激光测距和激光通信等则需要对光束进行准直。

高斯光束通过光学系统的变换是比较复杂的，处理的方法也比较多，本节并不对高斯光束的光学变换进行严格计算，而是通过薄透镜对高斯光束作用的讨论，介绍用于高斯光束变换的光学系统的近轴光学设计方法，旨在使读者理解高斯光束和普通光束在变换上的区别，能够判别在哪些条件下必须考虑高斯光束的特殊性，而在哪些条件下又可以把高斯光束当作普通光束来处理，从而掌握激光光学系统的设计原理。

鉴于上述目的，本节只讨论基横模的高斯光束通过薄透镜时的变换特性。需要注意的是，讨论中忽略了透镜的像差，并且认为透镜的孔径大于光束在透镜上的有效截面尺寸。

## 4.3.1 高斯光束通过薄透镜时的变换

在几何光学中，焦距为 $f$ 的薄透镜($f>0$)的成像公式为

$$\frac{1}{s}+\frac{1}{s'}=\frac{1}{f} \tag{4-19}$$

式中，$s$ 是物点 $O$ 到透镜的距离，它取正值；$s'$ 是像点 $O'$ 到透镜的距离。当 $O'$ 与 $O$ 分别在透镜的两侧时，$s'$ 取正值；当 $O'$ 与 $O$ 在透镜的同一侧时，$s'$ 取负值。

从光波的角度来看，薄凸透镜的作用是把从 $O$ 点发出的发散的球面波变成指向像点 $O'$ 的会聚的球面波。如果规定发散的球面波的曲率半径为正，会聚的球面波的曲率半径为负，如图 4－16 所示，则一个从主光轴上 $O$ 点发出的球面波到达镜面时的波阵面的曲率半径为 $R=s$，而由镜面向 $O'$ 会聚的球面波在镜面处的波阵面的曲率半径为 $R'=-s'$。因此，

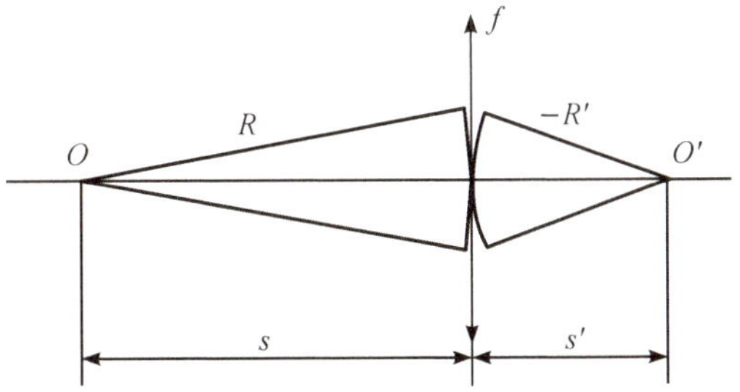


图 4－16　球面波通过薄透镜的变换示意图

式(4－19)可写成

$$\frac{1}{R}-\frac{1}{R'}=\frac{1}{f} \tag{4-20}$$

如果透镜为薄凹透镜，对于图4－16，式(4－20)仍然成立，只不过此时 $f$ 和 $s'$ 应取负值，$R'$ 则变为正值，且有 $R'<R$。这就是说，经过凹透镜变换后的球面波与入射波一样仍然是发散波，但是它在镜面处的波阵面的曲率半径比入射波的更小。因此，从波动光学的角度讲，薄透镜的作用只是改变光波波阵面的曲率半径。透镜的这种变换功能可以推广应用到高斯光束中。

首先，由于透镜很薄，因此在透镜两边的入射光束和出射光束应该有相同的光强分布，即出射光束的光场分布也是高斯型的，而且出射光束在透镜处的光斑尺寸 $\omega'$ 应等于入射光束在透镜处的光斑尺寸 $\omega$。其次，入射和出射的高斯光束在透镜处的波阵面的曲率半径 $R$ 和 $R'$ 应满足式(4－20)。

综上所述，当一个高斯光束射到焦距为 $f$ 的薄透镜上时，出射的仍是高斯光束，其在透镜处的光斑尺寸 $\omega'$ 和波阵面的曲率半径 $R'$ 由下式确定：

$$\begin{cases}\omega'=\omega \\ \dfrac{1}{R'}=\dfrac{1}{R}-\dfrac{1}{f}\end{cases} \tag{4-21}$$

在实际问题中，通常是给定高斯光束的束腰半径 $\omega_0$ 和束腰到透镜的距离 $s$，如图4－17所示。此时，令 $|z_0|=s$，由式(3－31)和式(3－32)可得到入射光束在镜面处的波阵面的曲率半径 $R$ 和有效截面半径 $\omega$ 的表达式：

$$\begin{cases}R=s\left[1+\left(\dfrac{\pi\omega_0^2}{\lambda s}\right)^2\right] \\ \omega=\omega_0\sqrt{1+\left(\dfrac{\lambda s}{\pi\omega_0^2}\right)^2}\end{cases} \tag{4-22}$$

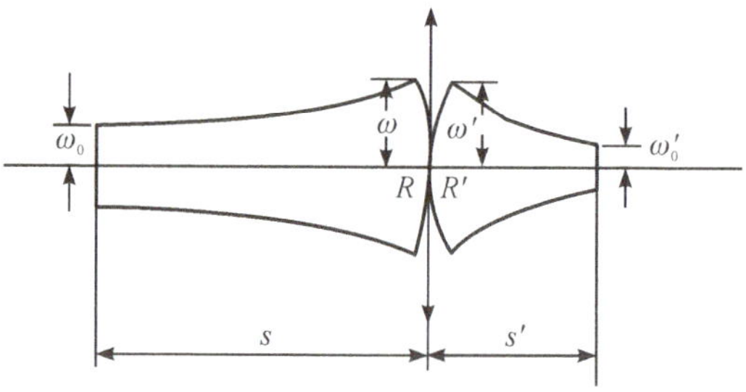


图4－17 高斯光束通过薄透镜的变换示意图

对于出射光束来说，一般也是要求给出束腰半径 $\omega_0'$ 和束腰到透镜的距离 $s'$，如图4－17所示。但是应该注意的是，$s'$ 和 $R'$ 的符号有正、负两种可能。一种是 $s'>0$，$R'<0$，此时可令 $|z|=s'$，$R_0=-R'$；另一种是 $s'<0$，$R'>0$，此时可令 $|z|=-s'$，$R_0=R'$。考虑到上述两种情况，可得到下列关系式：

$$\left.\begin{aligned}&\omega=\omega'\\&\frac{1}{R'}=\frac{1}{R}-\frac{1}{f}\\&R=s\left[1+\left(\frac{\pi\omega_0^2}{\lambda s}\right)^2\right]\\&\omega=\omega_0\sqrt{1+\left(\frac{\lambda s}{\pi\omega_0^2}\right)^2}\end{aligned}\right\}\Rightarrow\begin{cases}R'=h(\omega_0,\ s,\ f)\\\omega'=g(\omega_0,\ s,\ f)\end{cases}\tag{4-23}$$

$$\left.\begin{aligned}&-R'=s'\left[1+\left(\frac{\pi\omega_0'^2}{\lambda s'}\right)^2\right]\\&\omega'=\omega_0'\sqrt{1+\left(\frac{\lambda s'}{\pi\omega_0'^2}\right)^2}\end{aligned}\right\}\Rightarrow\begin{cases}s'=\dfrac{-R'}{1+\left(\dfrac{\lambda R'}{\pi\omega'^2}\right)^2}\\\omega_0'^2=\dfrac{\omega'^2}{1+\left(\dfrac{\pi\omega'^2}{\lambda R'}\right)^2}\end{cases}\tag{4-24}$$

这样我们就可以通过入射光束的 $\omega_0$、$s$ 来确定出射光束的 $\omega_0'$、$s'$ 了。

综上所述，高斯光束通过薄透镜的变换可以在满足薄透镜假设的基础上，用薄透镜的成像公式进行计算。只是这种计算不像球面波那样，只计算球面波相应点光源的位置，而是既要计算高斯光束束腰的位置，又要计算其束腰半径。因此，首先要计算出高斯光束到达薄透镜时波阵面的曲率半径和光束的有效截面半径，再用薄透镜的假设和计算公式计算出透过薄透镜生成的新的高斯光束的波阵面的曲率半径及光束的有效截面半径，最后计算薄透镜变换出的高斯光束的束腰位置和束腰半径。这一计算过程是高斯光束通过薄透镜变换的基础，任何一种高斯光束光学系统的设计方法都是基于这一分析方法发展起来的。

### 4.3.2　高斯光束的聚焦

为了重点说明高斯光束和普通光束在聚焦方面的异同，下面选择两种极端的情形对高斯光束的聚焦特性加以讨论。

#### 1. 高斯光束入射到短焦距透镜时的聚焦情形

所谓短焦距，是指高斯光束在透镜处波阵面的曲率半径 $R$ 远远大于透镜焦距 $f$ 的情形，即 $R\gg f$。

(1) 讨论聚焦点的位置。由于腰部是高斯光束最细的部位，故出射光束腰的位置就是光束聚焦点的位置，于是有

$$R'=\frac{-f}{1-f/R}\approx -f\tag{4-25}$$

这就是说，在满足 $R\gg f$ 的条件下，出射光束在透镜处的波阵面的曲率半径约等于透镜的焦距。因此可得

$$s'\approx f\left[1+\left(\frac{\lambda f}{\pi\omega^2}\right)^2\right]^{-1}\tag{4-26}$$

式中，$\dfrac{\lambda f}{\pi\omega^2}$通常很小。

式(4-26)可简化为

$$s' \approx f\left[1-\left(\frac{\lambda f}{\pi \omega^2}\right)^2\right] \approx f \tag{4-27}$$

此式表明，出射光束的腰大约处在透镜的焦点上，如图 4-18 所示。这就是说，在满足条件 $R \gg f$ 及 $\frac{\lambda f}{\pi \omega^2} \ll 1$ 的情况下，出射光束聚焦于透镜的焦点附近，这种情况类似于几何光学中的平行光通过透镜聚焦在焦点上的情形。

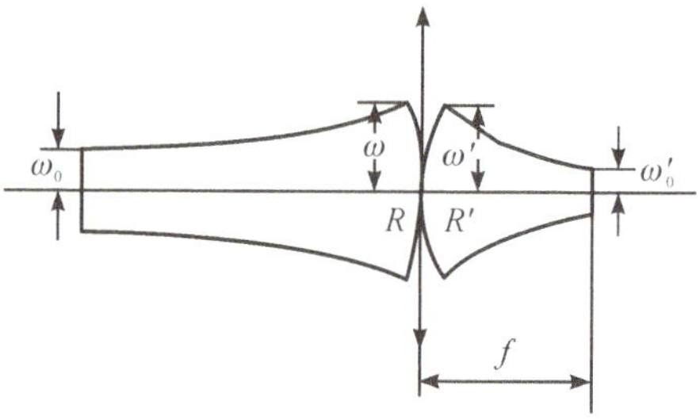


图 4-18　短焦距透镜的聚焦

（2）讨论聚焦点的光斑尺寸 $\omega_0'$ 的大小。$\omega_0'$ 的表达式为

$$\omega_0' \approx \frac{\lambda f}{\pi \omega} \tag{4-28}$$

此式表明，缩短透镜的焦距 $f$ 和加大入射光束在透镜处的光斑尺寸 $\omega$ 都可以达到缩小聚焦点光斑尺寸的目的。缩短透镜的焦距 $f$ 可通过采用焦距更小的透镜来实现。而要加大入射光束在透镜处的光斑尺寸 $\omega$，可通过以下两种途径实现。一种途径是通过加大 $s$ 来加大 $\omega$，这种方法的优点是简单，缺点是装置的尺寸会大大增加；另一种途径是通过加大入射光束的发散角来加大 $\omega$。加大入射光束的发散角有两种做法：一种是使入射光束先通过一个凹透镜来直接加大发散角，如图 4-19 所示；另一种是使入射光束先通过凸透镜聚焦，从而获得一个比 $\omega_0$ 小的束腰半径 $\omega''_0$（因为束腰半径越小，发散角越大），如图 4-20 所示。这种先加入一个透镜来扩大光束的做法，虽然多用了一个透镜，但是可以缩短光路，减小设备的尺寸。

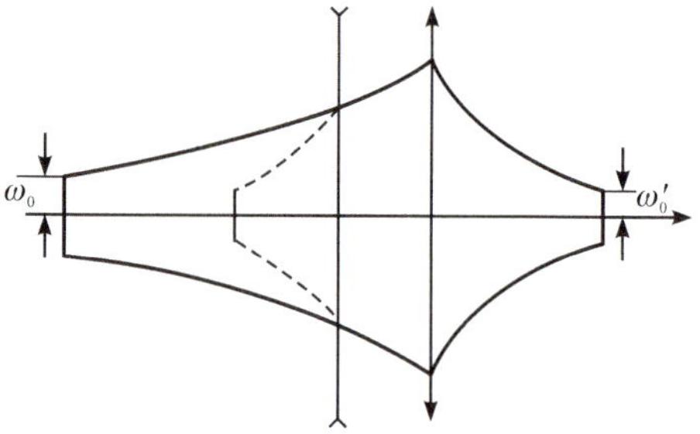


图 4-19　用凹透镜增大 $\omega$ 后获得微小的 $\omega_0'$

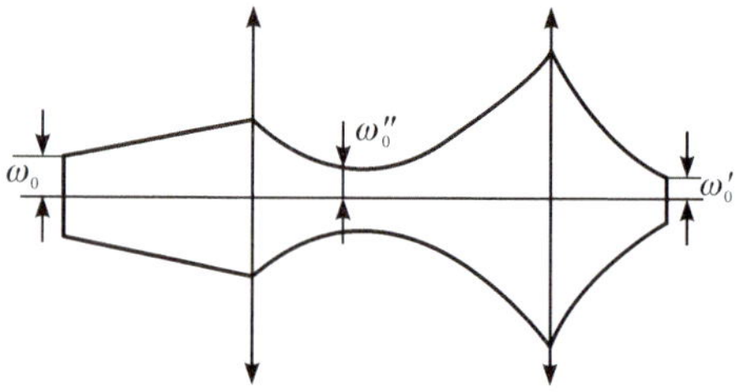


图 4-20　用凸透镜聚焦

（3）讨论 $\omega_0'$ 和 $s$、$\omega_0$ 的关系。$\omega_0'$ 的表达式为

$$\omega_0' = \frac{\lambda f}{\pi \omega_0 \sqrt{1+\left(\frac{\lambda s}{\pi \omega_0^2}\right)^2}} \tag{4-29}$$

如果 $s$ 足够大，满足条件

$$\left(\frac{\lambda s}{\pi\omega_0^2}\right)^2 \geqslant 1 \tag{4-30}$$

则式(4－29)可简化为

$$\omega_0' \approx \frac{f\omega_0}{s} \tag{4-31}$$

通过以上的讨论可知，不论是求聚焦点的位置，还是求聚焦点的光斑尺寸的大小，都可以在一定的条件下把高斯光束按照几何光学的规律来处理。

### 2. 入射高斯光束的腰到透镜的距离 $s$ 等于透镜焦距 $f$ 的情形

入射高斯光束的腰到透镜的距离 $s$ 等于透镜的焦距 $f$ 时，有

$$\left.\begin{aligned} & s=f \\ & R=s\left[1+\left(\frac{\pi\omega_0^2}{\lambda s}\right)^2\right] \end{aligned}\right\} \Rightarrow \left.\begin{aligned} & R=f\left[1+\left(\frac{\pi\omega_0^2}{\lambda f}\right)^2\right] \\ & \frac{1}{R'}=\frac{1}{R}-\frac{1}{f} \end{aligned}\right\} \Rightarrow \left.\begin{aligned} & -R'=f\left[1+\left(\frac{\lambda f}{\pi\omega_0^2}\right)^2\right] \\ & s'=\frac{-R'}{1+\left(\frac{\lambda R'}{\pi\omega'^2}\right)^2} \\ & \omega=\omega' \\ & \omega=\omega_0\sqrt{1+\left(\frac{\lambda s}{\pi\omega_0^2}\right)^2} \end{aligned}\right\} \Rightarrow s'=f \tag{4-32}$$

也就是说，当入射高斯光束的腰处于透镜的焦点上时，出射光束正好聚焦在透镜另一侧的焦点上。这种情况和普通点光源处在透镜的焦点上时，其出射光束为一平行光束(不会聚)的情况是截然不同的。

同理有

$$\left.\begin{aligned} & s=f \\ & \omega=\omega_0\sqrt{1+\left(\frac{\lambda s}{\pi\omega_0^2}\right)^2} \end{aligned}\right\} \Rightarrow \left.\begin{aligned} & \omega=\omega_0\sqrt{1+\left(\frac{\lambda f}{\pi\omega_0^2}\right)^2} \\ & -R'=f\left[1+\left(\frac{\lambda f}{\pi\omega_0^2}\right)^2\right] \\ & \omega_0'^2=\frac{\omega'^2}{1+\left(\frac{\pi\omega'^2}{\lambda R'}\right)^2} \end{aligned}\right\} \Rightarrow \omega_0'=\frac{\lambda f}{\pi\omega_0} \tag{4-33}$$

此式表明，入射光束的束腰半径越小，聚焦点的光斑尺寸越大。这和前面一种情况中的几何光学近似的结果 $\omega_0' \approx f\omega_0/s$ 是截然不同的。由此看出，当 $s=f$ 时，不能用几何光学的规律来处理高斯光束。

上述讨论虽然是针对 $s=f$ 的情形，但是根据高斯光束分布的渐变性(光束有效半径按双曲线规律变化)可以设想，$s$ 在 $f$ 附近时的结果与 $s=f$ 时的结果不会有太大的差异。因此，只要 $s$ 和 $f$ 相差不大，高斯光束的聚焦特性就会与几何光学的规律截然不同，在实际工作中需要特别注意这点。

### 4.3.3 高斯光束的准直

所谓高斯光束的准直，就是要改善光束的方向性，压缩光束的发散角。高斯光束的远场发散角与光束束腰半径的关系为

$$2\theta=\frac{2\lambda}{\pi\omega_0} \tag{4-34}$$

此式表明，束腰半径越大，远场发散角越小。因此，若缩小光束的发散角，则应设法扩大出射光束的束腰半径。根据前面对聚焦问题的讨论，当入射光束的束腰处在透镜的焦距附近时，出射光束的束腰半径和入射光束的束腰半径成反比。因此，要使出射光束的束腰半径变大从而得到小的发散角，必须先设法缩小入射光束的束腰半径。例如，短焦距透镜正好可以达到缩小束腰半径的目的。

综合以上分析，可以选择两个透镜来达到准直的目的。第一个透镜是短焦距的凸透镜，利用它先把入射光束的束腰半径由 $\omega_0$ 缩小到 $\omega_0'$；第二个透镜是焦距较长的凸透镜，它的焦点正好与 $\omega_0'$ 的位置重合，于是可以按照式(4-33)的规律得到出射光束的束腰半径 $\omega_0''$。由于 $\omega_0'<\omega_0$，故这样得到的 $\omega_0''$ 比直接用第二个透镜将 $\omega_0$ 进行变换所得到的结果要大。由于 $\omega_0'$ 既处于第一个透镜后面的焦点附近，又处于第二个透镜前面的焦点上，因此这两个透镜的距离近似它们的焦距之和。这样的装置正好是一个倒置的望远镜系统，下面对此系统的准直效果进行定量分析。

如图 4-21 所示，设透镜 1、2 的焦距分别为 $f_1$、$f_2$，且 $f_1<f_2$，两个透镜之间的距离为 $f_1+f_2$。第一个透镜将入射光束的束腰半径变为 $\omega_0'$，其表达式为

$$\omega_0'\approx\frac{\lambda f_1}{\pi\omega} \tag{4-35}$$

式中，$\omega$ 是入射光束在透镜 1 处的光斑尺寸。

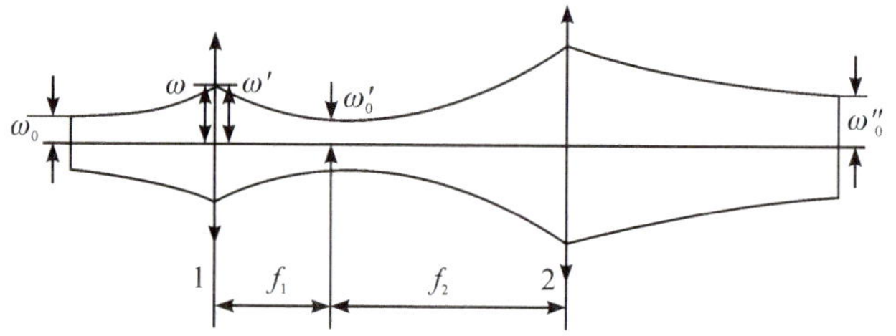


图 4-21 倒置望远镜系统压缩光束发散角示意图

第二个透镜又将 $\omega_0'$ 变换为 $\omega_0''$，其表达式为

$$\omega_0''\approx\frac{\lambda f_2}{\pi\omega_0'} \tag{4-36}$$

则有

$$\omega_0''\approx\frac{f_2}{f_1}\omega \tag{4-37}$$

从透镜 2 出射的光束的远场发散角为

$$2\theta''=\frac{2\lambda}{\pi\omega_0''}\approx\frac{f_1}{f_2}\frac{2\lambda}{\pi\omega} \tag{4-38}$$

高斯光束通过该透镜系统后光束发散角的压缩比为

$$M' = \frac{2\theta}{2\theta''} \tag{4-39}$$

其中 $2\theta$ 为入射光束的远场发散角，进而可以得到

$$M' = \frac{f_2}{f_1}\frac{\omega}{\omega_0} = M\frac{\omega}{\omega_0} \tag{4-40}$$

式中，$M = f_2/f_1$ 是倒置的望远镜对普通光线的倾角压缩倍数。

由于 $f_2 > f_1$，因此 $M > 1$。又由于 $\omega > \omega_0$，因此有 $M' \geqslant M > 1$，即 $\theta'' = \frac{\theta}{M'} < \theta$。这说明，出射光束的发散角确实比入射光束的小，$M'$越大，准直的效果越好。

当高斯光束从共焦腔的平面镜输出而第一个短焦距透镜紧靠平面镜放置时，$\omega = \omega_0$，此时有 $M' = M$；当高斯光束从共焦腔的镜面输出时，$\omega = \sqrt{2}\omega_0$，此时有 $M' = \sqrt{2}M$。如果进一步提高 $\omega$，则 $M'$也将进一步提高，相应地出射光束也将被进一步压缩。需要指出的是，由于 $\omega_0'$ 需要正好落在透镜2焦点上，而透镜1是将光束近似聚焦在它的焦点上，所以两个透镜之间的距离不是严格地等于 $f_1 + f_2$，而是有一定的偏离，在调节透镜系统时必须注意此类问题。

倒置望远镜系统中的第一个透镜既可以采用凸透镜(即开普勒望远镜)，也可以采用凹透镜(即伽利略望远镜)，后者可以使透镜系统更加紧凑。

### 4.3.4 激光的扩束

所谓“扩束”，就是扩大光束的光斑尺寸。一般来说，扩束有两种情况。一种是通过扩大发散角来扩大光斑尺寸，这种情况既可以用凹透镜来实现，也可以用凸透镜来实现。这时要求在透镜焦点处产生一个极小的束腰半径，从而得到发散角很大的高斯光束，实现扩束。另一种是既要求扩大光斑尺寸，又要求有较小的发散角(即准直效果较好)，这种情况可以通过倒置望远镜系统来实现。

高斯光束通过薄透镜的变换，除上面讨论的方法外，还有多种，如可引入描述高斯光束特征的复参数 $q$，运用复参数的ABCD定律来求高斯光束通过薄透镜的变换，还可用作图法处理高斯光束的变换等。对这部分内容有兴趣的读者可以参考有关专业书籍。

## 4.4 调制技术

利用光传递信息已有很长的发展历史，激光的出现赋予光信息科学、光通信以新的活力。激光具有良好的时间相干性、空间相干性，以及小的发散角和高的亮度，且光波频率远高于微波频率，因而应用激光能进行各种信息的提取、存储、传递和处理，包括保密性良好的长距离、大容量的信息传输。利用激光进行信息传输时，首先要将信息加载到激光束上，这一过程称为激光调制。

### 4.4.1 激光调制的基本概念

激光调制可以被看作是无线电波调制在光频段的一种拓展，其调制方式有振幅调制、

强度调制、频率调制、相位调制以及脉冲调制等。根据调制器和激光器的相对关系不同，激光调制可分为内调制和外调制两类。内调制是指在激光生成的振荡过程中加载调制信号，通过改变激光的输出特性而实现的调制。外调制则是在激光形成后，再用调制信号对激光进行调制，它并不改变激光器的参数，而是改变已经输出的激光束的参数。这里主要介绍外调制。

激光瞬时光场的表达式为

$$E(t)=E_0\cos(\omega_0 t+\varphi) \tag{4-41}$$

式中，$E_0$ 是峰值电场振幅；$\omega_0$ 是角频率；$\varphi$ 是初始相位。瞬时光场的强度为

$$I(t)\propto E^2(t)=E_0{}^2\cos^2(\omega_0 t+\varphi) \tag{4-42}$$

若调制信号是余弦信号：

$$a(t)=A_m\cos\omega_m t \tag{4-43}$$

则激光幅度调制的表达式为

$$E(t)=E_0(1+M\cos\omega_m t)\cos(\omega_0 t+\varphi) \tag{4-44}$$

激光强度调制的表达式为

$$I(t)=\frac{E_0^2}{2}(1+M_I\cos\omega_m t)\cos^2(\omega_0 t+\varphi) \tag{4-45}$$

激光频率调制的表达式为

$$E_F(t)=E_0\cos(\omega_0 t+M_F\sin\omega_m t+\varphi) \tag{4-46}$$

激光相位调制的表达式为

$$E_P(t)=E_0\cos(\omega_0 t+M_P\sin\omega_m t+\varphi) \tag{4-47}$$

上述各式中，$M$、$M_I$、$M_F$ 和 $M_P$ 分别为调幅系数、强度调制系数、调频系数和调相系数。调幅时要求 $M\leqslant 1$，否则调幅波会发生畸变。强度调制要求 $M_I\ll 1$。调频和调相都是改变载波的相角，只是调频时要求的频率更高一点，实际上是难以区分的。另外，激光脉冲调制也是强度调制，不过调制信号是脉冲信号。

在实际应用中，为提高抗干扰能力，往往采用二次调制方式，即先将欲传递的低频信号对一高频副载波进行频率调制，再用调频后的高频信号对激光进行强度调制。

### 1. 双折射现象

双折射现象如图 4-22 所示，光束被分成 o 光和 e 光，o 光的折射率不变，e 光的折射率会随传播方向的变化而变化。

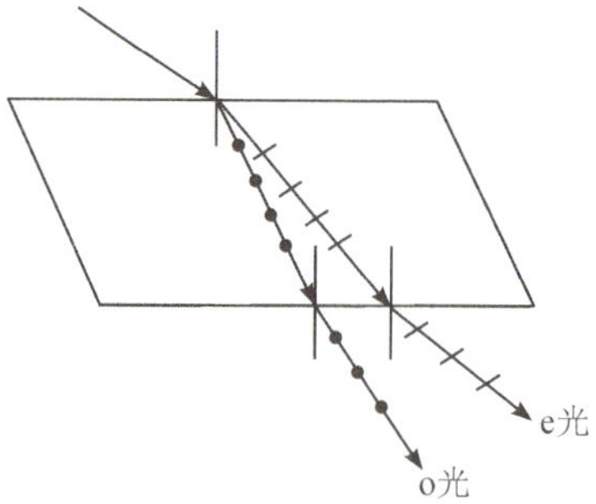


图 4-22 双折射现象

### 2. 电光效应

如图4-23所示，晶体加上电场后，由于电场的作用，晶体在沿光轴方向会产生感应双折射，此即电光效应。

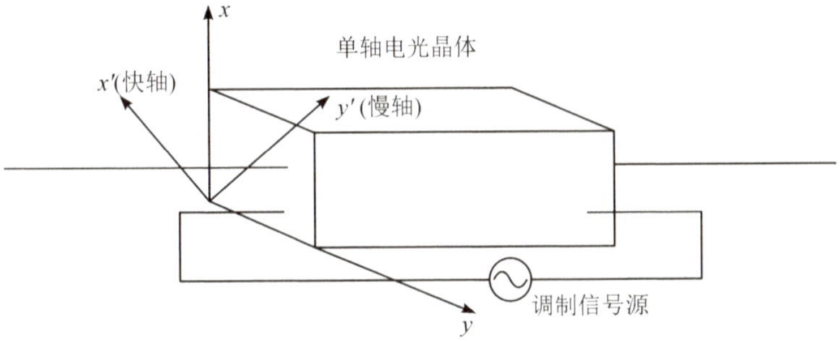


图 4-23 电光效应

(1) 晶体中寻常光和非寻常光的振动面相对不加电场时旋转45°。

(2) 沿 $x'$ 方向振动的光的折射率 $\mu'_x$ 和沿 $y'$ 方向振动的光的折射率 $\mu'_y$ 不同，其分别为

$$\mu'_x = \mu_0 - \frac{1}{2}\mu_0^3\gamma_{63}E_z \tag{4-48}$$

$$\mu'_y = \mu_0 + \frac{1}{2}\mu_0^3\gamma_{63}E_z \tag{4-49}$$

故

$$\mu'_y - \mu'_x = \mu_0^3\gamma_{63}E_z$$

式中，$\mu_0$ 为自然折射率；$E_z$ 为感应折射率；$\gamma_{63}$ 为电场平行于光轴方向的电光系数。

### 3. 电光滞后

电光滞后是指在电光效应中，由于材料的电光效应特性或晶体的各向异性，导致光在通过电光晶体时，不同偏振方向的光或不同频率的光之间出现相位滞后或时间延迟的现象。

沿 $x'$ 方向振动的光和沿 $y'$ 方向振动的光的传播速度不同，通过长度为 $L$ 的晶体两者的相位差(即相位滞后)为

$$\delta = -\frac{2\pi}{\lambda}(\mu'_x - \mu'_y)\cdot L = \frac{2\pi}{\lambda}\mu_0^3\gamma_{63}E_z\cdot L \tag{4-50}$$

又

$$V = E_z \cdot L \tag{4-51}$$

故

$$\delta = \frac{2\pi}{\lambda}\mu_0^3\gamma_{63}\cdot V \tag{4-52}$$

## 4.4.2 电光强度调制

利用晶体的电光效应，可控制光在传播过程中的强度。图4-24是一个典型的电光强

度调制装置示意图，它由两块交叉偏振片及一块单轴电光晶体组成。偏振片的通振动方向分别与 $x$、$y$ 轴平行。

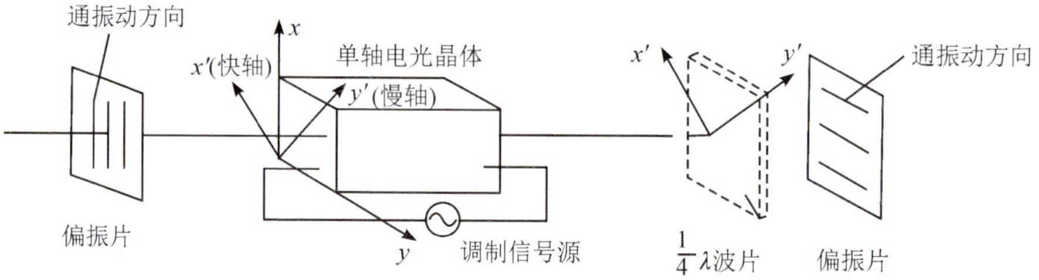


(a)

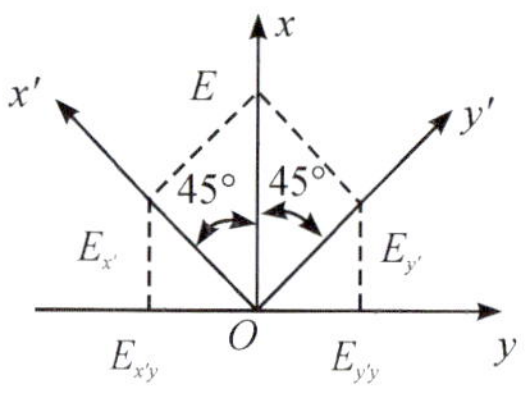


(b)

图 4-24 电光强度调制装置示意图

设某时刻加在电光晶体上的电压为 $V$，入射到晶体的 $x$ 方向上的线偏振激光电矢量振幅为 $E$，则：

（1）通过晶体后沿快轴 $x'$ 和慢轴 $y'$ 的电矢量振幅都变为 $E/\sqrt{2}$。

（2）沿 $x'$ 和 $y'$ 方向振动的二线偏振光之间的相位差 $\delta=\frac{2\pi}{\lambda}\mu_0^3\gamma_{63}V$。

（3）通过通振动方向与 $y$ 轴平行的偏振片检偏后产生的光振幅分别为 $E_{x'y}$ 和 $E_{y'y}$，且 $E_{x'y}=E_{y'y}=E/2$，其相互之间的相位差为 $\delta+\pi$，$E_{x'y}$ 与 $E_{y'y}$ 之和为 $E'$，则有

$$E'^2=E_{x'y}^2+E_{y'y}^2+2E_{x'y}E_{y'y}\cos(\delta+\pi)=\frac{1}{2}E^2(1-\cos\delta) \tag{4-53}$$

$$I=E'^2=E^2\sin^2\frac{\delta}{2}=I_0\sin^2\frac{\pi\mu_0^3\gamma_{63}}{\lambda}V \tag{4-54}$$

图 4-25 所示为 $I/I_0-V$ 曲线的一部分以及光强调制的情形。为使工作点选在曲线中点处，通常在调制晶体上外加直流偏压 $V_{\lambda/2}$。

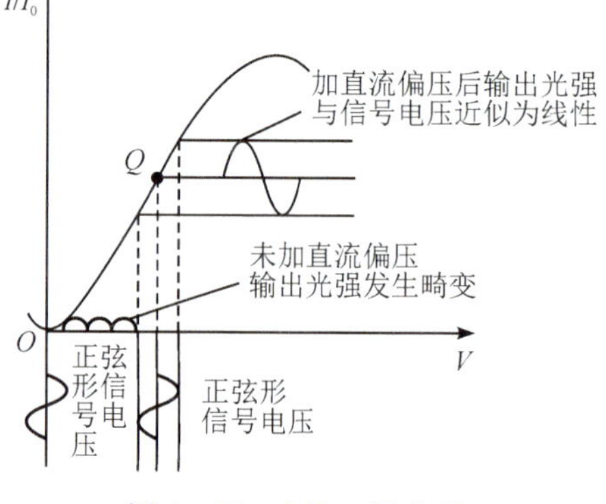


图 4-25 $I/I_0-V$ 曲线

如果外加信号电压为正弦电压(电压幅值较小)，即 $V=V_0\sin\omega t$，则输出光强近似为正弦形，其表达式为

$$I=I_0\sin^2\frac{\Delta}{2}=I_0\sin^2\left[\frac{\pi}{4}+\frac{\pi}{2}\frac{V_0}{V_{\lambda/2}}\sin\omega t\right]=I_0\cdot\frac{1}{2}\left[1+\sin\left(\pi\frac{V_0}{V_{\lambda/2}}\sin\omega t\right)\right] \tag{4-55}$$

式中，$\Delta$ 表示偏振光光波的相位差。故

$$\frac{I}{I_0}\approx\frac{1}{2}+\frac{\pi}{2}\frac{V_0}{V_{\lambda/2}}\sin\omega t \tag{4-56}$$

由此可见，相对光强仍是角频率为 $\omega$ 的正弦变化量，它是调制电压的线性复制，从而达到光强调制的目的。如果 $V_0\ll V_{\lambda/2}$ 的条件不被满足，则输出光强相对于调制电压波形发生变化，会含有高阶(奇数)的谐振项。在实际使用中应当避免出现这种情况。

### 4.4.3 电光相位调制

图 4-26 所示为相位调制装置示意图。加电场后，振动方向与 $y'$ 轴平行的光通过长度为 $l$ 的晶体，其相位增加为

$$\Phi=\frac{2\pi}{\lambda}\left(\mu_0+\frac{\mu_0^3}{2}\gamma_{63}E_z\right)l \tag{4-57}$$

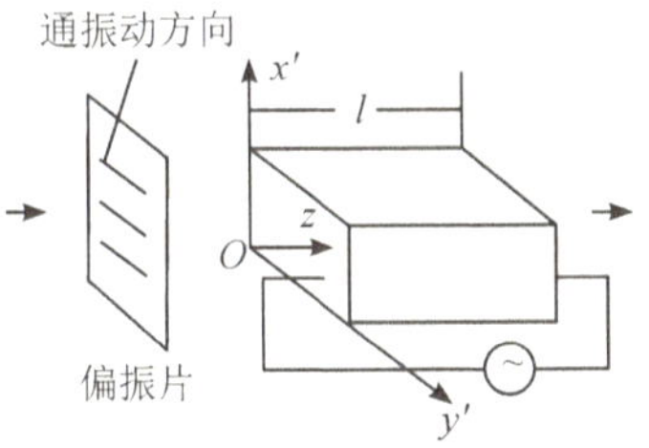

图 4-26 相位调制装置示意图

晶体上所加的是正弦调制电场 $E_z=E_m\sin\omega_m t$，光在晶体的输入面($z=0$)处的场矢量大小是

$$U_{入}=A\cos\omega t \tag{4-58}$$

在晶体输出面($z=l$)处的场矢量大小为

$$U_{出}=A\cos\left[\omega t+\frac{2\pi}{\lambda}\left(\mu_0+\frac{\mu_0^3}{2}\gamma_{63}E_z\right)\cdot l\right]$$

即

$$U_{出}=A\cos(\omega t+\beta\sin\omega_m t) \tag{4-59}$$

式中，$\beta=\frac{\pi\mu_0^3}{\lambda}\gamma_{63}E_m\cdot l$ 为相位调制度。

利用贝塞尔函数：

$$\begin{cases}\cos(\beta\sin(\omega_m t))=J_0(\beta)+2J_2(\beta)\cos(2\omega_m t)+2J_4(\beta)\cos(4\omega_m t)+\cdots\\ \sin(\beta\sin(\omega_m t))=2J_1(\beta)\sin(\omega_m t)+2J_3(\beta)\sin(3\omega_m t)+\cdots\end{cases} \tag{4-60}$$

则输出的场矢量的大小可表示成

$$\begin{aligned}U_{出}=A\{&J_0(\beta)\cos(\omega t)+J_1(\beta)\cos[(\omega+\omega_m)t]-J_1(\beta)\cos[(\omega-\omega_m)t]+\\&J_2(\beta)\cos[(\omega+2\omega_m)t]+J_2(\beta)\cos[(\omega-2\omega_m)t]+\\&J_3(\beta)\cos[(\omega+3\omega_m)t]-J_3(\beta)\cos[(\omega-3\omega_m)t]+\\&J_4(\beta)[(\omega+4\omega_m)t]+J_4(\beta)[(\omega-4\omega_m)t]+\cdots\}\end{aligned} \tag{4-61}$$

除原有频率的光以外，还存在其他圆频率的光，这种相位调制可以用于激光锁模技术，获得超短脉冲。

# 4.5 偏转技术

激光偏转技术是指使激光光束相对于原始位置做一定规律的偏转扫描的技术，该技术可应用于光计算与光存储、显示器件、可变分路延迟线以及光雷达扫描等。根据使用目的的不同，激光偏转可分为模拟式偏转和数字式偏转。模拟式偏转主要用于激光显示技术，数字式偏转主要用于光存储技术。

对激光偏转器的要求，包含下述指标中的一项或几项：扫描速度、分辨率、光损耗、光波阵面畸变、可适用光波段范围、彩色配准度、偏转线性度、偏转角、偏转效率、带宽、驱动电压以及对环境变化的抗干涉能力等。其中，偏转角的大小要达到激光扫描的范围；扫描速度要满足快速记录和显示的要求；偏转效率是偏转光强与入射光强之比，反映了偏转器的光能损失；分辨率表示光束所能占据的可分辨率的光点或位置的数目，可表示为

$$N=\frac{\theta}{\theta_d} \tag{4-62}$$

其中，$\theta$ 表示某个特定的角度；$\theta_d$ 表示最小可辨角度。

目前，激光技术中最常用的三种偏转方法是机械偏转、电光光束偏转以及声光偏转。

## 4.5.1 机械偏转

机械偏转是利用反射镜或多面反射棱镜的旋转，或者利用反射镜的振动来实现光束扫描的。机械偏转的原理比较简单，即当入射光束不动，反射镜转动一个角度时，反射光束会随之转动反射镜转角的两倍的角度。机械偏转具有偏转角大、分辨率高、光损耗小且可适用光波段范围大的优点，这些优点是目前其他偏转方法难以达到的。但是，机械偏转的扫描速度受到驱动器(如马达)角速度的限制，难以实现快速、高精度的可控偏转，因此机械偏转的应用范围受到限制。尽管如此，机械偏转仍然是一种常用的激光偏转方法，其不仅用于各种显示技术中，也用于雕刻微型图案的激光加工装置中。

## 4.5.2 电光光束偏转

电光光束偏转是利用晶体的电光效应实现偏转的方法。电光效应是指晶体在外加电场作用下，其折射率发生变化的物理现象。电光光束偏转包括扫描偏转、数字偏转。

### 1. 扫描偏转

图 4-27 所示为一个扫描偏转示意图，晶体的长度为 $L$，高度为 $h$，其折射率随 $x$ 线性增加，即

$$\mu(x)=\mu+\frac{\Delta\mu}{h}x \tag{4-63}$$

一平面波垂直入射到 $xz$ 平面，则最下面的光束 B 穿过晶体底部的时间为

$$t_{\mathrm{B}}=\frac{\mu L}{c} \tag{4-64}$$

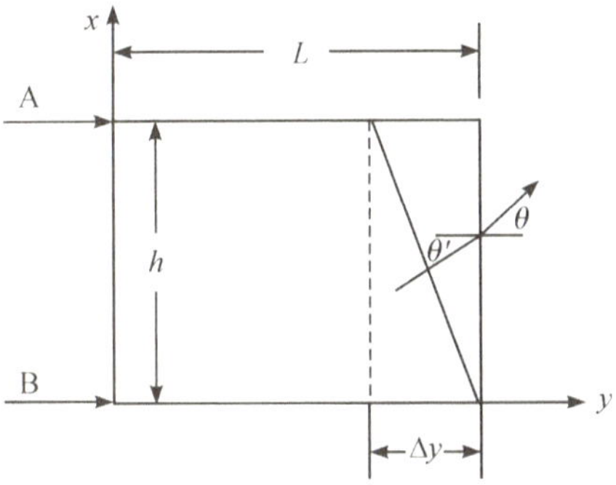


图 4－27　扫描偏转示意图

最上面的光束 A 穿过晶体的时间为

$$t_A = \frac{(\mu + \Delta\mu)L}{c} \tag{4-65}$$

光线 A 比光线 B 落后的距离为

$$\Delta y = \frac{c}{\mu}(t_A - t_B) = L \cdot \frac{\Delta\mu}{\mu} \tag{4-66}$$

光束偏离原方向的偏转角为

$$\theta' = \frac{\Delta y}{h} = \frac{L}{\mu} \cdot \frac{\Delta\mu}{h} = \frac{L}{\mu} \cdot \frac{d\mu}{dx} \tag{4-67}$$

光束由晶体射向空气时，电光光束偏转角为

$$\theta \approx \mu\theta' = L\frac{\Delta\mu}{h} = L\frac{d\mu}{dx} \tag{4-68}$$

为了有效利用电光效应，晶体要按照相对于光轴的一些特殊方向切割成一定形状，一般为长方体或圆柱体，并确保电场是沿着晶体主轴 $x$、$y$、$z$ 中的某一方向加到晶体上的。电场方向不同，产生的电光效应也不同。

(1) 纵向电光效应：电场方向与通光方向一致，都沿着 $z$ 轴(光轴)方向。沿 $z$(光轴)方向施加外电场时，新的主轴坐标系 $x'Oy'$ 相对于 $xOy$ 旋转了 45°。通过自然折射率与感应折射率的关系可以得到光线在 $x$ 和 $y$ 轴上的折射率，以及相对应的相位差。

$$\mu'_x = \mu_0 - \frac{1}{2}\mu_0^3\gamma_{63}E_z$$

$$\mu'_y = \mu_0 + \frac{1}{2}\mu_0^3\gamma_{63}E_z$$

$$\mu'_y - \mu'_x = \mu_0^3\gamma_{63}E_z$$

$$\delta = \frac{2\pi}{\lambda}\mu_0^3\gamma_{63} \cdot V$$

(2) 横向电光效应：电场方向沿 $x$、$y$ 或 $z$ 轴方向，而通光方向与电场方向垂直。如果晶体的光轴为 $z$ 轴，通光方向垂直于 $z$ 轴，则在光轴方向施加外电场。

假设入射光振动方向与 $x'$ 及 $z'$ 轴各成 45°，光线被分解为沿 $x'$ 和 $z'$ 方向振动，则 $x'$ 和 $z'$ 轴方向上的折射率分别为

$$\mu'_x = \mu_0 - \frac{1}{2}\mu_0^3\gamma_{63}E_z$$

$$\mu'_z=\mu_e$$

二者之差为

$$\Delta\mu=\mu'_z-\mu'_x=\mu_e-\mu_0+\frac{1}{2}\mu_0^3\gamma_{63}E_z$$

设晶体的长度为 $L$，厚度为 $d$，施加的电压 $V=E_zd$，当光束通过长度 $L$ 的晶体后形成的两条偏振光线间的相位差为

$$\delta=\frac{2\pi}{\lambda}(\mu'_z-\mu'_x)L$$

$$=\frac{2\pi}{\lambda}(\mu_e-\mu_0)L+\frac{\pi}{\lambda}\mu_0^3\gamma_{63}V\left(\frac{L}{d}\right)$$

除与外加电压成正比外，横向电光效应还与晶体的纵横比 $L/d$ 有关。

实际的电光晶体偏转器由两个晶体棱镜（如 KDP 棱镜）组成，如图 4-28 所示。棱镜各边分别沿 $x'$、$y'$和 $z'$轴，两个晶体的光轴（$z$ 轴）反向。外加电场沿图示 $z$ 轴方向，光束的传播方向沿 $y'$轴的方向，偏振沿 $x'$轴方向，外加电压后，光束在上、下层棱镜中传播时的折射率分别为

$$\mu_A=\mu_0+\frac{\mu_0^3}{2}\gamma_{63}E_z$$

$$\mu_B=\mu_0-\frac{\mu_0^3}{2}\gamma_{63}E_z$$

二者之差为

$$\Delta\mu=\mu_A-\mu_B=\mu_0^3\gamma_{63}E_z$$

光束的偏转角为

$$\Delta\theta=\frac{L}{h}\mu_0^3\gamma_{63}E_z=\frac{L}{dh}\mu_0^3\gamma_{63}V$$

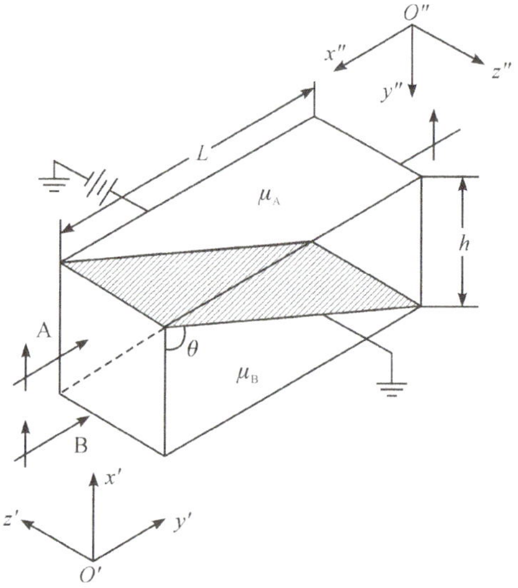


图 4-28　实际的电光晶体偏转器

当外加电压变化时，偏转角呈比例变化，从而可以利用外加电压控制光线的前进方向。显示平面上可分辨的光斑数目为

$$m=\frac{\Delta\theta}{\theta_{远场}}=\frac{\dfrac{L}{dh}\mu_0^3\gamma_{63}V}{\dfrac{\lambda}{\pi\omega_0}}$$

一个电光偏转器所能获得的偏转角很小，很难满足实际应用的要求。例如，$L=d=h=1$ cm，$V_z=1000$ V 时，$\theta=35\times10^{-7}$ rad。为增加偏转角，而外加电压又不太高，常将若干个 KDP 棱镜串接图 4-29 的结构。

图 4-29 中的棱镜 2，3，…，11，12 均为等腰直角棱镜，可以把每个棱镜等效地看成由两个光楔拼合而成，则总的发散角可表示为

$$\theta_{总}=12\theta=\frac{L\mu_0^3\gamma_{63}}{dh}V_z$$

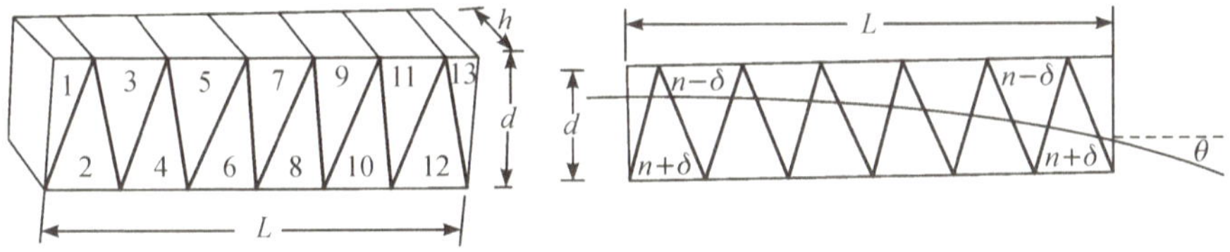


图 4－29 多级棱镜偏转器

由于光束宽度和棱镜尺寸的限制，光楔的个数不能太多。

### 2. 数字偏转

现代光存储器都是采用二进制的数字偏转器。图 4－30 所示为一种由电光晶体(S)和双折射晶体(B)组合而成的数字式偏转器。

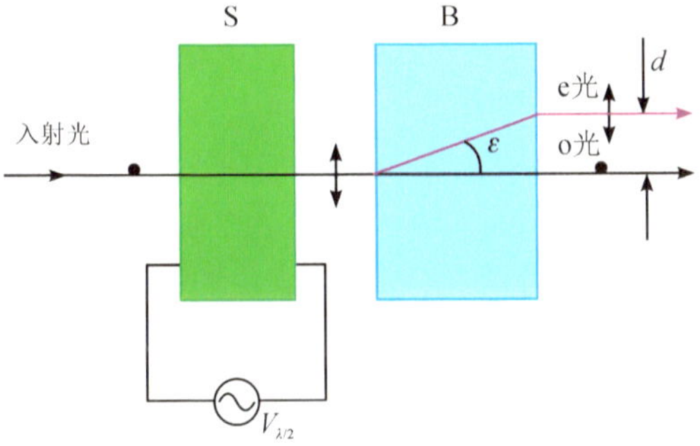


图 4－30 由电光晶体和双折射晶体组合而成的数字式偏转器

在偏转器的电光晶体未加电压时，线偏振光(如 o 光)通过电光晶体时，偏振状态保持不变，其后，通过双折射晶体，光的方向不变。

当电光晶体加上半波电压时，偏振面旋转 90°，o 光变成 e 光。e 光在双折射晶体内以与表面法线方向成 ε 角的方向传播，e 光到达晶体输出面时，偏移间距为 $d$，然后以平行于原光路的方向射出。

上述偏转器的输出光根据电光晶体加与不加半波电压，分别占据两个地址。图 4－31 是一个三级数字式偏转器结构示意图。图中：$S_1$、$S_2$、$S_3$ 为电光晶体；$B_1$、$B_2$、$B_3$ 为双折射分离棱镜；右边所示数字 1 和 0 分别表示某电光晶体加了半波电压与未加半波电压。三个电光晶体的八种加电压组合方式有八个偏转点地址。

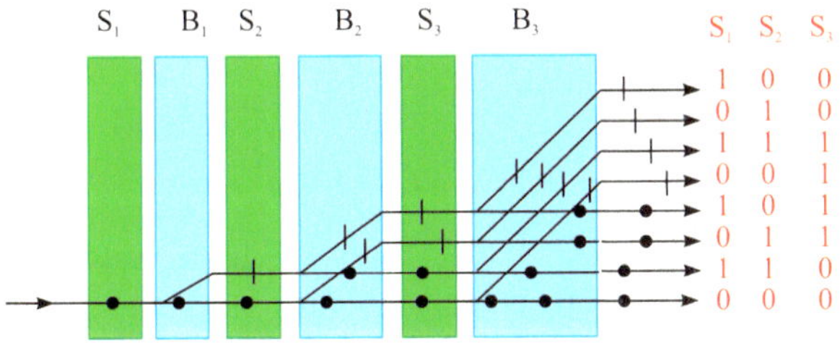


图 4－31 三级数字式偏转器结构示意图

## 4.5.3 声光偏转

1922 年，布里渊提出的声波对光波的衍射效应已经为实验所证实。声光效应也提供了一种方便地控制光的强度、频率和传播方向的手段，它和电光效应一样得到了广泛的应用。应用超声折射效应来偏转光束是由 Lwcas 与 Biquard 首先提出的，后续通过相关实验证明并进行了充分的描述，采用两个相角相差 90°、驱动功率经过调幅的正交折射盒，产生了螺线扫描，并演示了一种主动光雷达系统。

利用声光效应进行光束扫描的第二种可行方法是水中的超声波所引起的布拉格反射。此布拉格反射和 X 射线在平行平面上的布拉格衍射并不相似，因而可把它视为声光衍射的一种特殊情况。在声频低于 10 MHz 的衍射情况下，光束分裂成许多角度间隔约为 $\nu/\lambda$ 的衍射级，其中 $\nu$ 是衍射媒质中光的波长，$\lambda$ 为声波波长。例如，声频扩展到 20 MHz 以上，入射光只衍射到第一级，且入射光和衍射光方向对于声波波前至少是近似对称的时候，上述结果甚至可达到很明显的程度。

如图 4-32 所示，一块均匀的透明介质(如熔融石英)的一端与超声波发生器(作正弦振动)相连。当超声波发生器振荡时，声波传入均匀的透明介质中。当透明介质的另一端为声波的反射介质时，满足一定的几何要求就会在介质内产生驻波。因为声波既是纵波又是疏密波，所以声波在介质中传播时将引起介质密度的周期性变化。在被声波压缩的地方，介质的密度变密，折射率变大;在被声波拉伸的地方，介质的密度变稀，折射率变小。驻波的振幅按照正弦规律变化，所以介质的折射率以空间周期 $\lambda_s$ 在空间呈正弦变化。具有这种声场的介质，对侧面传来的光波来说将起到衍射光栅的作用。根据体光栅衍射的布拉格定律，有

$$2\lambda_s \sin\theta = \frac{\lambda}{\mu} \tag{4-69}$$

式中，$\lambda$ 和 $\mu$ 分别为真空中光的波长和介质折射率；$\theta$ 为衍射角。

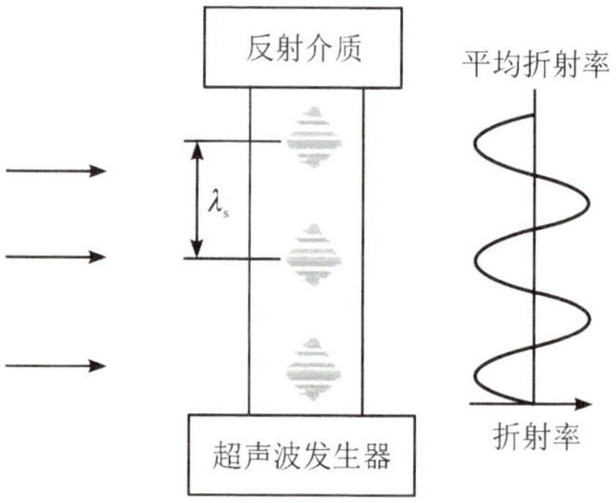


图 4-32 超声波在透明介质中的传播

也就是说，当光线以满足布拉格条件式的衍射角 $\theta$ 入射到光栅上时，衍射光与衍射体光栅的等折射率面成 $\theta$ 角出射，如图 4-33 所示。这里衍射体光栅的等折射率面与声波的传播方向垂直。

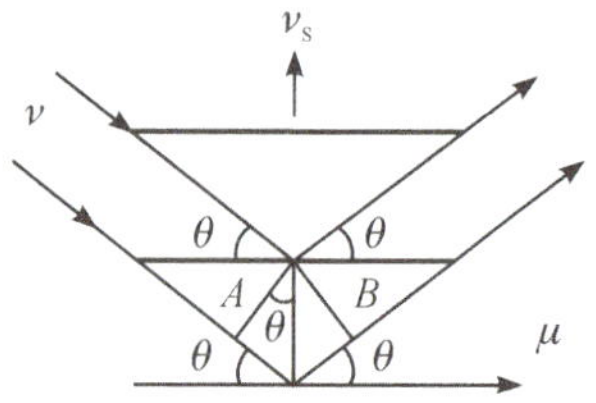


图 4-33 布拉格条件下的衍射

例如，一个用熔融石英介质做成的声光器件，超声频率为 40 MHz，相当于超声波长 $\lambda_s = 1.49 \times 10^{-2}$ cm。当 $\lambda = 1.06\ \mu m$ 的光波入射时，由布拉格条件可以算出

$\theta=0.14°$。由于反射角等于入射角，$\theta_r=\theta_i=\theta$，因此衍射光对于入射光的偏离角为 $2\theta=0.28°$。这个数值虽然不大，但如果放在激光器谐振腔内，已经足够改变腔的品质因数 Q 值(参见下节)。如果改变超声波的频率，偏转角也会改变。

由于 $\lambda_s \gg \lambda$，可近似得到

$$\theta \approx \frac{\lambda}{2\mu\lambda_s} \tag{4-70}$$

还可近似得到偏转角为

$$\varphi=\frac{\lambda}{\mu\lambda_s}=\frac{\lambda\nu_s}{\mu v_s} \tag{4-71}$$

式中，$\nu_s$ 为声波频率；$v_s$ 为声波在器件中的传播速率。

当声频改变 $\Delta\nu_s$ 时，由式(4-71)可知，偏转角 $\varphi$ 也随之改变，其角度偏转范围为

$$\Delta\varphi=\frac{\lambda}{\mu v_s}\Delta\nu_s \tag{4-72}$$

## 4.6　调 Q 技术

一般情况下，固体脉冲激光器输出的光脉冲不是单一的光滑脉冲，而是一群由宽度在微秒量级的强度不等的小尖峰脉冲组成的序列，如图 4-34 所示。这种光脉冲序列持续时间长达几百微秒甚至几毫秒，其峰值功率也只有几十千瓦的水平，远远满足不了诸如激光雷达、激光测距、激光制导、高速摄影以及激光核聚变等许多实际应用的要求。为此，在激光被发现不久后，有人提出了调 Q 的概念，并于 1962 年制成了第一台调 Q 激光器。它的出现，使激光脉冲输出性能得到了改善，脉冲宽度压缩到纳秒量级，峰值功率高达千兆瓦。这对激光测距、激光雷达、激光加工和动态全息照相等应用的发展起到了决定性作用，还为因强光所引起的光学现象的研究开辟了新方向。

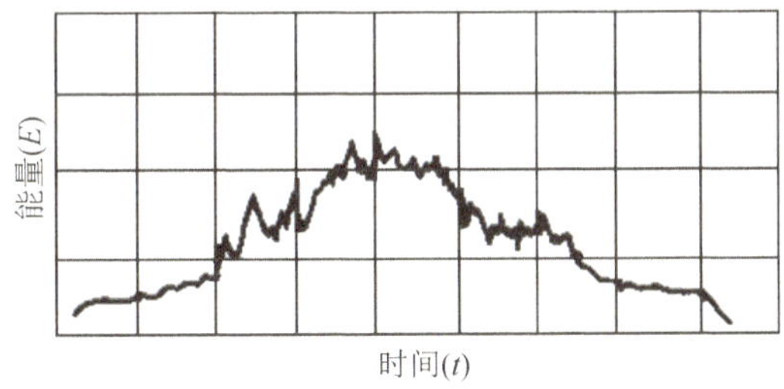


图 4-34　尖峰序列

### 4.6.1　激光谐振腔的品质因数 Q

激光器的损耗也可用品质因数 Q 值表示，其定义式为

$$Q=2\pi\nu\frac{W}{P} \tag{4-73}$$

这一定义是从电子学中推广来的，它同样适用于 LC 振荡回路和微波谐振腔，只是在激光器谐振腔中传播的光的一个周期要短得多。品质因数是激光器谐振腔的性能指标，与腔中

介质的增益系数无关。如果 $a_{总}$ 为谐振腔的单程总损耗，则光在谐振腔中传播距离 $z$ 后，光强会减弱为

$$I = I_0 \exp(-a_{总} z) = I_0 \exp\left(-\frac{a_{总} c}{\mu} t\right) \tag{4-74}$$

式中，$\mu$ 为介质折射率；$c$ 为真空中的光速；$t$ 为光在腔内传播距离 $z$ 所需的时间；$I_0$ 为初始光强。

若用 $N(t)$ 表示 $t$ 时刻腔中的光子数密度，则 $I(t)=N(t)h\nu \dfrac{c}{\mu}$，从而可将式(4－74)改写为光子数密度的形式，即

$$N(t) = N_0 \exp\left(-\frac{a_{总} c}{\mu} t\right) = N_0 \exp\left(-\frac{t}{\tau_c}\right) \tag{4-75}$$

式中，$\tau_c=\dfrac{\mu}{a_{总} c}$表示腔中光子的平均寿命。式(4－75)表明，腔中的光子数密度随时间的增加而减小。

设谐振腔体积为 $V$，则腔内存储的能量为

$$W = N(t) V h\nu$$

振荡周期损耗的能量为

$$P = \frac{W}{\tau_c \nu} = N(t) V h \frac{a_{总} c}{\mu}$$

故由品质因数的定义可以得到它与谐振腔的单程总损耗的关系为

$$Q = 2\pi\nu \frac{W}{P} = \frac{2\pi}{\lambda a_{总}} \tag{4-76}$$

此式表明，谐振腔的损耗大，则 $Q$ 值低；损耗小，则 $Q$ 值高。

### 4.6.2 调 Q 原理

调 $Q$ 原理指的是采用某种办法使谐振腔在泵浦开始时处于高损耗低 $Q$ 值状态，这时激光振荡的阈值很高，反转粒子数即使积累到很高水平也不会产生振荡；当反转粒子数达到峰值时，突然使腔的 $Q$ 值增大，将导致激光介质的增益大大超过阈值，迅速产生振荡，这时存储在亚稳态上的粒子所具有的能量会很快地转换为光子的能量，光子像雪崩一样以极高的速率增长，激光器便可输出一个峰值功率高、宽度窄的激光巨脉冲。调节谐振腔的 $Q$ 值以获得激光巨脉冲的技术称为激光调 $Q$ 技术。

因为谐振腔的损耗包括反射损耗、吸收损耗、衍射损耗、散射损耗和透射损耗，用不同方法来控制不同类型的损耗，就形成了不同的调 $Q$ 技术。控制反射损耗的技术有机械转镜调 $Q$ 技术、电光调 $Q$ 技术，控制吸收损耗的技术有可饱和吸收染料调 $Q$ 技术，控制衍射损耗的技术有声光调 $Q$ 技术等。由于机械转镜调 $Q$ 技术原理比较直观，并且目前已较少使用，因此下面主要介绍上述其他三种调 $Q$ 技术。

#### 1. 电光调 Q 技术

电光调 $Q$ 技术是利用晶体的电光效应实现调 $Q$ 的。电光调 $Q$ 装置如图 4－35 所示，在激光器谐振腔中插入偏振片和作为电光调 $Q$ 开关的 $KD^*P$ 晶体。

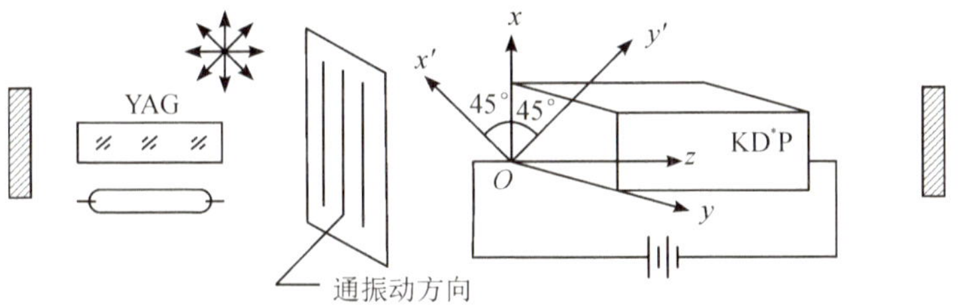


图 4－35　电光调 $Q$ 装置示意图

当晶体在 $z$ 轴方向加电压后，由于感应双折射，沿 $x$ 方向振动的偏振光进入晶体后将分解为沿 $x'$ 方向和沿 $y'$ 方向振动的二线偏振光。适当调整电压的大小，可以使通过晶体后的偏振光相位差为 $\pi/2$（相应的电压大小即为 $V_{\pi/2}$），因而合成光为圆偏振光。再经反射镜反射，让该圆偏振光再次通过晶体，则相位差再次增加 $\pi/2$，此时，出射光又成为一线偏振光，不过它的振动方向为 $y$ 方向，恰与原入射偏振光的振动方向（$x$ 方向）垂直。也就是说，当在晶体上加半波电压后，往返通过晶体的线偏振光的振动方向相对改变 90°。对于未加电压的晶体来说，往返通过晶体的线偏振光振动方向不变。

利用上述特点即可制成电光调 $Q$ 开关。图 4－35 中，由于 YAG 激光器发出的激光无偏振特性，通过偏振片后成为沿 $x$ 方向振动的线偏振光。当令其往返通过加有半波电压的 $KD^*P$ 晶体时，返回的沿 $y$ 方向振动的偏振光被偏振片吸收。此时，腔的 $Q$ 值很低，由于外界激励源的作用，介质上能级的粒子数迅速增加。当上能级的粒子数积累到足够数量（远远超过下能级的粒子数）的某个时刻，突然除去 $KD^*P$ 晶体上所加的电压，则由 YAG 输出的激光经偏振片后能自由地往返于谐振腔之间，不改变偏振光的振动方向，损耗小，腔的 $Q$ 值很高，从而输出一个激光巨脉冲。

电光调 $Q$ 能在不到 10 ns 的时间内完成一次开关，其峰值功率可达千兆瓦量级。控制电光晶体上每秒的电压开关次数，就可重复地产生巨脉冲。一般的电光调 $Q$ 的重复频率可达 50 kHz。常用的调 $Q$ 晶体是 $KD^*P$，它对 1.06 μm 的红外光（钕激光波长）的半波电压约为 4000 V（KDP 晶体的半波电压约为 10 000 V，故 KDP 晶体不常使用）。铌酸锂晶体也是一种常用的晶体，它的优点是半波电压低，约为 2000～3000 V，不潮解，但在可见光波段内承受激光损伤的功率阈值较低。为降低 $KD^*P$ 晶体的半波电压，可采用 $n$ 级晶体串联的方式，即光路上串联、电路上并联使半波电压降为原来的几分之一。实际工作中，电光调 $Q$ 装置是多种多样的，读者可在专业的书籍或文献中查找相关内容。

### 2. 声光调 $Q$ 技术

声光调 $Q$ 是应用较广泛的一种调 $Q$ 技术。其原理是：在激光器谐振腔内放置声光偏转器，当光通过介质中的超声场时，由于衍射造成光的偏折，就会增加损耗而改变腔的 $Q$ 值。该技术具有重复频率高和输出稳定等优点，目前，多用于获得中等功率的高重复频率的脉冲激光器中。

图 4－36 所示为声光调 $Q$ 装置示意图。腔内插的声光调 $Q$ 器件是由声光互作用介质（如熔融石英）和键合于其上的超声波发生器（即换能器）所构成的。换能器由一个高频振荡电源驱动，以产生相应的机械振动，从而使超声波耦合到声光介质中。

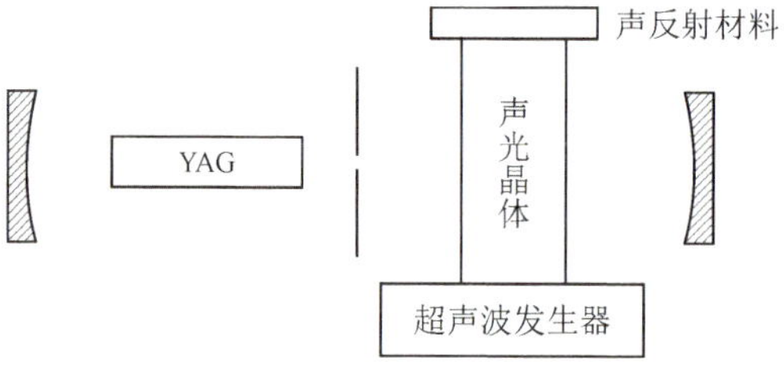


图 4-36 声光调 $Q$ 装置示意图

声光器件在腔内按布拉格条件放置。当加上超声波时，光束按布拉格条件决定的方向偏折，从而偏离了谐振腔的轴向。此时腔的损耗严重，$Q$ 值很低，不能形成激光振荡。在这一阶段，增益介质在光泵激励下，亚稳态上的粒子数大量积累。经过一定时间后，撤去超声场，光束顺利地通过均匀的声光介质，不发生偏折，使得腔的 $Q$ 值升高，从而得到一个强的激光脉冲输出。自光泵启动到 $Q$ 值发生突变的这段延迟时间，可以利用电路特性来实现。另外，如果在声光介质中，光束以重复频率 $f$ 产生超声场，则可获得重复频率为 $f$ 的调 $Q$ 激光脉冲序列。

声光开关与电光开关相比，后者电压较高（$10^3$ V～$10^4$ V），前者电压较低（$10^2$ V）。

### 3. 染料调 $Q$ 技术

不论是电光调 $Q$ 技术还是声光调 $Q$ 技术，$Q$ 开关开启的延迟时间都是可控的，因此，习惯上将这两种技术统称为主动调 $Q$ 技术。还有另一种调 $Q$ 技术，即染料调 $Q$ 技术，它是利用某种材料（通常是有机染料）对光的吸收系数随光强变化的特性来达到调 $Q$ 目的的。由于染料调 $Q$ 技术中 $Q$ 开关的延迟时间是由材料本身的特性决定的，不直接受人控制，所以又称之为被动调 $Q$ 技术。

图 4-37 所示为染料调 $Q$ 装置示意图，它是由一个固体激光器和一个染料盒构成的。染料盒内装有可饱和染料，这种染料对激光器发出的光有强烈吸收作用，而且随着入射光的增强，其吸收系数减小。吸收系数 $\alpha$ 的表达式为

图 4-37 染料调 $Q$ 装置示意图

$$\alpha = \alpha_0 \frac{1}{1 + I/I_S} \tag{4-77}$$

式中，$\alpha$ 是光强为 $I$ 时的吸收系数；$\alpha_0$ 是光强趋于 0 时的吸收系数；$I_S$ 为饱和参量，其值等于吸收系数减小到 $\alpha_0/2$ 时的光强。

由式(4-77)可以看出，当 $I$ 比 $I_S$ 大很多时，$\alpha$ 逐渐趋近于 0，也就是染料对该波长的光变成透明的了，这种现象称为漂白。装有染料的盒子插入脉冲激光器的腔内后，激光器开始泵浦。此时腔内光强还很弱，故染料对该波长的光进行强烈吸收，腔内损耗很大，$Q$ 值很低，相当于 $Q$ 开关没有开启的状态，不能形成激光。随着泵浦的继续，亚稳态上粒子数得以积累，腔内的光强增强，染料也会逐渐被漂白。这一过程相当于腔内 $Q$ 值逐渐升高。当漂白到一定程度，$Q$ 值达到一定数值时，染料盒作为 $Q$ 开关已处于开启状态，于是激光器就会给出一个强激光脉冲。

选择染料时要考虑以下几个方面的因素：

(1) 染料吸收峰的中心波长应和激光波长基本吻合。

(2) 染料应有适当的饱和光强，即 $I_S$ 的值要在合适的范围之内，其目的是能够得到合适的“开关”速度。

(3) 染料溶液应具有一定的稳定性和保存期。

近年来，一种 LiF：$F_2^-$ 晶体(氟化锂 $F_2^-$ 色心晶体)可以和染料一样作为被动调 $Q$ 材料，并得到了较为广泛的应用。

# 4.7 锁模技术

调 $Q$ 技术可以压缩激光脉冲宽度，得到脉宽为纳秒量级、峰值功率为千兆瓦量级的激光巨脉冲。激光锁模技术是进一步对激光进行特殊的调制，强迫激光器中振荡的各个纵模的相位固定，使各模式相干叠加以得到超短脉冲的技术。采用锁模技术可得到脉宽为飞秒量级、峰值功率高于太瓦量级的超短激光脉冲。目前，锁模技术是获得高峰值功率激光的先进技术。

## 4.7.1 锁模原理

一般非均匀增宽型介质激光器，总能产生多纵模(假设均对应某一横模)。设第 $q$ 个纵模的振幅、角频率、初相位分别为 $E_q$、$\omega_q$、$\varphi_q$。在空间 $z=0$ 处，它的电矢量大小可写成

$$E_q(t)=E_q e^{j(\omega_q \varphi+\varphi_q)} \tag{4-78}$$

总输出为

$$E(t)=\sum_q E_q e^{j(\omega_q t+\varphi_q)} \tag{4-79}$$

由于各个模式的频率和初相位无确定的关系，各个模式互不相干，因此多纵模输出的光强是各纵模的非相干叠加。输出光强随时间无规则变化。锁模技术使谐振腔中可能存在的各个纵模同步振荡，让各振荡模的频率间隔保持相等并使它们的初相位保持为常数，使激光器输出在时间上有规则的等间隔的短脉冲序列。

设腔内有 $q=-N, -(N-1), \cdots, 0, \cdots, N-1, N$，共 $2N+1$ 个模式，且相邻模式的角频率之差 $\Omega=\pi c/L$(恰为纵模角频率间隔，$L$ 为腔长)，则

$$\omega_q=\omega_0+q\Omega \tag{4-80}$$

式中，$\omega_0$ 为激光中心角频率。

由式(4-79)可得

$$E(t)=\sum_{-N}^{N} E_q \exp\left[j(\omega_0+q\Omega)t+\varphi_q\right] \tag{4-81}$$

如果各模式的振幅相等，即 $E_q=E_0$，初相位相同且为 $\varphi_q=0$(或相邻模式的初相位之差值恒定，称为同步)，则利用三角级数求和公式可将式(4-81)改写为

$$E(t)=E_0\left(\sum_{-N}^{N} e^{jq\Omega t}\right)e^{j\omega_0 t}=\left\{E_0\frac{\sin\left[\frac{1}{2}(2N+1)\Omega t\right]}{\sin\frac{1}{2}(\Omega t)}\right\}e^{j\omega_0 t} \tag{4-82}$$

此式表明，$2N+1$ 个模合成后，其振幅随时间变化。

因为输出光强 $I(t)=E(t)E^*(t)$，所以有

$$I(t)\propto E_0^2\frac{\sin^2\left[(2N+1)\dfrac{\Omega t}{2}\right]}{\sin^2\left(\dfrac{\Omega t}{2}\right)} \tag{4-83}$$

图 4-38 所示为 $2N+1=9$ 个纵模经锁模后得到的有规则的脉冲示意图。由式(4-83)和图4-38 可知：

(1) 当$\dfrac{\Omega t}{2}=m\pi(m=0, 1, 2, \cdots)$时光强最大，即

$$I(t)\propto \lim_{\frac{\Omega t}{2}\to m\pi}\frac{E_0^2\sin^2\left[(2N+1)\dfrac{\Omega t}{2}\right]}{\sin^2\left(\dfrac{\Omega t}{2}\right)}=(2N+1)^2E_0^2 \tag{4-84}$$

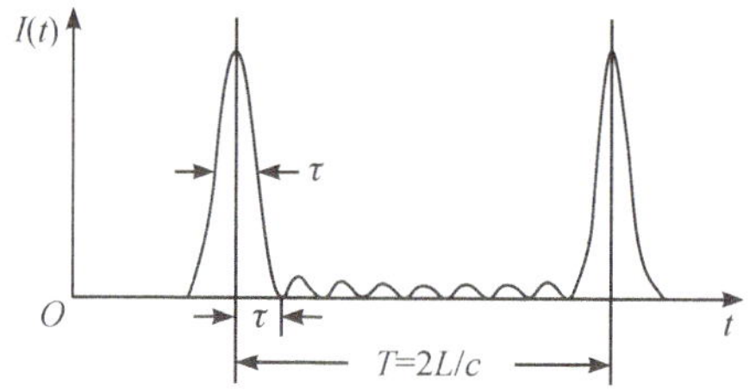


图 4-38 锁模光强脉冲

锁模后，$2N+1$ 个模式相干叠加结果的光强峰值功率与$(2N+1)^2$ 成正比。而 $2N+1$ 个模式未被锁定时，光强是非相干叠加的，应与 $2N+1$ 成正比。由此可见，锁模后的脉冲峰值功率为未锁模时的 $2N+1$ 倍。腔长越长，荧光线宽越宽，则腔内的纵模数目越多，锁模脉冲的峰值功率就越大。例如，钕玻璃激光器，由于其荧光线宽 $\Delta\nu_F=3\times10^{12}$ Hz，腔内可得上万个纵模，由此得到的峰值功率很大。

(2) 由式(4-83)可得，相邻脉冲峰值间的时间间隔为

$$T=\frac{2\pi}{\Omega}=\frac{2L}{c} \tag{4-85}$$

因此可以把锁模激光器的工作过程形象地看作是一个脉冲在整个腔内的往返运动，每当此脉冲运动到输出反射镜时，便有一个锁模脉冲输出。

(3) 脉冲宽度 $\tau$ 近似等于脉冲的半功率点的时间间隔，即脉冲峰值与第一个光强为 0 的谷值间的时间间隔。令 $\sin\left[(2N+1)\dfrac{\Omega t}{2}\right]=0$，可得

$$\tau=\frac{2\pi}{(2N+1)\Omega}=\frac{T}{2N+1}=\frac{1}{\Delta\nu} \tag{4-86}$$

式中，$\Delta\nu$ 为锁模激光器的带宽，它表明脉冲的宽度近似地为增益曲线宽度的倒数。

脉冲的半功率点的时间间隔近似地等于 $\tau$，因而可以认为脉冲宽度等于 $\tau$。气体激光器谱线宽度较小，其锁模脉冲宽度约为 $10^{-9}$ s 量级。固体激光器谱线宽度较大，其脉冲宽度约为 $10^{-12}$ s 量级。

## 4.7.2　锁模分类

根据锁模原理的不同，可以将锁模分为主动锁模和被动锁模。

### 1. 主动锁模

1）损耗内调制锁模

如图 4－39 所示，在谐振腔中插入一个电光或声光损耗调制器。设调制周期为 $T_m=\frac{2\pi}{\Omega}=\frac{2L}{c}$，调制频率 $\nu_m=\frac{c}{2L}$（恰为纵模频率间隔）。

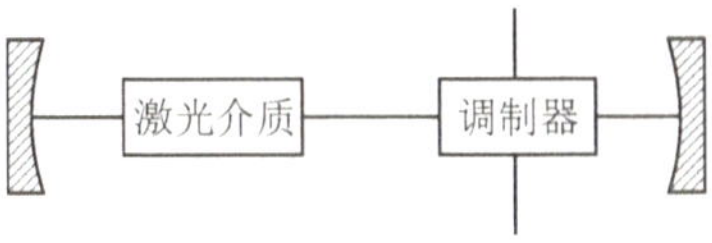


图 4－39　锁模调制示意图

我们可从时域角度来理解锁模脉冲的形成。因为（振幅）损耗调制的频率为 $\nu_m=c/2L$，相应的周期恰好是光子在腔内往返一周的时间。

如图 4－40 所示，腔内各个纵模中的某些光子如果是在调制器损耗为零时通过的，则在腔内往返一周后，所受到的损耗仍然为零。只有通过调制器损耗为零的光子才能不断地被放大而增长起来，如此得到周期为 $T$ 的窄脉冲输出。

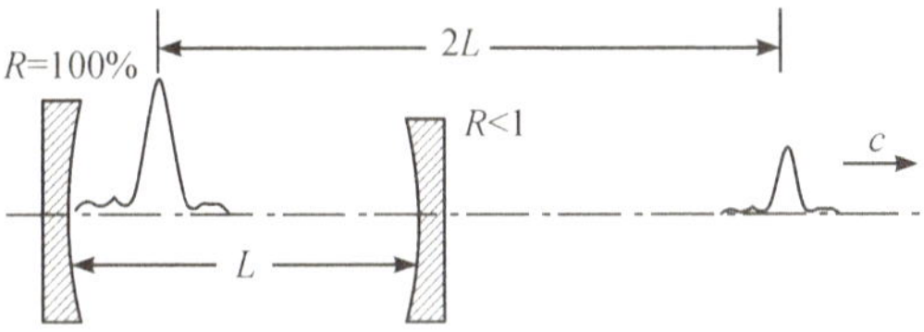


图 4－40　腔内纵模光子运动得到脉冲输出

下面从频率域模式耦合的角度来说明损耗调制锁模的原理。假设中心频率 $\nu_0$ 处的模首先振荡，则其振幅调制后的电矢量大小为

$$E(t)=(E_0+E_m\cos 2\pi\nu_m t)\cos 2\pi\nu_0 t=E_0(1+M\cos 2\pi\nu_m t)\cos 2\pi\nu_0 t$$
$$=E_0\cos 2\pi\nu_0 t+E_0\frac{M}{2}\cos 2\pi(\nu_0-\nu_m)t+E_0\frac{M}{2}\cos 2\pi(\nu_0+\nu_m)t \quad (4-87)$$

由此可以看出，腔内传播的不仅有中心频率为 $\nu_0$ 的模，还包括频率为 $\nu_0\pm\nu_m$ 的两个边带。这两个边带频率与中心频率的间隔恰好等于激光器的纵模频率间隔。由于边带频率与中心频率的振荡同相位，所以新激发起来的纵模与中心频率的振荡也同相位。在激光器中，一旦形成 $\nu_0$ 的振荡，将同时激起两个相邻模式的振荡，如图 4－41 所示。

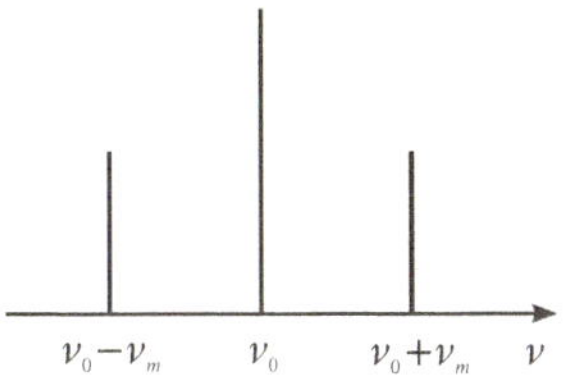


图 4－41　中心频率及两边带频率

频率为 $\nu_0 \pm \nu_m$ 的两个边带(纵模)通过调制器的作用还将继续激发起频率为 $\nu_0 \pm 2\nu_m$ 的两个边带(纵模),这样继续下去,可将多模激光器的所有纵模都激发成有相同相位的纵模振荡,如图 4-42 所示。

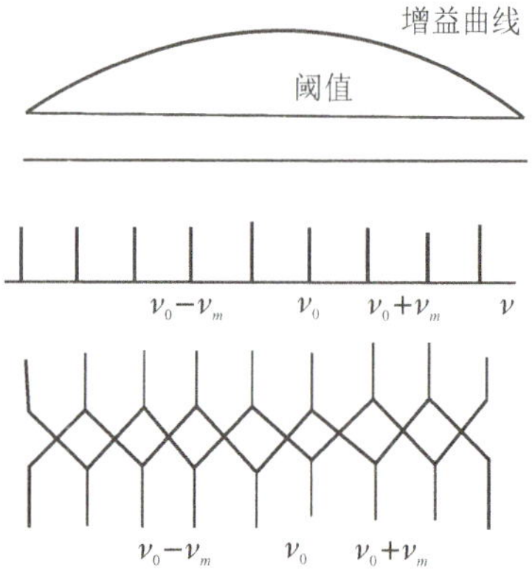


图 4-42 多模激光器相同相位的纵模振荡示意图

2) 相位内调制锁模

相位调制后也能激起带宽内的所有变频光同步振荡,实现锁模。如果在谐振腔中插入一个电光相位调制器,也可达到锁模的目的。设光振幅不变,相位以频率 $\nu_m$ 变化,则有

$$\begin{aligned}E(t) &= E_0\cos(2\pi\nu_0 t + \beta\sin 2\pi\nu_m t)\\ &= E_0[\mathrm{J}_0(\beta)\cos 2\pi\nu_0 t + \mathrm{J}_1(\beta)\cos 2\pi(\nu_0+\nu_m)t - \mathrm{J}_1(\beta)\cos 2\pi(\nu_0-\nu_m)t +\\ &\quad \mathrm{J}_2(\beta)\cos 2\pi(\nu_0+2\nu_m)t + \mathrm{J}_2(\beta)\cos 2\pi(\nu_0-2\nu_m)t + \mathrm{J}_3(\beta)\cos 2\pi(\nu_0+3\nu_m)t -\\ &\quad \mathrm{J}_3(\beta)\cos 2\pi(\nu_0-3\nu_m)t + \mathrm{J}_4(\beta)\cos 2\pi(\nu_0+4\nu_m)t + \mathrm{J}_4(\beta)\cos 2\pi(\nu_0-4\nu_m)t + \cdots]\end{aligned} \tag{4-88}$$

### 2. 被动锁模

在自由振荡激光器谐振腔内插入一个有饱和吸收特性的染料盒,也能起到锁模的作用。可饱和染料的吸收系数是随光强的增强而下降的。在激光器内,随着光泵对工作物质的激励,各个纵模都会随机发生,光场就会由于它们的叠加而在强度上略有起伏。当某些纵模偶然地得到相干加强时,出现光场较强的部分,其他部分则较弱。这些较强的部分通过染料时被吸收得少,损耗不大;较弱的部分通过染料时被吸收得多,反而更被减弱。光场多次通过染料的结果是强处和弱处明显地被区别开了,最终造成这些强处(纵模相干加强处)以窄脉冲的形式被选出来。这就是被动锁模的简单定性解释。

被动锁模装置很简单,只需在腔内插入一个装有饱和吸收染料的“盒”即可。在实践中,除对盒的光学质量有一定的要求外,对染料的选取还是有很多讲究的。一般来说,这种染料必须具备以下几个条件:

(1) 染料的吸收线应和激光波长很接近;

(2) 吸收线的线宽要大于或等于激光线宽;

(3) 其弛豫时间应短于脉冲在腔内往返一次的时间,否则就成为被动调 $Q$ 激光器了。

还有很多种其他锁模技术,其原理大同小异,这里不再详细讨论。

# 第 5 章

# 激光器的种类

自首台红宝石激光器由梅曼(Maiman)于 1960 年制成以来，人们已在几百种工作物质中获得了光的受激放大或制成激光器。

现阶段常用的激光器按增益介质的不同，可分为固体激光器、气体激光器、半导体激光器和液体激光器；按工作方式的不同，又可分为连续激光器与脉冲激光器。

## 5.1 固体激光器

固体激光器是以掺杂离子的绝缘晶体或玻璃作为工作物质的激光器。在激光发展史上，固体激光器是最早实现的。目前已经实现激光振荡的固体工作物质有百余种，激光谱线有数千条，但是最常采用的固体工作物质仍然是红宝石、钕玻璃、掺钕钇铝石榴石($Nd^{3+}:Y_3Al_5O_{12}$，简写为 Nd：YAG)三种。

与其他种类的激光器相比较，固体激光器的特点是输出能量大(可达数万焦耳)，峰值功率高(连续功率可达数千瓦，脉冲峰值功率可达数十太瓦)，结构紧凑、牢固耐用。因此，固体激光器在打孔、焊接、划片、微调、激光测距、雷达、制导、激光视网膜凝结、全息照相、激光存储、大容量通信等领域得到了广泛应用。随着激光器性能的不断提高，固体激光器的应用范围仍在不断扩大。

### 5.1.1 红宝石激光器

红宝石激光器是最早研制出的激光器，因为它输出的激光在可见光范围内，所以至今仍在动态全息、医学等领域具有应用价值。

#### 1. 发光机理

红宝石是掺有少量 $Cr_2O_3$(质量比约为 0.05%)的 $Al_2O_3$(刚玉)晶体。$Al_2O_3$ 晶体为蓝宝石，其中少量的 $Al^{3+}$ 被 $Cr^{3+}$ 置换，从而使晶体变为淡红色。在红宝石中，产生激光的激活离子是铬离子($Cr^{3+}$)，其能级结构如图 5-1 所示。

$Cr^{3+}$ 在可见光区有两个强吸收带，分别对应图 5-1 中的 $^4F_1$ 和 $^4F_2$ 能级，一个吸收带的中心波长位于 410 nm 附近，称为紫带(或 U 带)；另一个吸收带的中心波长位于550 nm 附近，称为绿带(或 Y 带)，两个吸收带的宽度大约都是 100 nm。红宝石激光器的泵浦源通常采用强闪光灯。

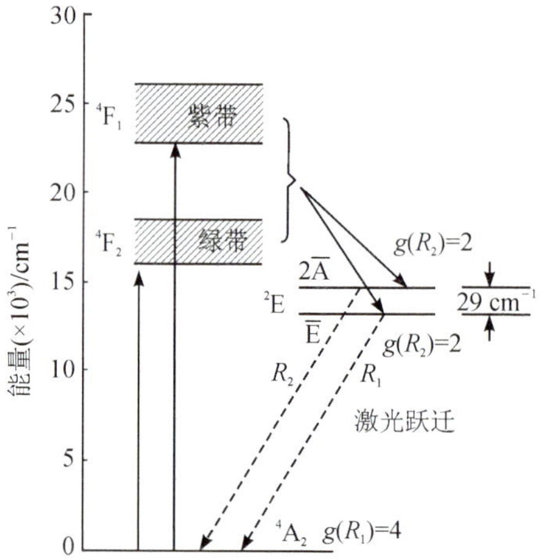


图 5－1 红宝石中铬离子的能级结构

当激光器运转时，泵浦光中频率相应于两个吸收带的那部分光被 $Cr^{3+}$ 吸收，从而使 $Cr^{3+}$ 跃迁到 $^4F_1$ 和 $^4F_2$ 能级。铬离子在 $^4F_1$ 和 $^4F_2$ 能级上的寿命很短(约为 $10^{-9}$ s)，因而铬离子迅速通过无辐射跃迁过程跃迁到 $^2E$ 能级。$^2E$ 能级是亚稳态，粒子在该能级的平均寿命较长(约为 $5\times10^{-3}$ s)，因此在 $^2E$ 能级可积聚较多的 $Cr^{3+}$。当泵浦功率足够强时，$^2E$ 能级与 $^4A_2$ 能级间可实现集居数反转。$^2E$ 能级由间隔为 29 $cm^{-1}$ 的两个子能级 $2\bar{A}$ 和 $\bar{E}$ 组成，粒子由 $\bar{E}$ 能级和 $2\bar{A}$ 能级向 $^4A_2$ 能级跃迁时，分别产生波长为 694.3 nm 和 692.9 nm 的荧光谱线，称为 $R_1$ 线和 $R_2$ 线。集居数在 $2\bar{A}$ 能级和 $\bar{E}$ 能级按玻尔兹曼规律分布，在 $2\bar{A}$ 能级上占 47%，$\bar{E}$ 能级上占 53%，两能级间有较快的热弛豫过程。由于 $\bar{E}$ 能级集居数比 $2\bar{A}$ 能级多，因此易于达到阈值并产生 $R_1$ 线激光。$R_1$ 线激光形成后，$\bar{E}$ 能级上抽空的粒子很快由 $2\bar{A}$ 能级上的粒子补充，这使 $2\bar{A}$ 和 $^4A_2$ 能级间难以达到反转粒子数阈值，因此红宝石激光器通常只产生 694.3 nm 的激光。

### 2. 输出特性

经上述分析可知，红宝石激光器属三能级系统，其泵浦能量阈值较高，所以通常只能以脉冲方式运转。红宝石激光介质输出的荧光线宽(室温下达 $3\times10^{11}$ Hz)较大，对于腔长为 10 cm 的激光器来说，纵模频率间隔为 $\Delta\nu_q\approx3\times10^9$ Hz，输出纵模约有 100 个，因此红宝石激光器一般以多模方式工作，激光的相干性较差。在腔内放置一标准具进行选模，可获得单纵模；在腔内加入小孔光阑，可改善激光的空间相干性。

铬离子稳态寿命长，储能大，可获得大能量输出，而且其输出为可见光，便于探测和应用。同时，性能随温度变化明显，如棒的温度变化 10℃，可以引起波长改变 0.07 nm。

## 5.1.2 钕激光器

钕激光器是利用掺杂在不同基质材料中的金属钕的三价离子($Nd^{3+}$)发射激光的。最常见的钕激光器是以钇铝石榴石或钕玻璃为基质材料制成的。

### 1. 掺钕钇铝石榴石激光器

1）发光机理

掺钕钇铝石榴石以钕钇石榴石晶体（简写为 YAG）为基质，掺以约 1% 原子百分比的 $Nd^{3+}$，晶体中的部分 $Y^{3+}$ 被 $Nd^{3+}$ 取代，呈淡紫色，其中激活离子是 $Nd^{3+}$。Nd:YAG 激光器是最重要的激光系统之一。

Nd:YAG 晶体中 $Nd^{3+}$ 与激光产生过程有关的能级如图 5 - 2 所示。

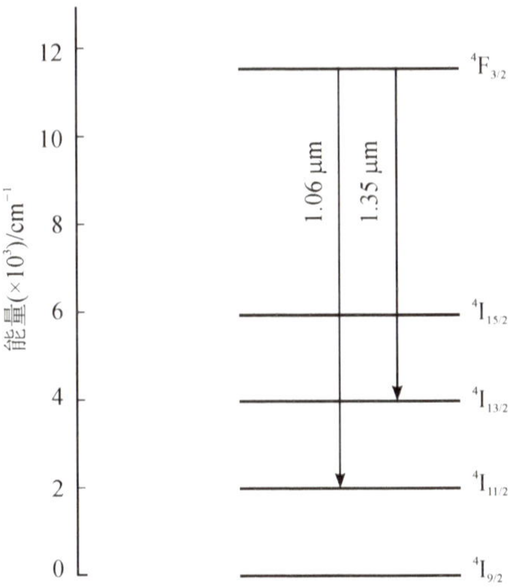


图 5 - 2　Nd:YAG 晶体中 $Nd^{3+}$ 与激光产生过程有关的能级

在 Nd：YAG 晶体的吸收光谱（如图 5 - 3 所示）中，紫外区、可见光区和红外区内有几个强吸收带。

在光泵激励下，处于基态 $^4I_{9/2}$ 的钕离子吸收相应波长的光子能量后，跃迁到上述吸收带的各个能级（主要是图 5 - 3 中的 $^4F_{5/2}$、$^2H_{9/2}$ 和 $^4F_{7/2}$、$^4S_{3/2}$ 能级，分别对应中心波长为 810 nm 和 750 nm 的吸收带）。这些能级上的离子很不稳定，很快地通过无辐射跃迁落到 $^4F_{3/2}$ 能级。$^4F_{3/2}$ 能级是寿命约为 0.23 ms 的亚稳态能级，作为激光上能级。处于 $^4F_{3/2}$ 能级的 $Nd^{3+}$ 可以向多个终端能级跃迁并产生荧光辐射，其中概率最大的是 $^4F_{3/2} \rightarrow {}^4I_{11/2}$ 跃迁

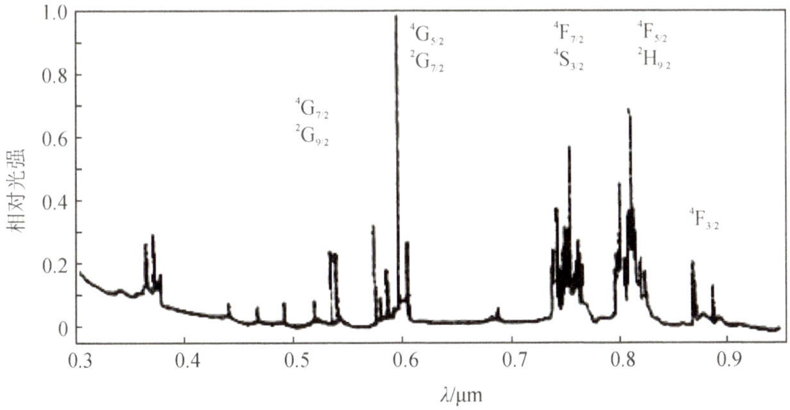


图 5 - 3　Nd:YAG 晶体的吸收光谱

(波长 1064 nm)，其次是$^4F_{3/2}\rightarrow{}^4I_{9/2}$跃迁(波长为 950 nm)，概率最小的是$^4F_{3/2}\rightarrow{}^4I_{13/2}$跃迁(波长为 1350 nm)。显然，$^4F_{3/2}\rightarrow{}^4I_{11/2}$跃迁和$^4F_{3/2}\rightarrow{}^4I_{13/2}$跃迁都属于四能级系统，阈值低，只需很低的泵浦能量就能实现激光振荡。但是，其中 1064 nm 的荧光强度约为1350 nm 荧光强度的 4 倍，1064 nm 谱线首先起振，从而抑制了 1350 nm 谱线，只有在设法抑制 1064 nm 激光的情况下，才能产生 1350 nm 的激光。$^4F_{3/2}\rightarrow{}^4I_{9/2}$跃迁属于三能级系统，室温下难以产生激光。因此，Nd:YAG 激光器通常只产生 1064 nm 的激光振荡。

2) 输出特性

1064 nm 谱线的激光上能级在基态能级之上足够高的位置($\geqslant 2000\ cm^{-1}$)，该能级几乎为空，因此该能级系统是比较理想的四能级系统，其泵浦阈值低，可获得较高的连续运转效率。连续工作的 Nd:YAG 激光器目前最大输出功率已超过 4 kW，调 $Q$ 器件的峰值功率已高达几百兆瓦。

Nd:YAG 晶体具有优良的光学性质和高热导性，有利于制成连续工作和高重复率工作的激光器。YAG 是目前唯一能在室温下连续工作的实用的固体工作物质。基于以上特点，Nd:YAG 是目前应用最广泛的固体工作物质，既能做成中小功率和微型激光器，又能做成千瓦级的高功率固体激光器。

### 2. 钕玻璃激光器

掺钕钇铝石榴石晶体在制备中存在光学不均匀性，因此制作合格的大型晶体很困难，并且晶体棒价格昂贵。而用钕玻璃作为激光工作物质具有尺寸大、均匀性好、价格便宜等优点。

钕玻璃激光器发射的激光波长也为 1.06 $\mu$m。由于钕离子在玻璃内的位置不确定，因而离子经受的场变化很大。这使能级位置发生变化，从而输出激光的单色性很差。荧光线宽在 $7.5\times10^{12}$ Hz 左右，因此激光为多纵模输出。通常，脉冲输出时峰值功率达 500 kW，脉宽1 ms，重复频率是每分钟几次。若对钕玻璃激光器采用锁模技术，对多纵模进行模式锁定，就能获得脉宽为 ps 量级的超短脉冲，峰值功率可达 $10^9$ W 量级。因此钕玻璃激光器可以说是目前能获得的功率最高的激光器。但钕玻璃的导热率低，做成大能量器件时，必须注意冷却。

## 5.2 气体激光器

气体激光器是以气体或蒸气为工作物质的激光器。气体激光器是目前种类最多、波长分布区域最宽、应用范围最广的一类激光器。据统计，目前激光器市场上的气体激光器占 60%。根据气体工作物质的性质状态不同，气体激光器可分为原子激光器、分子激光器、离子激光器。气体激光器的突出优点如下：

(1) 谱线范围宽。有数百种气体和蒸气可以产生激光，已观测到的激光谱线有上万条，谱线波长覆盖了从亚毫米波到真空紫外线，甚至 X 射线、γ 射线。

(2) 输出激光束的质量高。气体激光器激光束的相干性、单色性和方向性均优于固体激光器和半导体激光器。

(3) 输出激光功率大。气体激光器既能以连续方式工作，又能以脉冲方式工作，是目前连续输出功率最大的激光器，如二氧化碳激光器连续输出功率已达数十万瓦。

(4) 转换效率高。目前二氧化碳激光器的电光转换效率已达 25%。

此外，气体激光器还具有结构简单、造价低等优点。因此，气体激光器在农业生产、科学研究、材料加工等领域都有着广泛的应用。

但由于气体的激活粒子密度远小于固体，需要较大体积的工作物质才能获得足够的功率输出，因此气体激光器的体积比较庞大。

气体激光器种类多，谱线丰富。本节仅介绍最常用的几种典型激光器：氦氖(He-Ne)激光器、二氧化碳($CO_2$)激光器和氩离子($Ar^+$)激光器，它们分别是原子、分子和离子气体激光器的典型代表。

## 5.2.1 氦氖激光器

1960 年，成功研制的氦氖(He-Ne)激光器是问世最早的气体激光器。由于它具有结构简单、使用方便、光束质量好、工作可靠和制造容易等优点，至今仍是应用范围最广的一种气体激光器。He-Ne 激光器是最典型的原子气体激光器，其工作物质是氦氖混合气体，发射激光的是氖(Ne)原子，氦(He)为辅助气体。加入 He 气体可用来改善混合气体的放电特性，提高 Ne 原子的能级粒子数反转，即可以提高激光器的输出功率和能量转换效率。

He-Ne 激光器是连续运转的激光器，输出连续光，主要波段在可见光到近红外区，其中最常用的工作波长为 632.8 nm(红光)，其次是 1.15 $\mu$m 和 3.39 $\mu$m。He-Ne 激光器输出光束的质量很高：单色性好($\Delta\nu<20$ Hz)，方向性好($\theta<1$ mrad)，单模输出功率一般为毫瓦量级(0.5 mW～100 mW)。

### 1. 基本结构

He-Ne 激光器最基本的组成结构是激光管和电源两部分。其中，激光管主要由放电管、电极和谐振腔三部分组成。放电管通常由毛细管和储气室构成，用来产生激光。放电管中充入一定比例的 He、Ne 气体，当电极加上高电压后，毛细管中的气体开始放电，使 Ne 原子受激发产生粒子数反转。储气室与毛细管相连，并不发生气体放电，其作用是补偿因慢漏气及管内元件放气或吸附气体造成 He、Ne 气体比例及总气压发生的变化，延长器件的寿命。根据激光器放电管和谐振腔反射镜放置方式的不同，He-Ne 激光器通常有三种结构形式：内腔式、外腔式和半内腔式，如图 5-4 所示。

图 5-4(a)所示为内腔式，两块反射镜直接贴在放电管两端。这种结构的优点是使用中不必进行任何调整，非常方便且腔内损耗小，有利于提高输出功率。但也存在一定的缺点，即：在器件工作过程中，当毛细管受热变形时，谐振腔反射镜会偏离原已校准的状态，引起输出特性劣化，所以内腔式结构中激光管的长度一般不超过 1 m。

图 5-4(b)所示为外腔式，谐振腔反射镜与放电管分离，放电管两端封有布儒斯特窗。外腔式结构的优点是放电管的热变形对谐振腔的影响很小，加之腔镜可调整，可以保证激光器在长期使用中输出稳定，还可获得线偏振光输出，偏振度一般大于 99%。外腔式结构可以很方便地在腔内插入其他光学元件，获得调频、调幅输出。其缺点是腔镜与放电管的相对位置容易改变，使用中需经常加以调整。

图 5－4(c)所示为半内腔式，谐振腔的一个反射镜与放电管固定在一起，放电管的另一端用布儒斯特窗密封，与反射镜分开。它产生的激光也是线偏振光。这种结构的优缺点介于内、外腔式结构之间，适于作特殊要求的小型激光器的结构。

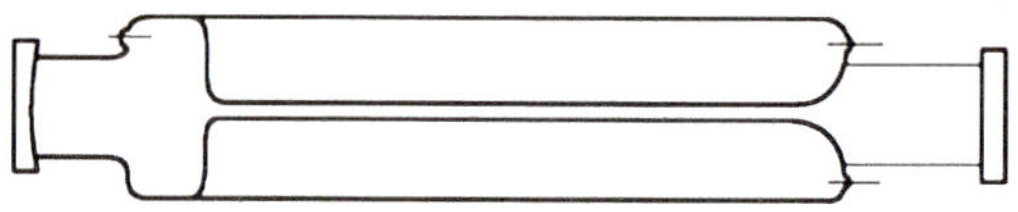

(a) 内腔式

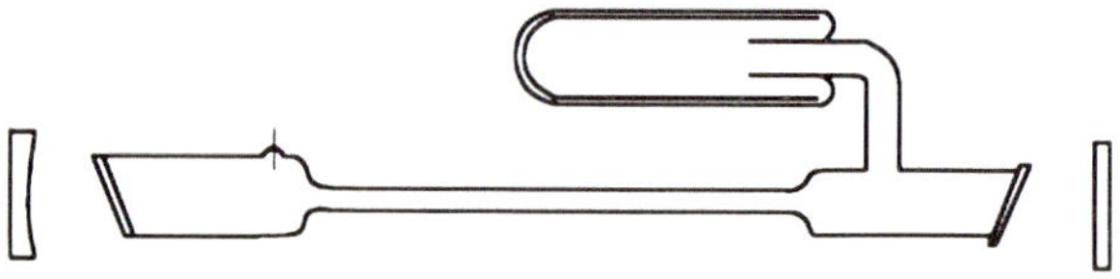

(b) 外腔式

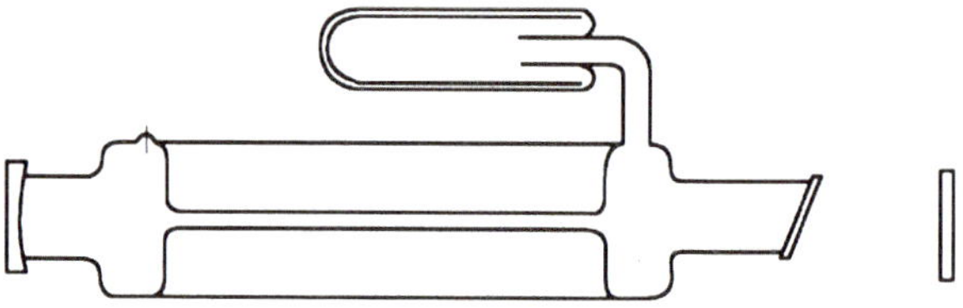

(c) 半内腔式

**图 5－4　He-Ne 激光器的基本结构**

### 2. 发光原理

He-Ne 激光器中的激光跃迁产生于 Ne 原子的不同激发态之间，He 为辅助气体，其作用是提高 Ne 原子的泵浦速率。

与激光跃迁有关的 He 原子和 Ne 原子能级图如图 5－5 所示。He-Ne 激光器中最强的三条激光谱线 3.39 μm、1.15 μm 及 0.6328 μm 分别对应 Ne 的 3S→2P、2S→2P 及 3S→3P 跃迁。下面以这三条激光谱线为例来说明 He-Ne 激光器的工作原理。

在一定放电条件下，阴极发射的电子向阳极运动，并被电场加速；快速运动的电子与基态 He 原子发生非弹性碰撞时，将 He 原子激发到激发态 $2^1S_0$ 和 $2^3S_1$ 而自身减速。$2^1S_0$ 和 $2^3S_1$ 是亚稳态，因而可以积聚大量 He 原子。这两个能级分别接近于 Ne 原子的 3S 和 2S 能级，因此，当激发态 He 原子（$He^*$）和基态 Ne 原子发生非弹性碰撞时，Ne 原子激发到 2S 和 3S 能级，这一过程称为共振转移。共振转移的结果形成 3S→2P、2S→2P、3S→3P 等能级间的粒子数反转，并通过受激辐射跃迁发出波长分别为 0.6328 μm、1.15 μm、3.39 μm 的激光。由图 5－5 可见，这些激光谱线的下能级都在基态之上，所以 He-Ne 激光器属于四能级系统。

由以上分析可知，处于激发态的 He 原子通过共振转移将能量传给基态 Ne 原子，使 Ne 原子到达激光上能级，而 He 原子则回到基态。这种激发方式是 Ne 原子获得粒子数反转的主要激发机制，而 Ne 原子的直接电子碰撞激发只起了很小的作用。

从这三条谱线的跃迁过程可以看到，它们之间有的有共同的上能级，有的有共同的下

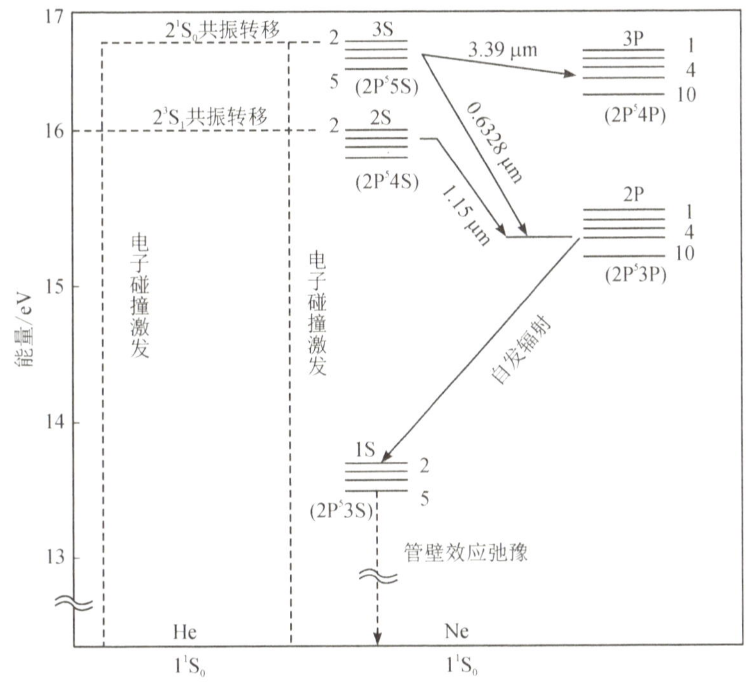


图 5-5 与激光跃迁有关的 He 原子和 Ne 原子能级图

能级。这些有共同能级的谱线之间不是毫无关系的，而是相互影响的，存在着谱线竞争。例如，0.6328 μm 和 3.39 μm 两条激光谱线具有相同的上能级，因此这两条谱线之间存在着强烈的竞争。3.39 μm 谱线的振荡将大量消耗激光上能级的粒子，导致 0.6328 μm 谱线的增益与输出功率下降，甚至振荡被抑制。因此，为获得较强的 0.6328 μm 激光输出，应设法抑制 3.39 μm 谱线的振荡，所遵循的原则是增大 3.39 μm 谱线的损耗或者降低其增益。

### 5.2.2 二氧化碳激光器

二氧化碳($CO_2$)激光器是典型的分子气体激光器，以 $CO_2$ 气体分子作为激光工作物质。

自 1964 年第一台 $CO_2$ 激光器研制成功以来，其发展迅速，主要原因是它具有很多明显的优点：它既能以连续方式工作，又能以脉冲方式工作；输出功率大，连续输出功率超过几十万瓦；脉宽可压缩到纳秒量级，脉冲峰值功率可达太瓦(TW)量级，是所有激光器中连续波长输出功率最高的激光器；能量转换效率高达 20%～25%，是能量利用率最高的激光器之一；其输出波长分布在 9～18 μm 波段，已观察到的激光谱线有 200 多条，其中最主要的激光波长 10.6 μm 正好处于“大气窗口”(即大气吸收较小)，十分适宜于制导、测距、通信上的应用以及用作激光武器；对人眼的危害比可见光和 1.06 μm 红外线要小得多。因此，$CO_2$ 激光器广泛应用于材料加工、通信、雷达、诱发化学反应、外科手术等方面，还可用于激光引发热核反应、激光分离同位素及激光武器等方面。

#### 1. 基本结构

$CO_2$ 激光器有多种结构形式，其激励方式有电激励、热激励和化学能激励，气体状态可以是封离或流动，放电形式有纵向放电和横向放电。纵向放电激励封离型 $CO_2$ 激光器是广泛应用且最成熟的一种结构形式。封离型 $CO_2$ 激光器的基本结构也分为内腔式、半内腔式和外腔式三种。图 5-6 所示为内腔式和半内腔式纵向放电激励封离型 $CO_2$ 激光器的典型结构。

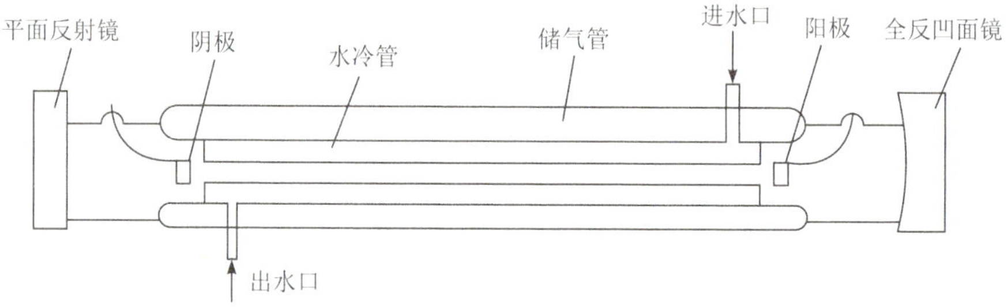


图 5-6 封离型 $CO_2$ 激光器结构示意图

$CO_2$ 激光器的放电管多采用硬质玻璃制成。小型 $CO_2$ 激光器的放电管孔径一般为 4 μm～8 μm，输出功率大的孔径通常在 10 mm 以上。约 1 m 长的放电管内充有 $CO_2$ 气体以及 He、$N_2$ 等辅助气体。当两电极间加直流或低频高压时，管中放电，即有连续功率 40 W～50 W 的激光输出。为防止放电管发热而影响器件的输出功率，需进行水冷，因此放电管外加有水冷管。储气管的作用是增大工作气体的体积，以提高器件的输出功率稳定性和延长器件的使用寿命。储气管与放电管之间通过一根回气管连通，回气管的作用是将放电管的阴极和阳极空间连通，以保证气体分布均匀，压强平衡。

### 2. 发光原理

$CO_2$ 激光器是一种混合气体激光器，$CO_2$ 为激光工作物质，其他气体如 He、$N_2$、CO、Xe、$H_2O$、$H_2$、$O_2$ 等都是辅助气体。其中 $N_2$ 的作用与 He-Ne 激光器中 He 的作用相似，即传递激发能，提高激光上能级的激励效率；其他气体的作用也是为了提高激光器的输出功率和效率。

$CO_2$ 激光器中与激光跃迁有关的能级是由 $CO_2$ 分子和 $N_2$ 分子的基态电子能级的低振动子能级构成的，如图 5-7 所示。$CO_2$ 分子有以下三种基本振动形式。

(1) 对称振动：两个氧原子沿分子轴同时朝向或同时背向碳原子振动，碳原子保持不动。

(2) 弯曲振动：三个原子垂直于分子轴振动，且碳原子的振动方向与两个氧原子相反。

(3) 反对称振动：三个原子沿分子轴振动，碳原子的振动方向与两个氧原子相反。

$N_2$ 分子是双原子分子，只有唯一的一种振动方式，其基态和激发态分别用 $V=0$ 和 $V=1$ 表示，如图 5-7 所示。当 $CO_2$ 激光器进行气体放电时，一部分高速电子直接碰撞 $CO_2$ 分子，使其由基态跃迁到激发态 $00^01$ 上；另一部分高速电子与 $N_2$ 分子碰撞，使其由基态 $V=0$ 激发到高能态 $V=1$ 上。由于 $N_2$ 分子的激发态 $V=1$ 属于亚稳态，其能级与 $CO_2$ 分子的 $00^01$ 能级非常接近，很容易通过共振转移过程将基态 $CO_2$ 分子激励到 $00^01$ 能级上。通过上述两种过程，可有效地实现 $CO_2$ 分子在 $00^01$ 能级上的粒子数积累。另外，激光上能级的寿命约为 1 ms，下能级的寿命只有其 1%，因而很容易引起粒子数反转分布。一旦实现 $00^01$ 与 $10^00$、$02^00$ 之间的粒子数反转，即可通过受激辐射产生激光。

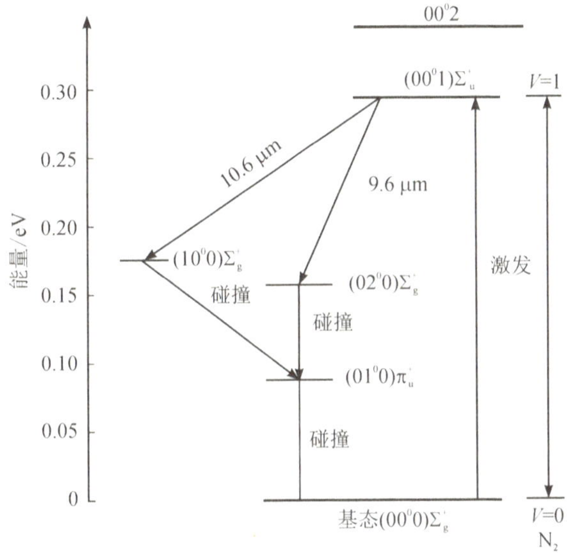


$\Sigma_g^+$—σ 分子轨道中心对称；$\Sigma_u^+$—σ 分子轨道非中心对称；$\pi_u^+$—π 分子轨道非中心对称。

图 5-7 与激光跃迁有关的 $CO_2$ 分子能级图

00°1→10°0 跃迁产生 10.6 μm 波长的激光，00°1→02°0 跃迁产生 9.6 μm 波长的激光。由于以上跃迁具有同一上能级，而且 00°1→10°0 跃迁的概率大得多，所以 $CO_2$ 激光器通常只输出 10.6 μm 的激光，若要得到 9.6 μm 的激光振荡，则必须在谐振腔中放置波长选择元件，以抑制 10.6 μm 的激光振荡。

由以上分析可知，$CO_2$ 激光器属于四能级系统。$CO_2$ 激光器的工作方式有连续和脉冲两种，也可以在稳频、调谐等状态下运转。$CO_2$ 激光器的谐振腔大多采用平凹腔，由于其增益高，也可采用非稳腔以增加其模体积。

### 5.2.3 氩离子激光器

如果激光跃迁发生在气体原子或分子的离子能级之间，则这种激光器称为气体离子激光器。气体离子激光器一般分为惰性气体离子激光器、分子气体离子激光器和金属蒸气离子激光器。

气体离子激光器输出的波长范围很宽，从紫外 235.8 nm 一直到近红外 1.355 μm，已观察到 400 多条谱线，大多数谱线都落在可见光范围。气体离子激光器是目前在可见光波段连续输出功率最高的激光器。

氩离子($Ar^+$)激光器是惰性气体离子激光器的典型代表，它的激光谱线很丰富，主要分布在蓝绿光区，其中以 488 nm 蓝光和 514.5 nm 绿光两条谱线最强。$Ar^+$ 激光器既可以连续工作，又可以以脉冲状态运转，连续输出功率一般为数瓦到数十瓦，最高可达数百瓦，是目前在可见光区连续输出功率最高的气体激光器。它的能量转换效率较低，最高达0.6%，一般只有 $10^{-4}$ 量级。它已广泛应用于全息照相、信息处理、光谱分析以及工业加工等领域。

#### 1. 基本结构

$Ar^+$ 激光器的结构如图 5-8 所示。

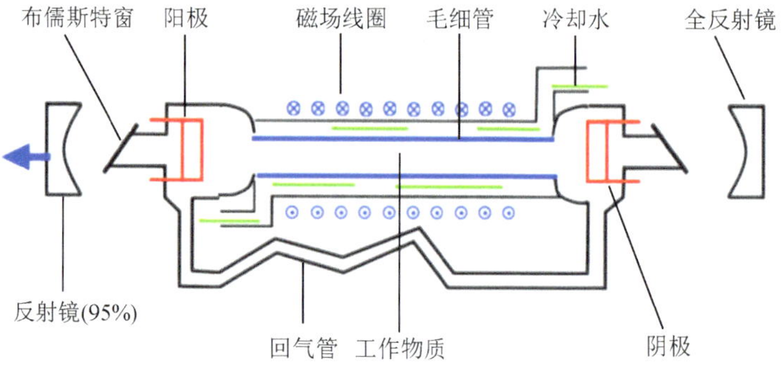


图 5-8 $Ar^+$ 激光器的结构

放电管是 $Ar^+$ 激光器的核心。由于 $Ar^+$ 激光器的工作电流密度高达数百安培每平方厘米，放电管壁温度通常在1000℃以上，所以放电管材料必须要耐高温、散热性好，常用的材料有石英、氧化铍陶瓷和石墨等。阴极和阳极之间的回气管是为了克服气体抽运效应以保证管内气压的均匀分布。为提高 $Ar^+$ 激光器的输出功率和延长使用寿命，一般要加上适当的轴向磁场($10^{-2}$T～$10^{-1}$T)，该磁场是由套在放电管外面的螺旋管产生的，轴向磁场的加入，可使输出功率提高1～2倍。

高功率氩离子激光器的谐振腔腔长约2 m，而风冷型氩离子激光器可以短至1/4 m，连续运转的 $Ar^+$ 激光器一般用稳定腔，多数为外腔式，腔内留有一定的空间以插入需用的附件。$Ar^+$ 激光器谐振腔的反射镜，一般是在玻璃基底上镀多层介质膜，全反射镜的反射率在99.8%以上，小型器件输出镜的透过率为3%～4%，大型器件输出镜的透过率为10%～15%。

## 2. 发光原理

$Ar^+$ 激光器是利用气体放电使放电管内氩离子电离并激发，在离子激发态能级间实现粒子数反转而产生激光的。$Ar^+$ 激光器的激活粒子是 $Ar^+$，与产生激光有关的 $Ar^+$ 能级结构如图5-9所示。

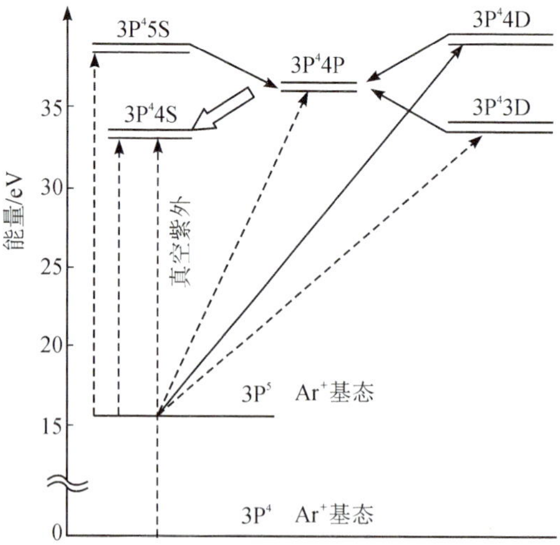


图 5-9 与产生激光有关的 $Ar^+$ 能级结构图

激光上能级为 $3P^4 4P$，激光下能级为 $3P^4 4S$，因为 $Ar^+$ 是由氩原子电离产生的，所以 $Ar^+$ 激光器的激发过程主要包括以下两步：

(1) 气体放电后，放电管中的高速电子与中性氩原子碰撞，从氩原子中打出一个电子，使之电离，形成处在基态 $3P^5$ 上的氩离子；

(2) 该基态 $Ar^+$ 再与高速电子碰撞，被激发到高能态 $3P^4 4P$。

此外，还有气体放电中的高能电子直接将氩原子激发至 $Ar^+$ 的激发态 $3P^4 4P$ 的过程，以及 Ar 原子先被激发到高于 $3P^4 4P$ 的其他高能态，然后通过级联辐射跃迁至 $3P^4 4P$ 能级的级联激发过程。激光下能级 $3P^4 4S$ 的寿命约为 $10^{-8}$ s，使得实现粒子数反转分布成为可能。当激光上、下能级间产生粒子数反转时，即可产生激光。

由于 $3P^4 4P$ 和 $3P^4 4S$ 电子组态均对应若干子能级，所以连续工作的氩离子激光器可产生 9 条蓝绿激光谱线，其中以 488 nm 和 514.5 nm 谱线最强。在谐振腔内插入棱镜等色散元件，可以获得单谱线激光。

$Ar^+$ 激光的多普勒线宽(3500 MHz)约为 He-Ne 激光谱线的两倍。与 He-Ne 激光器比较，对于给定的同一腔长，$Ar^+$ 激光器有更多的纵模，所以其相干性比 He-Ne 激光器差。$Ar^+$ 激光器每条谱线功率(可达 10W)较大，因此，$Ar^+$ 激光器在光谱学的各部门以及作为染料激光器的光源都是不可缺少的，其中 514.5 nm 的绿光已在医学上被用来诊断及治疗癌症。

## 5.3 液体激光器

高功率和高重复率的应用要求，使得固体激光器的发展遇到了以下一些困难和技术瓶颈：

(1) 固体激光器的工作物质在高功率工作条件下容易生成损伤点，并且一旦生成了损伤点，在高功率运行中会迅速扩大，最终导致自身的破坏。这已成为提升激光器运转功率的一个很严峻的瓶颈。

(2) 固体激光器中对工作物质没有较好的冷却方案，无法从根本上克服运行中的发热问题，在很大程度上制约了它的重复使用率、使用范围、运转周期和寿命。

液体激光器可以有效地克服这些缺点。在理论上，因为液体是流动的，所以不存在损伤和因损伤带来的问题，即使出现损伤也可以很快地自行修复；液体的导热性和流动性好，可以避免在高功率运行中产生热效应的影响。因此，液体激光器特别是高功率液体激光器的研究成为当前的一个研究热点。

液体激光器所采用的工作物质主要有两类，一类是有机染料溶液，另一类是含有稀土金属离子的无机化合物溶液。应用比较普遍的是有机染料液体激光器，简称染料激光器。

液体染料激光器的工作物质能带很宽，使得它成为锁模激光器所要求的良好的激活介质。20 世纪 70 年代，人们利用同步泵浦锁模染料激光器获得了皮秒(ps，1 ps$=10^{-12}$ s)量级的激光脉冲；后来，人们利用碰撞锁模染料激光器以及腔外脉冲压缩技术，将激光脉冲宽度压缩到了飞秒(fs，1 fs$=10^{-15}$ s)量级。

目前，已确认可以产生激光发射的染料有 500 种以上，发射波长范围从 300 nm 的紫外到 1200 nm 的红外光区。将单一染料溶入乙醇溶剂中使用，可发射的激光波长是 50 nm～100 nm。典型的染料是称作罗丹明 6G(Rhodamine 6G)的像柿子那样的橙色染料，这种染料多用于着色技术。该染料的激光发射波长是 560 nm～650 nm。

染料激光器的最大特点是输出激光波长在很宽的谱线范围内连续可调，并且特别适于锁模运转，激光脉冲宽度可以很窄(可压缩至飞秒量级)。在固体绿宝石激光器和钛蓝宝石激光器出现之前，染料激光器作为唯一的波长可调谐的超短脉冲激光器应用于物质的光谱学研究。此外，染料激光器的输出功率大，可以与固体激光器比拟，并且其工作物质制备比较容易，价格便宜。因此，染料激光器在光化学、光生物学、光谱学、同位素分离、全息照相和光通信等领域获得了广泛的应用。

## 5.3.1 染料激光器的泵浦方式与基本结构

根据染料分子光辐射的特殊性，染料激光器采用光泵浦。染料激光器按泵浦光源可分为两类，一类是激光泵浦，另一类是闪光灯泵浦。激光泵浦又有脉冲激光泵浦和连续激光泵浦两种。无论是哪种染料激光器，泵浦的方式主要有两种：一种是纵向泵浦，即泵浦的激光束与激光器的谐振腔轴线几乎平行；另一种是横向泵浦，即泵浦的激光束与激光器方向垂直。这两种方式下的泵浦区的直径最大都不超过 1 mm，染料盒沿谐振腔轴线方向的长度不超过 1 cm，因此可使染料高速循环工作。

染料激光器有多种结构，但基本上是由染料盒、抽运系统、谐振腔和调谐装置构成的。染料激光器与其他激光器相比，其突出特点是激光波长可调谐。为了限制发射的谱线线宽，实现波长可调谐，通常在谐振腔中放入棱镜、衍射光栅、双折射滤光片等波长选择器件。特别是用于激光同位素分离、精密分光仪等的窄带谱线，除添加衍射光栅外，还在谐振腔中插入标准具。

采用双折射滤光片调谐是目前染料激光器广泛采用的调谐方法，国内外采用 $Ar^+$ 激光器或 YAG 倍频激光器泵浦的染料激光器都使用这种调谐方法。图 5-10 是一台典型染料激光器示意图，图中采用的调谐器件是双折射滤光片和标准具。

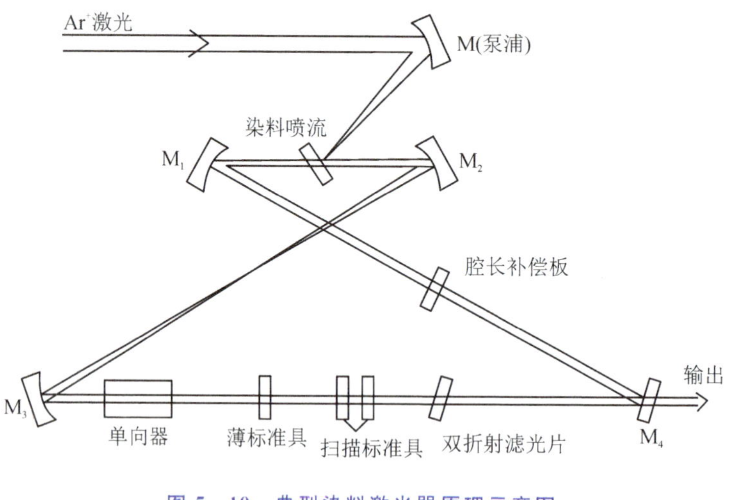


图 5-10 典型染料激光器原理示意图

由于染料属于均匀加宽工作物质，插入了隔离器的环形谐振腔使腔内激光成为行波，从而消除了空间烧孔效应，因此这种激光器可以获得单纵模输出。由双折射滤光片进行波长粗调，标准具进行细调，从而保证了波长的精细调谐。

## 5.3.2　染料激光器的工作原理

染料是指含有共轭双键的有机化合物。有机化合物即碳和氢的化合物及其衍生物，如果有机化合物中的两个双键被一个单键隔开，则称这两个双键为共轭键。这种含有共轭双键的有机化合物在光谱的可见光及其临近的近紫外和近红外区域对光具有明显的吸收现象，因此它适于作为激光工作物质。

染料分子的能级分布主要由共轭键中 π 电子(自由电子)的可能状态决定，其与激光的产生有关的能级图如图 5－11 所示。染料分子通常由几十个原子组成，其能级结构比气体、固体工作物质的能级结构复杂得多。染料分子的运动包括电子运动、组成染料的原子间的相对振动和整个染料分子的转动，所以每个电子态都有一组振动-转动能级，又由于分子碰撞和静电扰动，振动-转动能级被展宽。因此，染料分子能级为图 5－11 所示的准连续态能级结构。

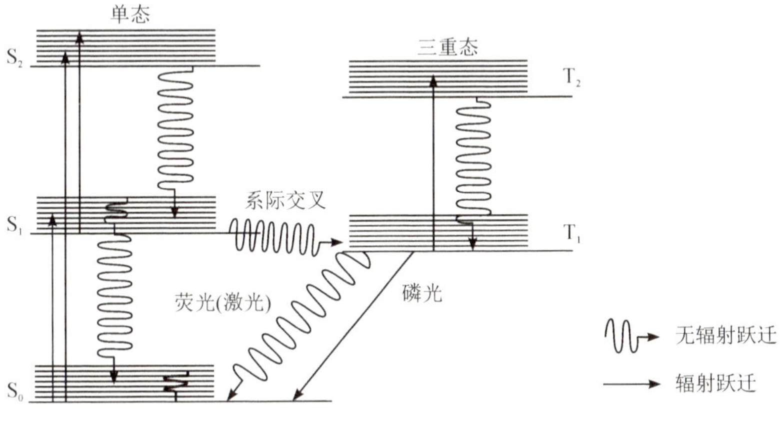


图 5－11　染料分子的能级图

染料分子的电子态按照电子自旋的状态分为单态和三重态，分别用 S 和 T 表示。如图 5－11 中，$S_0$、$S_1$、$S_2$ 为单态，$T_1$、$T_2$ 为三重态，其中 $S_0$ 为基态，其余为激发态，三重态的最低能级位于基态 $S_0$ 以上约 $15\times10^5\,m^{-1}$。根据电偶极辐射跃迁选择定则，辐射跃迁主要发生在单态之间或三重态之间，而 S 态和 T 态之间的跃迁是禁戒的跃迁。

染料分子吸收了泵浦光能量由基态 $S_0$ 跃迁到 $S_1$ 的某一振动-转动能级，分子在这一能级上的寿命很短($10^{-11}\sim10^{-12}$ s)，在和溶剂分子频繁的碰撞中迅速地将能量传递给溶剂分子，并无辐射跃迁至 $S_1$ 的最低振动-转动能级，该能级的寿命为 $10^{-9}$ s，分子从这个能级通过自发辐射跃迁到 $S_0$ 态的任意振动-转动能级而产生荧光。跃迁至 $S_0$ 的较高振转能级的染料分子迅速通过无辐射跃迁过程返回 $S_0$ 的最低能级。由以上过程可知，在 $S_1$ 的最低振动-转动能级和 $S_0$ 的较高振动-转动能级间极易形成粒子数反转分布状态。由于 $S_0$ 和 $S_1$ 都是准连续带，吸收谱和荧光发射谱都是连续的，所以染料激光器有很宽的调谐范围。

染料激光器是一种四能级系统，由于 $S_0$ 的较高振动-转动能级在室温时的粒子数趋近于零，很容易实现粒子数反转，因此染料激光器的阈值很低。图 5-12 所示的吸收-荧光光谱图表明了这种情况，这是由于染料分子从 $S_1$ 的较高振动-转动能级跃迁到最低振动-转动能级时要放出部分能量。

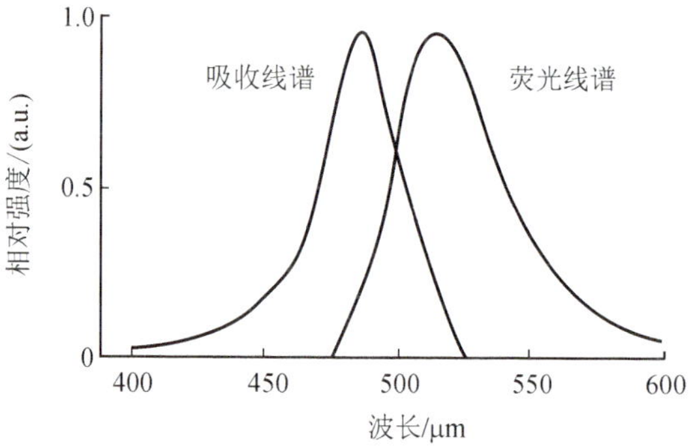


图 5-12　典型染料(罗丹明 6G)的 $S_1 \rightarrow S_0$ 的吸收-荧光光谱图

需要指出的是，虽然 S 态和 T 态之间的跃迁为禁戒跃迁，但处于 $S_1$ 的受激分子由于与其他分子碰撞，有可能导致电子自旋的倒转，从而出现从 $S_1$ 向 $T_1$ 的跃迁(这一过程称为无辐射的“系际交叉”)。由于 $T_1$ 向 $S_0$ 的跃迁也是禁戒跃迁，主要靠分子碰撞来实现，所以 $T_1$ 态有较长的寿命($10^{-3} \sim 10^{-7}$ s)，因此在 $T_1$ 上可以积聚大量的粒子，这对激光的形成会起到破坏作用：一方面 $T_1$ 夺走了部分处于 $S_1$ 态的粒子，使 $S_1 \rightarrow S_0$ 跃迁的反转粒子数大量减少；另一方面 $T_1$ 的寿命较长，故在 $T_1$ 上能积累大量粒子数，$T_1 \rightarrow T_2$ 会产生受激吸收。更为严重的是 $T_1 \rightarrow T_2$ 的吸收带中的某些波长恰好与 $S_1 \rightarrow S_0$ 跃迁的荧光带重叠，从而降低了荧光效率，导致荧光猝灭。所以，系际交叉的存在对产生激光是十分不利的，必须设法消除。通常采用的消除方法是在染料中加入三重态猝灭剂，以缩短 $T_1$ 的寿命。由于系际交叉速度比 $S_1 \rightarrow S_0$ 的激光跃迁慢一个数量级，因此，还可以采用短脉冲泵浦光源，使染料分子在 $T_1$ 态积聚之前就完成激光振荡。

## 5.4　半导体激光器

随着信息化社会的到来，高速率信息流的载入、传输、交换、处理及存储成为技术的关键，半导体光电子技术是这些核心技术的支柱之一，而半导体光电子器件，特别是半导体激光器更是半导体光电子技术的“心脏”。半导体激光器又称为激光二极管(Laser Diode，LD)，是指以半导体材料为工作物质的一类激光器。

半导体激光器的突出优点有：

(1) 低功率、低电流(一般电压为 2 V 时，电流为 15 mA)，可由传统的晶体管电路直接驱动。

(2) 可用高达几吉赫兹的频率直接进行电流调制，以获得高速调制的激光输出。

(3) 转换效率高。半导体激光器是直接的电子-光子转换器，因而它的转换效率很高。理论上，半导体激光器的内量子效率可接近 100%。实际上，由于存在某些非辐射复合损失，其内量子效率要低很多，但仍可达到 70%。

(4) 覆盖的波段范围最广。通过选用不同的半导体激光器有源材料或改变多元化合物半导体各组元的组分，可得到范围很广的激光波长，以满足不同的需要。

(5) 在输出光束大小上与典型的硅基光纤相容，能调节输出光束的波长使其工作在这类光纤的低损耗、低色散区域。

(6) 半导体激光器的工作电压和电流与集成电路兼容，因而可以与之单片集成，形成集成光电子电路。

(7) 半导体激光器基于半导体制造技术，适用于大批量生产。

(8) 半导体激光器的使用寿命很长，目前用于光纤通信的半导体激光器，其工作寿命可达数十万乃至百万小时。

(9) 半导体激光器的体积小，容易组装进其他设备中，质量小，价格便宜。

半导体激光器的主要缺点是激光束发散角比较大，平行 PN 结方向的发散角为几度到十几度，垂直 PN 结方向的发散角为十几度到二十度(锁相阵列器件的发散角可以减小到 1°)。

最早使用的半导体激光器，其激光波长为 0.83 μm～0.85 μm。这对应于光纤损耗谱的第一个窗口，多模光纤的损耗可低于 2 dB/km。围绕着提高光纤通信的容量，在 20 世纪 70 年代末期，研究人员在 1.3 μm 波长处得到了损耗更小(0.4 dB/km)、色散系数接近于零的单模光纤。早在 20 世纪 60 年代后期，人们开始研究的长波长(1.3 μm)InGaAsP/InP 激光器，也随着单模光纤的开发而进入实用系统。激光波长为 1.55 μm 的半导体激光器也很快达到实用化。

发展可见光($\lambda<0.78$ μm)半导体激光器的动力来自光盘、光复印和光信息技术的发展。因为晶片上的存储容量反比于激光波长，为提高信息存取密度，需使用波长尽可能短的激光源。最早使用的是波长 $\lambda=632.8$ nm 的氦氖激光器，但因其体积大和寿命有限，故 1982 年上市的 CD 唱机采用了波长为 780 nm 的半导体激光器。

近年来，波长更短(如 $\lambda=630$ nm)的半导体激光器已成商品。体积小、价格低和寿命长的半导体激光器在光信息存储与处理上占据了大部分市场。

### 5.4.1 半导体的能带结构和电子状态

#### 1. 能带的基本概念

半导体是由一种(或几种)原子周期性规则排列而成的晶体材料。最常用的半导体激光材料 GaAs 的晶格结构为金刚石结构，其中每个原子都位于由 4 个最邻近的相同原子所构成的四面体的中心。晶体中形成原子按一定周期排列的结合力称为“共价键”。

孤立的原子可以处在一系列不同的运动状态中，这些不同的运动状态对应原子的不同能级。当大量的孤立原子彼此靠得很近时，原子之间有相互作用，致使原子的每个能级(主要是与外层电子相应的能级)分裂为能量稍有不同的若干能级。如果是一个具有 $N$ 个粒子相互作用的晶体，则每一个原子的能级将分裂为能量差异很小($10^{-22}$ eV 数量级)的 $N$ 个能级。$N$ 值通常很大，这 $N$ 个能级彼此非常靠近，形成一个能量上准连续的能带，称为允许带，简称允带。孤立原子中的每个能级在固体中变成一个能带，如图 5-13 所示。不同原子能级所形成的允带之间是禁止能带，简称禁带。

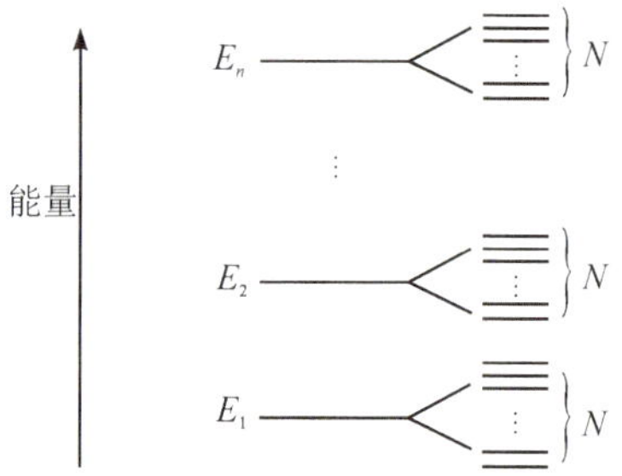


图 5-13　固体的能带

由 $N$ 个原子形成的固体，每个能带包含 $N$ 个能级。根据泡利(Pauli)不相容原理，每个原子能级上能够容纳自旋方向相反的两个电子，因此，由 $N$ 个原子能级组成的能带中能容纳 $2N$ 个电子。然而，由于存在"轨道杂化"(波函数组合)，实际情况并非如此简单。以两种重要的半导体材料 Si 和 Ge 为例，每个原子有 4 个价电子，在原子状态中 S 态和 P 态各 2 个。在晶体状态中应产生两个能带：一个与 S 态对应，包含 $N$ 个状态；另一个与三重 P 态对应，包含 $3N$ 个状态。但由轨道杂化重新组合的两个能带中各含 $2N$ 个状态，较低的一个正好容纳 $4N$ 个价电子，称为价带。在绝对零度下，价带全为电子所占据，故又称为满带。价带之上的允带在绝对零度下因不存在电子而为空带，也称为导带。价带与导带之间不允许电子存在，即为禁带。

禁带宽度用 $E_g$ 表示，它是决定晶体性质的一个很重要的参量。一般来说，$E_g>2$ eV 的晶体呈现绝缘体性质；$E_g\approx 0$ 的晶体呈现金属性质；$0<E_g<2$ eV 的晶体具有半导体性质。$E_g$ 也是决定半导体激光器激光波长等性质的重要参数。

本征(纯净)半导体材料，如单晶硅(Si)、锗(Ge)等，在热力学温度为零度的理想状态下，能带由一个充满电子的价带和一个完全没有电子的导带组成，二者之间是禁带，如图5-14 所示。这时半导体是一个不导电的绝缘体。随着温度的升高，由于电子的热运动，总有少数电子的热运动能量大于禁带宽度($E_g$)，这部分电子可以由价带激发到导带中，成为在导带底的自由电子。同时，价带顶少了一个电子就产生一个空穴，相当于一个与电子电量相等的正电荷。因为导带中的电子与价带中的空穴在外电场作用下产生定向运动而导电，故电子与空穴统称为载流子。

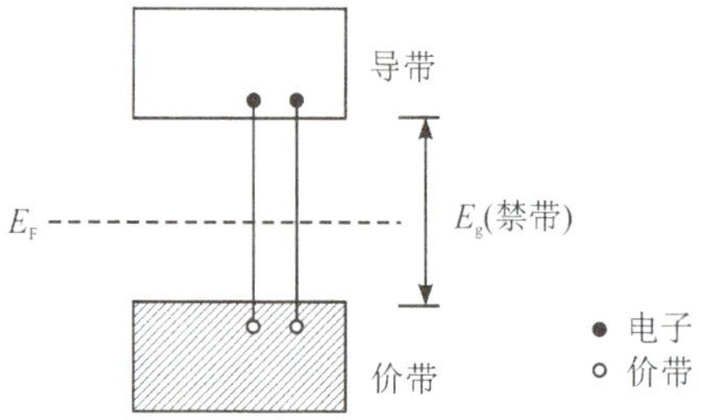


图 5-14　本征半导体的能带

## 2. 半导体中的电子状态

用量子力学确定孤立原子的电子能量和运动状态是通过求解薛定谔方程实现的。然而，由于固体中所含原子数量极大，对每个电子求解薛定谔方程是不可能的，只能采取某种近似的方法。下面利用建立在单原子基础上的能带论来对单个电子求解薛定谔方程。

$$\nabla^2\psi(r)+\frac{2m}{\hbar^2}[E-V(r)]\psi(r)=0 \tag{5-1}$$

式中，$E$ 为总能量；$\hbar=\dfrac{h}{2\pi}$，$h$ 为普朗克常量；$\psi(r)$为波函数；$\nabla$为 Laplace 算符；$V(r)$为势

能函数，即叠加在原子实周期势场上的等效平均场。

为简单起见，考虑一维的情形，式(5-1)可表示为

$$\frac{\mathrm{d}^2\psi(x)}{\mathrm{d}x^2}+\frac{8\pi^2 m}{\hbar^2}[E-V(x)]\psi(x)=0 \tag{5-2}$$

设势场的周期为晶格常数 $a$，即

$$V(x)=V(x+na) \tag{5-3}$$

其中，$n$ 为整数。

对于满足式(5-2)的波函数 $\psi(x)$，$\psi(x+a)$必为与 $\psi(x)$属于同一能量本征值的波函数，即二者只能相差一个模为 1 的相因子。若将 $\psi(x)$写成

$$\psi(x)=u_k(x)\mathrm{e}^{ikx} \tag{5-4}$$

式中，$k$ 为波矢，$\mathrm{e}^{ikx}$ 表示平面波，则容易证明 $u_k(x)$也为以 $a$ 为周期的函数，即

$$u_k(x+a)=u_k(x) \tag{5-5}$$

与其相应的能量本征值可表示为

$$E=\frac{\hbar^2 k^2}{2m_\mathrm{e}}+V \tag{5-6}$$

电子动能为

$$E_\mathrm{k}=\frac{\hbar^2 k^2}{2m_\mathrm{e}} \tag{5-7}$$

式中，$m_\mathrm{e}$ 为自由电子质量。

在波矢 $k$ 足够小的范围内，可将 $E_\mathrm{k}$ 展开为麦克劳林级数，且只保留前两项，得到

$$E_\mathrm{k}=E_0+\frac{\hbar^2 k^2}{2m_\mathrm{eff}} \tag{5-8}$$

式中，$m_\mathrm{eff}$ 为电子的有效质量。与 $m_\mathrm{e}$ 不同的是，$m_\mathrm{eff}$ 既可取正值，也可取负值。

式(5-8)表明，在 $k=0$ 附近，$E_\mathrm{k}$ 按抛物线规律随 $k$ 变化，抛物线的开口方向由 $m_\mathrm{eff}$ 的符号决定。当 $m_\mathrm{eff}>0$ 时，开口向上，相应的能带为导带，式(5-8)变为

$$E_\mathrm{ck}=E_\mathrm{c0}+\frac{\hbar^2 k^2}{2m_\mathrm{c}},\ m_\mathrm{c}>0 \tag{5-9}$$

式中，$m_\mathrm{c}$ 为导带中电子的有效质量。

当 $m_\mathrm{eff}<0$ 时，开口向下，相应的能带为价带，$E$ 与 $k$ 的关系为

$$E_\mathrm{vk}=E_\mathrm{v0}+\frac{\hbar^2 k^2}{2m_\mathrm{v}},\ m_\mathrm{v}<0 \tag{5-10}$$

式中，$m_\mathrm{v}$ 为价带中电子(或空穴)的有效质量。

电子与空穴的有效质量不同于自由电子质量 $m_\mathrm{e}$，它们取决于所在能带极值处的曲率。一般情况下，导带中电子的有效质量比价带中空穴的有效质量要小一个数量级。例如，对于 GaAs，$m_\mathrm{v}=0.4m_\mathrm{e}$，$m_\mathrm{c}=0.067m_\mathrm{e}$。

对于同一波矢 $k$，从导带底算起的导带中电子态的能量 $E_\mathrm{c}$ 和从价带顶算起的价带中相应的电子态的能量 $E_\mathrm{v}$ 分别为

$$E_\mathrm{c}=\frac{\hbar^2 k^2}{2m_\mathrm{c}} \tag{5-11}$$

$$E_v = \frac{\hbar^2 k^2}{2m_v} \tag{5-12}$$

由此可见，对于同一波矢 $k$，可以是电子在导带中占据能级 $E_c$，也可以是电子在价带中占据能级 $E_v$。

### 5.4.2 PN 结

由同一基体材料制成的 P 型半导体和 N 型半导体，虽然禁带宽度相同，但它们的费米能级并不在同一水平上。在重掺杂的 N 型半导体中，费米能级高于导带底；在重掺杂的 P 型半导体中，费米能级低于价带顶。当把二者制作在一起时，在 P 型与 N 型连接处形成一个 PN 结。如果两种材料为同一种衬底中分别掺以施主或受主杂质，则形成的 PN 结称为同质结；如果两种材料的衬底不同，则得到异质结。

未加电场时，由于 N 区和 P 区的费米能级不等，引起 N 区电子向 P 区扩散，直到两区的费米能级相同为止，这样会造成能带的弯曲，形成"空间电荷场"，如图 5-15 所示。这时 P 区的能带相对 N 区整体提高了 $E_{NF}-E_{PF}$，构成一个势垒(称为"自建场")，阻挡电子继续扩散。这时在 P 区和 N 区分别出现 P 型简并区和 N 型简并区，P 区的价带顶充满了空穴，而 N 区的导带底则充满了电子。

PN 结两端加上一个差不多与禁带宽度相等的正向电压 $V$ 时，外电场部分抵消自建场的作用，使 PN 结的势垒下降，N 区的费米能级相对于 P 区升高了 $eV$($e$ 为电子电荷，$V$ 为正向电压)。由于外加正向电压破坏了原来的平衡，因此有正向电流流过 PN 结(即从 N 区向 P 区注入电子，从 P 区向 N 区注入空穴，最终形成正向电流)，这种现象称为"载流子注入"。

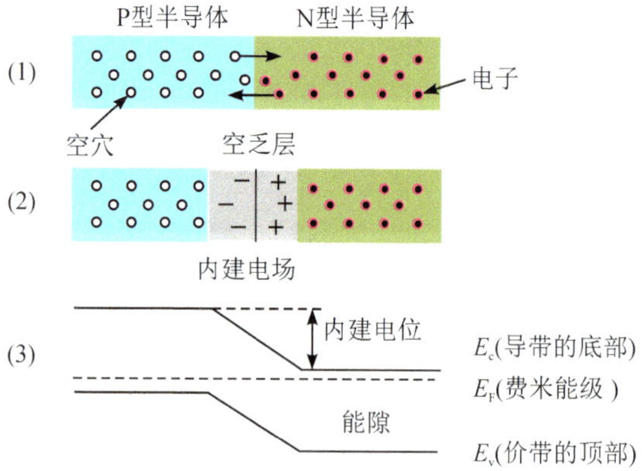


图 5-15 PN 结的能级图

在这种非平衡状态下，PN 结区附近统一的费米能级不复存在。这时在半导体中 PN 结区存在两个费米能级，形成双简并能带结构。价带中电子占有情况类似 P 型简并区，导带中类似 N 型简并区，这两个费米能级分别以 $E_F^+$、$E_F^-$ 表示。如图 5-16 所示，在 P 区的 $E_F^+$ 就是 $E_F$，在 N 区的 $E_F^-$ 也就是 $E_F$，而在 PN 结区 $E_F^+$ 与 $E_F^-$ 分别是倾斜的，这表示电子与空穴在 PN 结区不是均匀分布的。这样，在 PN 结区的一个很薄的作用区内同时有大量导带电子和价带空穴。

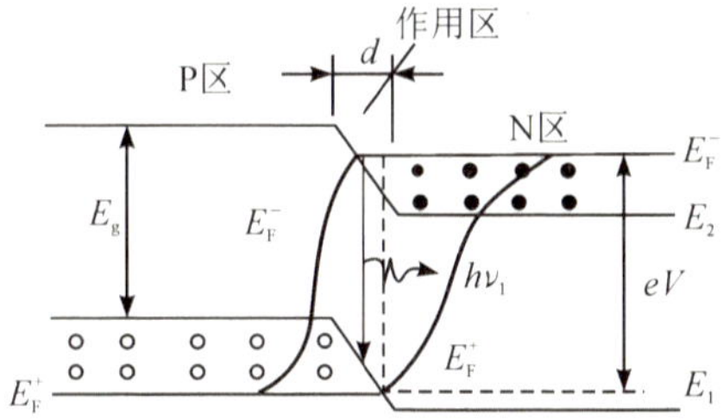


图 5-16 PN 结加正向电压时形成的双简并能带结构

频率为 $\nu$ 的光波通过半导体时，半导体受光波的影响，只能使电子向没有被电子占据的空态跃迁。如果半导体中只有一个费米能级，在它之上没有电子，在它之下已充满电子，则不会发生电子向没有被电子占据的空态跃迁，而只会将外来光子吸收。但在 PN 结区，两个费米能级使得导带中有自由电子，价带中有空穴。如果外来光子的能量与上能带中电子和下能带中空穴之间的能量差相同(即满足式 $E_F^- - E_F^+ > h\nu > E_g$)，则会诱导导带中电子向价带中空穴跃迁而发出一个与外来光子同样的光子，从而使得这种频率的光被放大。因此，在半导体中存在双简并能带是产生光放大的必要条件。

## 5.4.3 半导体激光器的工作原理

半导体激光器形成激光的必要条件与其他激光器相同，也须满足粒子数反转、谐振、阈值增益等条件。半导体中的电子与光子间的相互作用也有三个基本过程，即受激吸收跃迁、自发辐射跃迁和受激辐射跃迁，但这三类跃迁发生在半导体材料导带中的电子态和价带中的空穴之间，而不像原子、分子、离子激光器那样发生在两个确定的能级之间。半导体激光器的激光振荡模式与开放式光学谐振腔的振荡模式有很大的差别，半导体激光器的光学谐振腔是介质波导腔，其振荡模式是介质波导模。

### 1. 电子在半导体能带之间的跃迁

光子与半导体内部电子(或空穴)的相互作用主要表现为三个物理过程：自发辐射跃迁、受激吸收跃迁、受激辐射跃迁。下面首先讨论影响三种跃迁速率的因素。

(1) 跃迁初态电子占据的概率与跃迁终态电子空缺的概率。电子在半导体能带之间的跃迁始于电子的占有态，终于电子的空态。因此，跃迁速率正比于与跃迁有关的初态电子占据的概率和终态未被电子占据的概率。

(2) 电子态密度。半导体中的电子跃迁不是发生在孤立的两个能级之间，因此对于某一特定能量的光子可以使半导体能带中一定能量范围内的电子跃迁。即使对单色光，由量子力学测不准原理可知，光子与电子相互作用时间越短，跃迁所涉及的能量范围就越宽。因此，有必要考虑单位能量间隔中参与跃迁的电子态密度。

电子在某一能带中的态密度取决于电子在该能带的有效质量和在能带中的能量，它是依能量从低至高而分布的。导带和价带的电子态密度分别表示为

$$\rho_c = \frac{m_c(2m_cE_c)^{\frac{1}{2}}}{\pi^2\hbar^3} \tag{5-13}$$

$$\rho_v = \frac{m_v[2m_v(-E_g - E_v)]^{\frac{1}{2}}}{\pi^2\hbar^3} \tag{5-14}$$

这里需要注意的是，空穴是电子的空缺，因此价带的态密度仍可合理地称为电子态密度。

(3) 光子能量密度。半导体激光器的工作原理是基于光子与电子的相互作用，因此，跃迁速率还应该正比于激励该过程的入射光子密度。单位体积、单位频率间隔内的光子能量密度为

$$\rho(h\nu)=\frac{8\pi n_R^3 h\nu^3}{c^3}\cdot\frac{1+\left(\frac{\nu}{n_R}\right)\left(\frac{\mathrm{d}n_R}{\mathrm{d}\nu}\right)}{\mathrm{e}^{\frac{h\nu}{kT}}-1} \tag{5-15}$$

式中，$h\nu$ 为光子能量；$\nu$ 为光波频率；$n_R$ 为材料折射率。

(4) 跃迁概率。跃迁概率包括受激吸收跃迁概率 $B_{12}$、受激辐射跃迁概率 $B_{21}$、自发辐射跃迁概率 $A_{12}$，这些参数是决定半导体材料吸收系数和增益的基本参量，下面分别进行介绍。

① 自发辐射跃迁：导带内能量为 $E_2$ 的电子向价带内一个能量为 $E_1=E_2-h\nu$ 的状态发生合跃迁，辐射光子，这种过程属于自发辐射跃迁，它产生非相干光。单位体积、单位能量间隔内自发辐射跃迁速率为

$$r_{21}(\mathrm{sp})=A_{21}f_{\mathrm{c}}(E_2)\rho_{\mathrm{c}}\rho_{\mathrm{v}}[1-f_{\mathrm{v}}(E_1)] \tag{5-16}$$

总的自发辐射速率为

$$R_{\mathrm{sp}}=-\left(\frac{\mathrm{d}n_2}{\mathrm{d}t}\right)_{\mathrm{sp}}=r_{21}(\mathrm{sp})n_2 \tag{5-17}$$

式中，$n_2$ 为处于高能级 $E_2$ 的电子数。

② 受激吸收跃迁：在未加电场的平衡状态下，导带中的电子数远小于价带中的电子数，此时半导体对光子表现为显著的受激吸收。电子在能量为 $h\nu$ 的光子作用下吸收其能量并由价带中的 $E_1$ 能级跃迁到导带中的 $E_2$ 能级。单位体积、单位能量间隔内受激吸收跃迁速率为

$$r_{12}(\mathrm{st})=B_{12}f_{\mathrm{v}}(E_1)\rho_{\mathrm{v}}\rho_{\mathrm{c}}[1-f_{\mathrm{c}}(E_2)]\rho(h\nu) \tag{5-18}$$

③ 受激辐射跃迁：电子在能量为 $h\nu$ 的光子作用下由导带能级 $E_2$ 跃迁到价带能级 $E_1=E_2-h\nu$ 上，同时发出能量为 $h\nu$ 的光子，这个过程为受激辐射跃迁，其辐射光与激发光子属于同一模式。单位体积、单位能量间隔内受激辐射跃迁速率为

$$r_{21}(\mathrm{st})=B_{21}f_{\mathrm{c}}(E_2)\rho_{\mathrm{c}}\rho_{\mathrm{v}}[1-f_{\mathrm{v}}(E_1)]\rho(h\nu) \tag{5-19}$$

### 2. 半导体激光器的粒子数反转条件

在半导体有源介质中，实现粒子数反转分布的条件是由伯纳德和杜拉福格在 1961 年推导出来的，因此称为伯纳德-杜拉福格条件。

由爱因斯坦关系，有 $B_{12}=B_{21}$，如果忽略半导体激光器中本来就很小的自发辐射跃迁速率，要得到净的受激辐射光放大，必须有

$$r_{\mathrm{net}}(\mathrm{st})=r_{21}(\mathrm{st})-r_{12}(\mathrm{st})>0 \tag{5-20}$$

式中，$r_{\mathrm{net}}(\mathrm{st})$为净受激辐射跃迁速率。

将式(5-18)和式(5-19)代入式(5-20)，则有

$$f_{\mathrm{c}}(E_2)>f_{\mathrm{v}}(E_1) \tag{5-21}$$

由式(5-21)可知，半导体激光器的粒子数反转分布的条件是：在结区导带底(即上能

级)被电子占据的概率大于价带顶(即下能级)被电子占据的概率。

考虑激光器工作在连续发光的动平衡状态，非平衡载流子的寿命足够长，在作用区，导带底电子的占据概率可用 N 区的准费米能级来计算，即

$$f_c(E_2)=\frac{1}{e^{\frac{E_2-E_F^-}{kT}}+1} \tag{5-22}$$

价带顶电子的占据概率可用 P 区的准费米能级来计算，即

$$f_v(E_1)=\frac{1}{e^{\frac{E_1-E_F^+}{kT}}+1} \tag{5-23}$$

将式(5-22)和式(5-23)代入式(5-21)，并化简可得

$$E_F^- - E_F^+ > E_2 - E_1 \geqslant E_g \tag{5-24}$$

需要注意的是，考虑到带间跃迁的受激辐射，需满足 $h\nu \geqslant E_g$。由此可见，在半导体 PN 结中，实现导带底和价带顶电子数密度反转分布的条件是 N 区(电子)与 P 区(空穴)的准费米能级之差大于禁带宽度，即电子和空穴的准费米能级分别进入导带和价带。只有在 PN 结两边的 N 区和 P 区高掺杂才能做到，这同时也是半导体激光器和一般半导体器件的区别所在。双异质结半导体激光器可以利用异质结势垒很好地将注入的载流子限制在有源区中而得到高的非平衡电子浓度，无须高掺杂就可满足式(5-24)。

在 PN 结上加适当大的正向电压 $V$，使 $eV \approx E_F^- - E_F^+ > E_g$ 时，在 PN 结的作用区即可实现粒子数反转分布。若能量 $h\nu = E_2 - E_1$ 满足式(5-24)的光子通过作用区，就可实现光的受激辐射放大。

### 3. 阈值条件

除了粒子数反转分布之外，激光器产生激光的前提条件还需要满足阈值条件，即必须使增益系数大于阈值。与其他激光器一样，半导体二极管激光器也包含一个光学谐振腔和有源介质。当光在腔中传播时，除受激辐射过程对光的增益外，还会经历各种损耗。只有当增益大于所要克服的损耗时，光才能被放大或维持振荡。

由激光器增益和损耗决定的阈值增益可表示为

$$G_{th} = \alpha_i + \alpha_{out} \tag{5-25}$$

式中，$G_{th}$ 为阈值增益；$\alpha_i$ 为内部损耗因子，主要包括衍射、自由载流子等引起的非本征吸收各种半导体激光器谐振腔的内部损耗；$\alpha_{out}$ 是激光器的输出损耗因子，是由端面部分反射系数 $R_1$、$R_2$ 所引起的损耗，即 $\alpha_{out}=\frac{1}{2L}\ln\frac{1}{R_1R_2}$。

长度为 $L$ 的腔，初始强度为 $I_0$ 的光在腔内一次往返后，强度变为

$$I = I_0 R_1 R_2 e^{(G-\alpha_i)2L} \tag{5-26}$$

由此可得，阈值增益为

$$G_{th} = \alpha_i + \frac{1}{2L}\ln\frac{1}{R_1R_2} \tag{5-27}$$

半导体和空气界面处的功率反射系数 $R$ 为

$$R = \left(\frac{n_R - 1}{n_R + 1}\right)^2 \tag{5-28}$$

如果谐振腔两个镜面的功率反射系数等于上述界面处的反射系数 $R$，即 $R_1=R_2=R$，则式(5-27)可写为

$$G_{th}=\alpha_i+\frac{1}{L}\ln\frac{1}{R} \tag{5-29}$$

由式(5-29)可知，当激光器达到阈值时，光子从每单位长度介质所获得的增益必须足以抵消由于介质对光子的吸收、散射等内部损耗和从腔端面的激光输出等引起的损耗。显然，尽量减少光子在介质内部的损耗，适当增加增益介质的长度和对非输出腔面镀以高反射膜，都能降低激光器的阈值增益。

除阈值增益外，激光器在阈值点所对应的其他参数(如注入电流、注入载流子浓度等)均作为阈值条件。前面讨论了在半导体中实现粒子数反转，使其成为增益介质的条件，但是，半导体作用区的粒子数反转值通常难以确定，而粒子数反转通常是依靠外加注入电流来实现的，因此增益系数是随注入的工作电流 $I$ 变化的，阈值振荡条件也常用电流密度表示，即

$$J_{th}=\left(\frac{G_{th}}{\beta}+J_0\right)\frac{d}{\eta_i} \tag{5-30}$$

式中，$d$ 为电流方向有源区厚度；$\eta_i$ 为辐射复合速率与总复合速率之比，称为内量子效率；$\beta$ 和 $J_0$ 是随温度变化的两个参量。

表 5-1 给出了本征 GaAs 在不同温度下的 $\beta$ 和 $J_0$。

表 5-1 本征 GaAs 在不同温度下的 $\beta$ 和 $J_0$

| $T$/K | 80 | 160 | 250 | 300 | 350 | 400 |
|---|---|---|---|---|---|---|
| $\beta$/(cm · $A^{-1}$) | 0.160 | 0.080 | 0.057 | 0.044 | 0.039 | 0.036 |
| $J_0$/(A · $cm^{-2}$ · $\mu m^{-1}$) | 600 | 1600 | 3200 | 4100 | 5200 | 6200 |

## 5.5 新型激光器

前面介绍的固体、气体及染料激光器，都是发展得比较早且较为成熟的激光器。除此之外，还有一些新发展起来的、且有较好应用前景的激光器，如准分子激光器、自由电子激光器、化学激光器、光纤激光器等。

### 5.5.1 准分子激光器

准分子激光器的工作物质是准分子气体。准分子是一种在激发态能够暂时结合成不稳定分子，而在基态又迅速离解成原子的缔合物，因而也称“受激准分子”，国外文献称为“Excimer”，是 Excited Dimer(受激二聚物)的缩写。

自第一台准分子激光器被创造出之后，多种准分子激光器被研制出来，并在同位素分离、光化学、核聚变、泵浦染料激光器等方面获得了广泛应用。在激光武器研制方面，准分

子激光器也具有很好的应用前景。此外，用准分子激光器治疗近视眼也取得了很好的经济和社会效益。目前，准分子激光器越来越多，激励方式也不断改进，功率和效率不断提高，其脉冲输出能量已达百焦耳量级，脉冲峰值功率达千瓦以上，重复率达 200 次/秒，光束发散角为 0.15 mrad。准分子激光器主要分为惰性气体准分子激光器和惰性气体卤化物准分子激光器两种类型。现在制成的准分子激光器，输出的激光波长已遍及可见光区和紫外区，并伸展到真空紫外区，激光波长也能在一个较小的波长范围内调谐。

准分子激光器的工作气体中大部分是缓冲气体(占 88%～99%)，主要使用的缓冲气体有氦和氖，有时也用氩气。但真正用于构成准分子的惰性气体含量是很低的，一般占总气压的 0.5%～12%；而卤素施主的浓度则更低，通常为总气压的 0.5%或更低。

准分子跃迁产生激光是基于原子相互吸引形成准分子激发态和排斥(或弱束缚)基态之间的势能曲线的特殊分布。图5-17 所示为准分子的能级结构，图中曲线 $A$ 表示较高激发态能级；$B$ 表示激光激发的上能级；$C$ 表示分子基态，即激光跃迁的下能级。

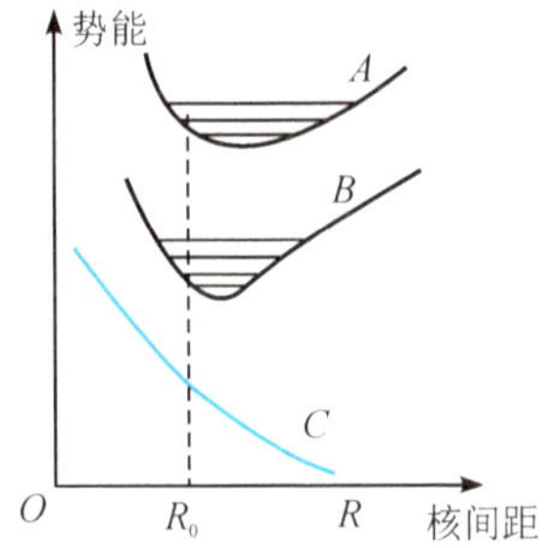

图 5-17 准分子的能级结构

由于基态为排斥态或弱束缚态，其很不稳定，它沿着自己的位能曲线 $C$ 极快地向核间距 $R$ 增大的方向移动，直至最终离解成独立的原子，基态分子也就消失了。基态分子的寿命极短，为 $10^{-13}$ s 量级。激发态为束缚态，其能级寿命为 $10^{-8}$ s 量级，比基态稳定，因此在核间距 $R_0$ 处很容易形成 $B$、$C$ 间的粒子数反转分布。

准分子从激发态向基态的跃迁可以说是从束缚态向自由态(弱束缚态或排斥态)的跃迁。由于下能级近似是空的，因此这种跃迁不存在低能级被充满而终止粒子数反转分布的问题。也就是说，准分子跃迁不是"自终止"型跃迁，只要有一定数量的准分子存在，粒子数反转就存在，故容易积累相当数量的粒子数，并有可能获得较大的反转粒子数和较高的增益。

### 5.5.2 自由电子激光器

自由电子受激辐射的原理是由莫茨(Motz)于 1951 年提出的。他指出运动速度接近光速的电子(称为相对论电子)通过周期性变化的磁场或电场时会产生相干辐射，并称这种辐射为轫致辐射，辐射的频率取决于电子的速度。电子能量在 1 MeV～1 GeV 的范围内可以产生从微波到 X 射线的频谱。但由于当时条件的限制，这一原理并未立即得到实验证实。直到 1974 年，Madey 等人首次在毫米波段实现了受激辐射。1976 年，又在红外波段(10 μm)实现了受激辐射，大大推动了自由电子受激辐射的进一步研究。

经过 20 世纪 80 年代到 90 年代对这种激光器所应用的各种技术的研究，自由电子激光器才逐步走向成熟阶段。当前，自由电子激光器(Free Electron Laser，FEL)的研究方向有两个，即可见光到紫外线的短波区和微波到红外线的长波区。通过已有的加速器或专用 FEL 加速器的开发，各种波长区的 FEL 发射装置逐渐变得高性能化、紧凑化，并推动了其在半导体加工、光诱导化学等领域的应用研究。

FEL 的工作物质是自由电子束，它通过相对论电子束(通常有 $10^8 \sim 10^9$ 个电子)在周期电磁场中运动时产生受激辐射放大而形成相干电磁波。严格地说，电子受到周期电磁场的影响，自由电子激光器中的电子并非是“自由”的。说它是自由的，是因为它不像普通激光器那样，工作物质内的电子是被束缚在原子、分子中的。从本质上看，自由电子激光器是一种把相对论电子束的动能转变成相干辐射能的装置。由于自由电子激光器的发射波长不受原子、分子等特定能级的束缚，因此这类激光器具有波长连续可调的特点。

#### 1. 自由电子激光器的结构及工作原理

FEL 是将同步加速器的辐射光作为自发辐射光，通过共振式的相互作用而产生轫致辐射的。当高速运动的电子束在磁场作用下产生弯曲时，同步加速器的辐射光便沿轨道切线方向发射。为了使这种周期性的辐射光得以聚束，需要使用一种称作摆动器(或波荡器)的装置使电子束做螺旋运动。

FEL 一般由高能电子加速器、摆动器、光学谐振腔三部分组成。高能电子加速器又分静电加速器、感应直线式加速器、射频直线式加速器等。摆动器是由永久磁铁周期排列而成的，可产生平面电磁波。产生的自发辐射光通过共振形成轫致辐射光，沿轴向输出并同时得以放大。由谐振腔反射镜反射回来的光继续重复性地与电子束相互作用，从而使光强度不断增加。射频直线式加速器的情况是，电子束由称作微脉冲的短脉冲序列组成，发出的光脉冲在谐振腔内反复振荡，为了使其持续不断地与后续而至的微脉冲电子束相互作用，可调整微脉冲间隔和谐振腔反射镜间距。最后，由输出镜输出放大的激光。

#### 2. 自由电子激光器的特点

自由电子激光器的特点如下：

(1) 输出的激光波长可在相当宽的范围内连续调谐，原则上可从厘米波一直调谐到真空紫外波段，甚至 X 射线波段。在目前电子加速器可利用的能量范围内，已实现的调谐范围是 100 nm～1 mm。

(2) 由于自由电子激光器的工作物质是电子束本身，而不是固体、液体或气体等物质，因而它不会出现自聚焦、自击穿等非线性光学损伤现象。只要电子能量足够大，就可以获得极高的光功率输出。

(3) 具有极高的能量转换效率，理论上可高达 50%。

### 5.5.3 化学激光器

化学激光器是利用化学反应释放的能量来实现粒子数反转的激光器。化学激光器的工作物质可以是气体也可以是液体，但目前大多数用的是气体。

#### 1. 引发方式

化学激光器利用其工作物质本身的化学反应所释放出来的热能作为泵浦源。在化学反应中，若参加反应的物质是分子状态，则化学反应进行得很慢甚至不发生反应。为了使化学反应能快速进行，必须要有大量的自由原子。通常把产生自由原子的方式称为引发方式。常用的引发方式有下面几种。

(1) 光引发：利用适当波长和能量的光辐射，使分子分解为自由原子。常用的引发光源是闪光灯(氙灯或氩灯)，闪光灯的光谱成分要尽可能多地落在体系的吸收带内；同时，光脉冲的前沿上升时间要尽可能短。

(2) 电引发：利用气体放电方式在体系内产生电子或离子，然后利用它们与分子碰撞使分子离解。引发用的电脉冲宽度要窄，峰值功率要足够高。

(3) 化学引发：利用一种化学反应去引发所需要的另一种化学反应。用这种引发方式运转的激光器不需要外界的能源，因此又称为"纯化学激光器"。例如，氟气与一氧化氮两者接触会发生快速的化学反应，反应后产生大量氟原子。

(4) 热引发：利用高温引发化学反应。例如，在连续波 HF 激光器中，在高温平衡条件下，热解离是产生高浓度 F 原子的有效方法。而且要获得高功率的 HF 连续激光，最好的方法是将氟化物的热解离与一个快速绝热膨胀到超声速流的技术相结合。

### 2. 化学激光器的基本原理

1) 化学激光产生的机理

在化学激光器中，实现粒子数反转的化学反应一般为放热的原子交换反应，即

$$A + BC \rightarrow AB^* + C \tag{5-31}$$

由式(5-31)可知，A 原子和 BC 分子混合，使 B—C 键断裂，生成受激的 $AB^*$ 和 C。BC 和 AB 结合能之差就是化学反应所放出的能量。

2) 弛豫(去激活)过程的影响

由化学反应形成的非平衡能量分布，通过分子碰撞在交换能量的同时，迅速趋于热平衡分布，这就是弛豫(去激活)过程，它对激光器的输出功率和性能具有强烈的影响。其原因在于，要使泵浦反应进行，实质上要求分子发生碰撞，但分子发生碰撞又会激活生成的激发产物，这种过程对于能量在激发态上积累和储存的限制大大超过了自发辐射。

3) 化学反应动力学

化学激光器的激发方式有直接激发和间接激发两种。直接激发是指直接从化学反应的产物分子产生激光。间接激发是指化学反应产物分子将其激发态的振动能转移给另一类分子，使其受激而产生激光。

### 3. 化学激光器的特点

化学激光器的特点如下：

(1) 激光波长丰富。对于化学激光器来说，产生激光的工作物质可能是原来参加化学反应的成分，也可能是反应过程中新形成的原子、分子、活泼的自由原子、离子或不稳定的多原子自由基等。通过化学反应能发射激光的化学物质也是多种多样的。因此，化学激光器激射的波长范围相当宽，从紫外到红外，再到微米波段。

(2) 化学能可直接转换成激光。化学激光器原则上不需要电源或光源作为泵浦源，而

是可以利用工作物质本身化学反应中释放出来的能量作为它的激发能源。因此在某些特殊条件下，如在高山或野外缺乏电源的地方，化学激光器可发挥其特长。现有的大部分化学激光器在工作时，虽然也要用闪光灯或放电方式等供给一部分能量，但这些能量仅仅是为了引发化学反应。

（3）在某些化学反应中可获得很大的能量，可得到高功率激光输出。实质上，某些化学激光器的工作物质本身就是一个蕴藏着巨大能量的激发源。例如，在 HF 激光器中，每千克氢和氟作用就能产生 $1.3\times10^{7}$ J 的能量。

鉴于以上特点，化学激光器有着广泛的应用前景，如同位素分离及激光武器等方面。

# 应用部分

02

# 第 6 章

# 激光在精密测量中的应用

激光具有优异的单色性、方向性和高亮度等特性，这些特性使激光被广泛应用于生活中的方方面面。比如，在加工工业中，激光常常被用来打孔、焊接、切割，以使产品快速成型；在医疗方面，现在已经有了激光手术刀、激光辐照仪以及激光近视眼治疗仪等；激光还被广泛应用于IT产业中，如光通信、光存储、光谱分析、光信息处理等；在近代的科学研究中，激光用于操纵原子、受控核聚变、诱导化学反应等，甚至还用于探索宇宙的起源。然而，激光早期的应用是计量领域，它可以与自然基准——光的波长直接相联系，实现高精度测量。本章将重点介绍激光在精密测量中的应用。

## 6.1 激光干涉测长

利用光的干涉可以对长度进行精密测量。普通光源的单色性相对较差，因此相干长度也比较短(一般只有毫米量级)，就算是单色性最好的氪灯，其相干长度也不过是 38.5 cm，这一点就在很大程度上限制了氪灯能够测量的长度。除此之外，普通单色光源的亮度很低，对于观察和记录来说都很不方便。而具有稳频装置的氦氖激光器发出的激光单色性好，相干长度最长可达几十千米，完全能够满足一般长度范围内的精密测量要求。而且由于其具有亮度高的特点，使得观测和记录都十分方便，因此激光也成了理想的精密测量的光源。

### 6.1.1 激光干涉测长仪

干涉测长仪的基本部分就是一个迈克尔逊干涉仪，而激光干涉测长仪则是以激光器作为光源的干涉测长仪。如图 6-1 所示，激光干涉测长仪的主要结构大致包括以下几个部分。

(1) 激光光源：一般为单模稳频 He-Ne 激光器，其输出的是波长为 632.8 nm 的红光。为了提高光源的单色性，需要对激光器采取稳频措施。

(2) 迈克尔逊干涉仪：用于产生干涉条纹。

(3) 可移动平台：携带着迈克尔逊干涉仪的一块反射镜和待测物体一起沿入射光方向平移。它的平移使得干涉仪中的干涉条纹移动。

(4) 光电计数器：用于对干涉条纹的移动进行计数。

(5) 显示和记录装置：用于显示和记录光电计数器中干涉条纹移动的个数及与之对应的长度。

（6）光电显微镜：用于对准待测物体，并分别给出起始信号和终止信号，其瞄准精度对测量系统的总体精度有很大影响。

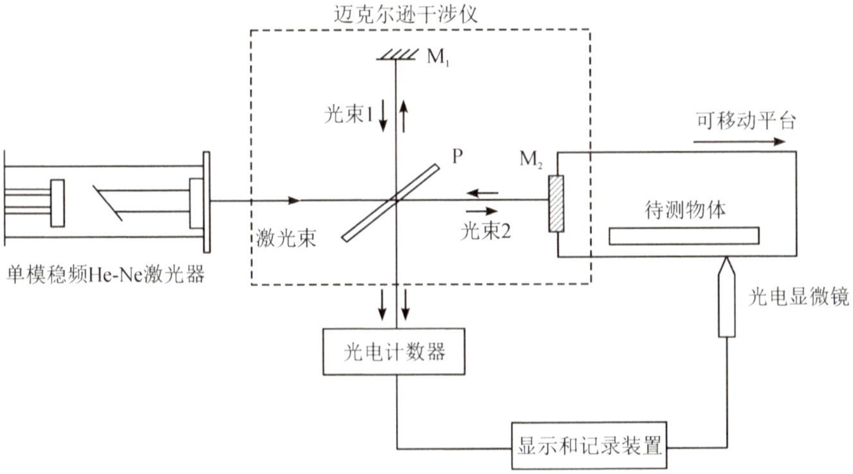


图 6－1　激光干涉测长仪的原理图

激光干涉测长仪的核心部分为迈克尔逊干涉仪，其工作原理为：由 He-Ne 激光器发出的激光束到达半透半反射镜 P 后被分成两束，一束（图 6－1 中的光束 1）经固定反射镜 $M_1$ 反射回来，另一束（图 6－1 中的光束 2）经可动反射镜 $M_2$（也叫“测量镜”）反射回来，两束光经过镜 P 后汇合产生干涉。光束 1 的光程不变，而光束 2 的光程则随着与平台一起移动的 $M_2$ 的移动而改变。当两束光的光程相差激光半波长的偶数倍时，它们相互加强，在光电计数器的接收屏上形成亮条纹；当两束光的光程相差半波长的奇数倍时，它们相互抵消（两束光强度相等时），在接收屏上形成暗条纹。因此，$M_2$ 沿光束 2 方向上每移动半波长的长度，光束 2 的光程就改变一个波长，于是干涉条纹就会产生一个周期的明、暗变化。显然，我们只要记下 $M_2$ 移动时干涉条纹变化的周期数 $N$，就可以得到被测长度（即 $M_2$ 移动的距离）：

$$L = N \cdot \frac{\lambda}{2} \tag{6-1}$$

式中，$L$ 是被测长度。

由式（6－1）知，如果我们不考虑 $N$ 的误差，则由于波长的不稳定所造成的被测长度 $L$ 的相对误差为

$$\frac{\Delta L}{L} = \frac{N \cdot \dfrac{\Delta\lambda}{2}}{N \cdot \dfrac{\lambda}{2}} = \frac{\Delta\lambda}{\lambda} \tag{6-2}$$

式中，$\Delta\lambda$ 为激光波长的变化；$\Delta L$ 为由 $\Delta\lambda$ 引起的 $L$ 的绝对测量误差。

若要求在 1 m 长的范围内，由波长不稳定所引起的测量误差小于 0.1 μm，则激光波长的稳定度应为

$$\left|\frac{\Delta\lambda}{\lambda}\right| = \frac{10^{-6} \times 0.1}{1} = 10^{-7} \tag{6-3}$$

而 $\left|\dfrac{\Delta\lambda}{\lambda}\right| = \left|\dfrac{\Delta\nu}{\nu}\right|$，所以上述要求也是对激光频率稳定度的要求。实际上，除频率不稳定引起

的误差外，还有条纹计数误差、对准误差等一系列的测量误差。因此，对激光频率的稳定性的要求就更高些。一般环境条件影响引起的频率相对变化约为$10^{-7}$，所以要获得$\left|\frac{\Delta\nu}{\nu}\right|<10^{-7}$的频率稳定度，必须采取一定的稳频措施。一般的单模稳频 He-Ne 激光器是完全可以达到上述要求的。

### 6.1.2 双频激光干涉仪

激光的发明及应用大大提高了干涉测长的精度和量程，并使得干涉测长技术得到了普及。但是使得干涉测长技术从实验室进入车间，并制成生产过程中的质量控制设备的是激光外差干涉测长技术，对应的仪器是双频激光干涉仪。

双频激光干涉仪所产生的干涉条纹的变化频率与测量反射镜的运动速度有很大关系。由静止状态到运动状态，再由运动状态回到静止状态的过程，分别对应着频率为 0 和频率为最大值，再返回到频率为 0 的过程，因此由光强转化出的直流电信号的频率的变化也是从 0 开始的。这种信号只能用直流放大器来进行放大处理。外界环境对干涉条纹的平均光强会有很大干扰，很容易造成计数错误。一般的激光干涉仪的抗干扰能力都比较差，只能工作在恒温且防震的条件下。想要解决以上不足，可以采用在干涉仪的信号中加入一定频率载波的方法，让被测信号通过这一载波进行传递，从而使得干涉仪能够通过交流放大来避免由外界环境的干扰造成的直流电平漂移。产生干涉仪载波信号的方法主要有两种：一种是使参与干涉的两束光产生一个频率差，这样干涉的结果中会出现“光学拍”现象，再将其转化为电信号时，就能得到差频的载波信号；另一种是在干涉仪的参考臂中对参考光束进行调制，与测量臂的光干涉直接生成载波信号。前者称为光外差干涉，后者称为准外差干涉。

双频激光干涉仪的光路图如图 6－2 所示。在氦氖激光器上沿轴向施加磁场，激光会在塞曼效应下分裂成有一定频率差的左旋偏振光 $f_1$ 和右旋偏振光 $f_2$（常用双频激光干涉仪的这一频率差为 1.5 MHz）。通过 1/4 波片后的 $f_1$ 和 $f_2$ 变成了互相垂直的线偏振光 $\nu_1$ 和 $\nu_2$，之后通过分束镜 $B_1$ 被分成两束。其中一束光反射到同偏振方向与两线偏振光偏振方向成 45°夹角的检偏器 $P_1$ 上，产生拍频信号。光电探测器 $D_1$ 对两倍光频的和频信号没有响应，接收到的只有频率为 $\Delta\nu$ 的参考差频信号。另一束光透过分束镜 $B_1$ 向前传播，之后进入偏振分光棱镜 $B_2$，偏振方向垂直于纸面的 $\nu_1$ 被完全反射，偏振方向在纸面内的 $\nu_2$ 被完全透射，再经由两个参考臂反射镜 $M_1$ 和 $M_2$ 反射回来合束，通过功能与检偏器 $P_1$ 类似的

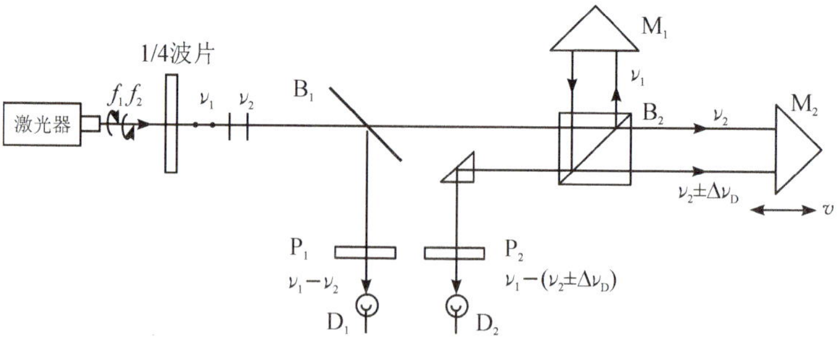


图 6－2 双频激光干涉仪的光路图

检偏器 $P_2$ 产生的拍频信号被光电探测器 $D_2$ 接收。由于测量反射镜 $M_2$ 以速度 $v$ 运动，因此光的多普勒效应使由 $M_2$ 返回光的频率产生多普勒频移 $\pm\Delta\nu_D$（正负号取决于测量反射镜的运动方向），$D_2$ 接收到的测量信号频率为 $\Delta\nu\pm\Delta\nu_D$。将测量信号与参考信号进行同步相减，便得到多普勒频移 $\pm\Delta\nu_D$。多普勒频移对测量时间积分（也就是进行累计计数）就可以测出测量反射镜的位移量。

测量反射镜运动所产生的多普勒频移可以表示为

$$\Delta\nu_D=\frac{2v\nu}{c}=\frac{2v}{\lambda} \tag{6-4}$$

式中，$c$ 为光速；$\lambda$ 为光波波长。

若测量所用时间为 $t$，则测量镜的位移量 $L$ 为

$$L=\int_0^t v\,\mathrm{d}t=\int_0^t \frac{\lambda}{2}\Delta\nu_D\,\mathrm{d}t=\frac{\lambda}{2}\int_0^t \Delta\nu_D\,\mathrm{d}t=\frac{\lambda}{2}N \tag{6-5}$$

式中，$N$ 为记录下来的累计脉冲数。

双频激光干涉仪的被测信号是作为频率调制加在载频之上的，通常应不超过载频的三分之一，因此对应的多普勒频移不能大于 0.5 MHz，允许的最大测量速度约为 150 mm/s。这样处理电路的工作频率可以设定为 1.0 MHz～2.0 MHz，以便滤掉工作频率小于1.0 MHz 的所有噪声。

# 6.2 激光测速

利用激光的多普勒效应既可以测量固体的速度，也可以测量流体的流速，如测量铝和钢的滚压速度、飞行器喷射气流的速度、水流的速度等。

激光测速具有如下优点：

（1）激光测速时，不与被测物体接触或不影响被测物体的运动，这样不仅可测出物体的真实速度，而且对被测物体没有任何损伤。

（2）激光测速精确，并且是绝对测量，原则上不必校准。

（3）激光测速具有很高的空间分辨率，测量区域极小，几乎可以进行“逐点”测量，因此可以测量流速场的速度分布和速度梯度。

目前，激光测速仪具有稳定、便携的特点，其种类繁多，应用广泛。

## 6.2.1 激光测速的基本原理

激光测速利用了光的多普勒效应。当一束单色激光照射到运动物体上时，一部分激光被物体散射，由于多普勒效应，散射光的频率相对于入射光的频率发生偏移，测出两者的频差，就可以确定运动物体的速度。但是，在一般的低速下，多普勒效应造成的频率变化比单色光的频率宽度要小得多，因此在激光出现之前，光的多普勒效应通常只是用来测量具有较高速度的发光物体的运动速率。激光具有极好的单色性，它的频率宽度不仅比普通单色光要小得多，而且比一般的低速下多普勒效应的频率变化要小，因此激光使得利用多普勒效应测量普通的较低速度成为可能。

### 6.2.2 激光测速应用举例

光纤激光多普勒测速仪的原理图如图 6-3 所示。光纤耦合器将一束激光分为两束，一束为参考光束，另一束为测量光束。测量光束通过插入血管内的光纤射到红血球上，经过流动着的红血球的反射，反射光束激光的频率发生了变化，并且沿着光纤传播回去。测量光束和参考光束会合后入射到光电接收器上，测量出两个光束的频率差 $\Delta\nu_D$，就能计算出血液流速。通过血液流速的测量，可以明显地观测出受动脉硬化影响的人体重要组织中血液的流动情况、深度烧伤组织的变化、新植皮层的生长以及其他重要信息。

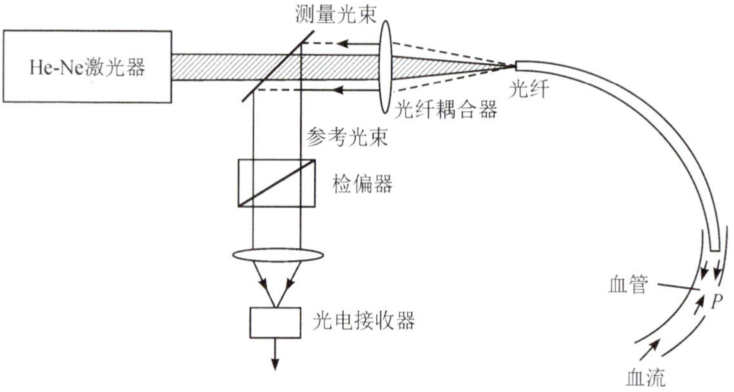


图 6-3 光纤激光多普勒测速仪的原理图

## 6.3 激光测距

在生产实践和科学研究中，常常会遇到测量距离的问题。例如，在大地测量和地质勘探中，需要测出两个山头之间的距离；在建造大桥时，需要测量大江两岸的间隔。光电测距是最早提出的几种物理测距方法之一，并且早在 20 世纪 40 年代末 50 年代初就被应用到具体实践中，制成了光电测距仪并实际应用于地面目标之间距离的测量。但是，当时的光电测距仪由于受到光源的亮度与单色性的限制，并未得到很大的发展。

20 世纪 60 年代初期，激光的出现对光电测距仪的发展起了极大的推动作用。激光亮度高、单色性好、方向性强、光束狭窄，是光电测距仪的理想光源。与其他测距仪(如微波测距仪、光电测距仪等)相比，激光测距仪具有探测距离远、测距精度高、抗干扰性强、保密性好，以及体积小、重量轻、重复频率高等特点。在成功地进行了月球和人造地球卫星的激光测距后，各种民用和军用激光测距仪现已大量用于实际工作中。

根据测程范围的不同，激光测距仪分为以下三类。

(1) 短程激光测距仪：测程仅在五千米以内，适用于各种工程测量。

(2) 中长程激光测距仪：测程为五千米至几十千米，适用于大地控制测量和地震预报等。

(3) 远程激光测距仪：用于测量导弹、人造卫星、月球等空间目标的距离。

根据激光在待测距离上的往返传播时间的测定方法的不同，激光测距方法可分为脉冲测距法和相位测距法。前者测量精度较低，适用于军事及工程测量中精度要求不太高的场合；后者测量精度较高，在大地和工程测量中得到了广泛应用。根据上述两种激光测距方法，可分别制成激光脉冲测距仪和激光相位测距仪。

## 6.3.1　激光脉冲测距仪

### 1. 激光脉冲测距仪的原理

因为光速是个常数，且光沿直线传播，所以只要测量出光束在待测距离上往返传播的时间，就可以计算出两点之间的直线距离。激光脉冲测距仪的原理是：通过发射激光脉冲控制计时器开门，以及接收返回的激光脉冲控制计时器关门，测量出激光束在待测距离上往返传播的时间，从而实现测距。其计算公式为

$$d = \frac{1}{2}ct \tag{6-6}$$

式中，$d$ 为待测距离；$c$ 为激光在大气中的传播速度；$t$ 为激光在待测距离上往返传播的时间。

### 2. 激光脉冲测距仪的结构

激光脉冲测距仪的简化结构图如图 6-4 所示。当激光脉冲测距仪对准目标后，激光器就发出一个很强、很窄的光脉冲，这个光脉冲经过发射望远镜压缩发散角。以红宝石激光器为例，它的光束发散角一般是几个毫弧度，经过发射望远镜后压缩到零点几个毫弧度。这样的光脉冲射到 10 km 远的地方，只有一个直径为几米的光斑。在光脉冲发射出去的同时，其中的极小一部分光会立即由两块反射镜反射而进入接收望远镜，并经过滤光片到达光电转换器而变成电信号，即光脉冲变成电脉冲。这个电脉冲经过放大整形后被送入时间测量系统，此时时间测量系统开始计时。射向目标的光脉冲由于目标的漫反射作用，总有一部分激光束从原路返回而进入接收望远镜，这部分激光束同样经过滤光片、光电转换器、放大整形电路后被送入时间测量系统，此时时间测量系统停止计时。最后，时间测量系统将所记录的时间转换为测距仪到目标的距离，显示在显示器上。

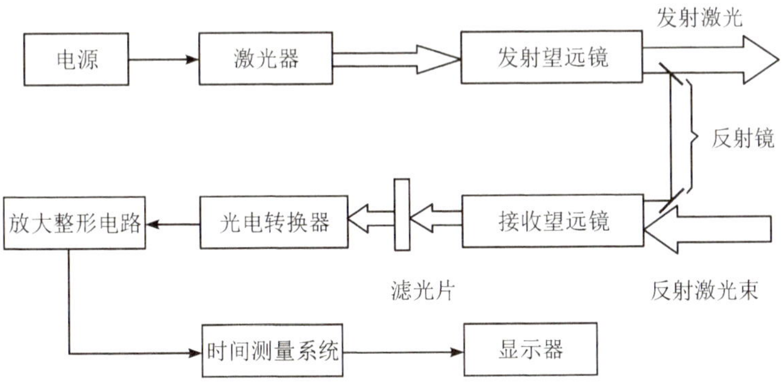


图 6-4　激光脉冲测距仪的简化结构图

### 3. 激光脉冲测距仪对光脉冲的要求

为了扩大测量范围，提高测量精度，激光脉冲测距仪对光脉冲应有以下要求。

(1) 光脉冲应具有足够的强度。无论怎样改善光束的方向性，光束总会有一定的发散，且空气对光线有吸收和散射作用，所以目标越远，反射回来的光线就越弱，甚至根本接收不到光线。为了测出较远的距离，就要使光源能发射出较高功率密度的光强。

(2) 光脉冲的方向性要好。一方面，光的能量可集中在较小的立体角内，在保证射得更远一些的同时提高保密性；另一方面，可以准确地判断目标的方位。

(3) 光脉冲的单色性要好。无论是白天还是黑夜，空中总会存在着各种杂散光，这些杂散光往往比反射回来的光信号要强得多。如果这些杂散光和光信号一起进入接收系统，则无法进行测量。滤光片的作用是只允许光信号中的单色光通过而不让其他频率的杂散光通过。显然，光脉冲的单色性越好，滤光片的滤光效果也就越好，这样就能有效提高接收系统的信噪比，从而保证测量的精确性。

(4) 光脉冲的宽度要窄。所谓光脉冲的宽度，是指闪光从“发生”到“熄灭”之间的时间间隔。光脉冲的宽度窄一点，可以避免反射回来的光和发射出去的光产生重叠。由于光速很快，假如目标离测距仪的测量距离为 15 km，则光脉冲往返一个来回只需要万分之一秒，因此光脉冲的宽度要远小于万分之一秒才能正常测量。若要测更近的距离，则光脉冲还要更窄一些。

目前，用于测距仪的激光器有红宝石激光器、钕玻璃激光器、二氧化碳激光器、半导体激光器等。一般远距离的测距仪中常见的脉冲光源是固体激光器；近距离的测距仪多采用半导体激光器。

### 4. 激光巨脉冲的产生

测距时所用的光脉冲的功率是很大的，一般光脉冲的峰值功率在 1 MW 以上，脉冲宽度在几十纳秒以下，这样的光脉冲通常叫作“巨脉冲”。一般的激光脉冲并不是巨脉冲，其脉冲较宽(1 ms 左右)，同时脉冲功率也不够大，所以不能满足测距要求。对激光器采用调 Q 技术可使之满足测距要求。

脉冲测距中，脉冲在测程上的往返时间极短，所以通常用记录高频振荡的晶体的振动次数来进行计时。图 6－5 所示为脉冲计时的原理方框图。

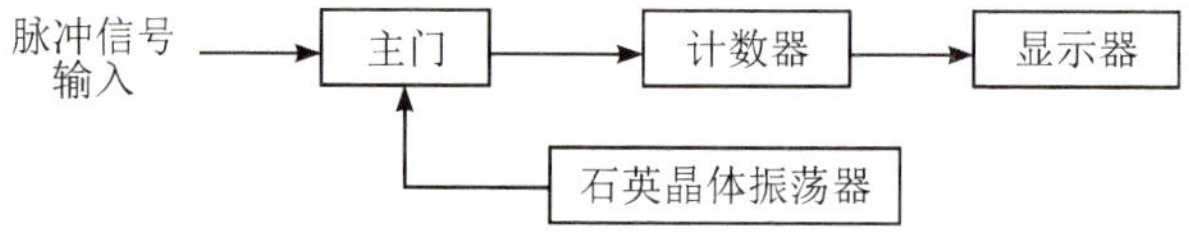


图 6－5　脉冲计时的原理方框图

当发射的参考光脉冲进入接收器并转变成电脉冲后，输入图 6－5 中的“主门”(主门电路)，同时将主门打开。此时，由石英晶体振荡器产生的电脉冲经过主门而进入计数器，计数器开始计数，同时显示器不断地指示出计数器所记录的电脉冲数。等到反射光脉冲信号进入接收器并转变成电脉冲而输入主门时，主门立即关闭，石英晶体振荡器所产生的电脉冲信号不能再进入计数器，计数器停止计数。显示器上显示的数字，就是光脉冲从发出到返回这段时间里振荡器所产生的电脉冲数。

激光脉冲测距仪的测距精度大多为“米”数量级，适用于工程测量中精度要求不太高的某些项目。远距离的空间测量也可使用激光脉冲测距仪，因为对遥远空间来说，如果测量误差为“米”数量级，那么精度已经算是相当高了。

## 6.3.2　激光相位测距仪

### 1. 激光相位测距仪的原理

激光相位测距是通过测定连续的调制激光在待测距离 $d$ 上往返的相位差 $\phi$ 来间接测量传播时间的。激光相位测距仪原理方框图如图 6-6 所示，其光路与脉冲激光测距仪类似，只是光源不是脉冲激光器，而是采用强度被调制的激光器。连续的调制光波在传播过程中的调制相位不断变化，光波每传播调制波长的一段距离，相位就变化 $2\pi$，所以距离 $d$、光波往返相位差 $\phi$ 和调制波长 $\lambda_{调制}$ 之间的关系为

$$d=\frac{\lambda_{调制}}{2}\cdot\frac{\phi}{2\pi} \tag{6-7}$$

式中，$\frac{\lambda_{调制}}{2}$ 相当于一把测量用的尺子，在相位测距中叫作测尺长 $L_s$；$\frac{\phi}{2\pi}$ 就是距离 $d$ 内所包含测尺长的数目。

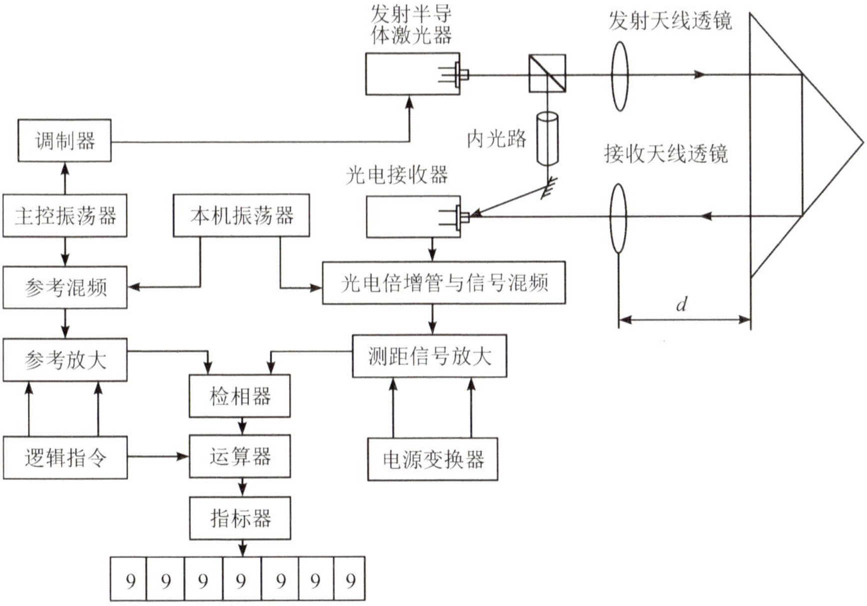


图 6-6　激光相位测距仪原理方框图

若令 $\phi=2\pi N+\Delta\phi$（式中，$N$ 为正整数或 0；$\Delta\phi$ 是相位差中不足 $2\pi$ 的尾数），并考虑到 $L_s=\lambda_{调制}/2$，则式(6-7)可以写为

$$d=L_s\left(N+\frac{\Delta\phi}{2\pi}\right) \tag{6-8}$$

需要指出的是，任何两个连续的调制信号之间相位差的测量方法都不能确定出相位差的整周期数，而只能测定其中不足 $2\pi$ 的相位差的尾数。因此，式(6-8)中，$N$ 是不能确定的，这样 $d$ 也就不能确定。换句话说，当 $d>L_s$ 时，仅用一把光测尺是无法测定距离的。但是，当 $d<L_s$ 时，$N=0$，式(6-8)变为

$$d=L_s\frac{\Delta\phi}{2\pi} \tag{6-9}$$

此式为相位测距的基本公式，可以确定被测距离 $d$。如果被测距离较长，可以选择一个较低的调制频率，使其相应的测尺长度大于待测距离，这样就不会出现 $d$ 的不确定性问题。仪器的测相系统的测相灵敏度是有限的，一般在 $2\pi/1000$ 左右，对应的测距灵敏度为 $L_s/1000$，扩大测尺长度 $L_s$ 会导致距离 $d$ 的测量误差增大。例如，当测尺长为 10 m 时，会引起 1 cm 的测距误差；而当测尺长为 1000 m 时，会引起 1 m 的测距误差。所以，若要在仪器的最大测程内保持测距 $d$ 的确定性而选用较低的测尺频率，会造成较大的测距误差。为了解决这一矛盾，必须采用几个长度不同的测尺配合使用(如用较长的测尺粗测，用较短的测尺精测)，这样既可保证测量的确定性(单值性)，又可保证较高的测距精度。通常，测距仪都有一个基本测尺长度 $L_{sb}$ 和若干个辅助测尺长度 $L_{si}$。基本测尺决定测量精度，又叫精测测尺；辅助测尺用来粗测，又叫粗测测尺。例如，选用两把测尺，基本测尺长度 $L_{sb}=10$ m，辅助测尺长度 $L_{s2}=1000$ m，用它们分别测量一段距离 $d=386.57$ m。用 $L_{sb}$ 可测得不足 10 m 的尾数 6.57 m，用 $L_{s2}$ 可测得不足 1000 m 的尾数 386 m(因为测相灵敏度为 $2\pi/1000$，测量结果均保留 3 位有效数字)，将二者组合起来，考虑到 6 m 是重叠部分，于是就得到 $d=386.57$ m。

### 2. 分散的直接测尺频率和集中的间接测尺频率

不同的测尺长度对应着不同的激光调制频率，此频率又叫作测尺频率。测尺长度和测尺频率之间的关系是

$$\nu_s=\frac{c}{2L_s} \tag{6-10}$$

式中，$c$ 为光在大气中的传播速度，$c=3\times10^8$ m/s。

测尺频率的选定有两种方式，即分散的直接测尺频率方式和集中的间接测尺频率方式。

分散的直接测尺频率方式选定的测尺频率是直接与测尺长度相对应的。例如，选用两把测尺，长度分别为 $L_{sb}=10$ m 和 $L_{s2}=1000$ m，则相应的测尺频率分别为

$$\nu_{sb}=\frac{c}{2L_{sb}}\approx 15\ \text{MHz},\ \nu_{s2}=\frac{c}{2L_{s2}}\approx 150\ \text{kHz}$$

如果仪器的测程更长，在要求一定的测相精度和测距精度的情况下，就必须增加测尺的数目，因而测尺频率也要相应增加。

表 6-1 列出了在测相精度为 $2\pi/1000$、测距精度为 1 cm、测程不大于 100 km 的情况下，测距仪可选择的一组测尺长度和测尺频率的值。表 6-1 中的直接测尺频率依次相差一个数量级。实际上，用三把测尺就可以完成精度为 1 cm、测程不大于 100 km 的距离的测量。

**表 6-1 直接测尺参数**

| 参数 | 直接测尺频率 | 测尺长度 $L_s$ | 精度 |
|---|---|---|---|
| $\nu_{sb}$ | 15 MHz | 10 m | 1 cm |
| $\nu_{s1}$ | 1.5 MHz | 100 m | 10 cm |
| $\nu_{s2}$ | 150 kHz | 1 km | 1 m |
| $\nu_{s3}$ | 15 kHz | 10 km | 10 m |
| $\nu_{s4}$ | 1.5 kHz | 100 km | 100 m |

从表6-1可以看出，在这种直接测尺频率方式中，各测尺频率的值相差较大，最大测尺频率与最小测尺频率相差一万倍，因此又把这种直接测尺频率叫作分散测尺频率。由于高低频率相差悬殊，放大器、调制器电路难以做到对各种测尺频率都具有相同的增益及相位稳定性，因此，多数激光相位测距仪不采用这种测尺频率方式，而是采用集中的间接测尺频率方式。

集中的间接测尺频率方式是采用一组数值接近的调制频率来间接获得各个测尺频率的。下面说明其原理。假定用两个频率为 $\nu_{s1}$ 和 $\nu_{s2}$ 的光波分别测量同一距离 $d$，则由式(6-8)可得

$$d = L_{s1}\left(N_1 + \frac{\Delta\phi_1}{2\pi}\right) \tag{6-11}$$

$$d = L_{s2}\left(N_2 + \frac{\Delta\phi_2}{2\pi}\right) \tag{6-12}$$

式(6-11)和式(6-12)中，$L_{s1}$ 和 $L_{s2}$ 分别对应于 $\nu_{s1}$ 和 $\nu_{s2}$ 的测尺长度；$N_1$ 和 $N_2$ 分别是利用测尺频率为 $\nu_{s1}$ 和 $\nu_{s2}$ 的光波测距时得到的相位差中包括的整数倍数；$\phi_1$ 和 $\phi_2$ 为相应的相位差的尾数。

由式(6-11)、式(6-12)可得

$$d = \frac{L_{s1}L_{s2}}{L_{s2} - L_{s1}}\left[(N_1 - N_2) + \left(\frac{\Delta\phi_1}{2\pi} - \frac{\Delta\phi_2}{2\pi}\right)\right] \tag{6-13}$$

令

$$L_s = \frac{L_{s1}L_{s2}}{L_{s2} - L_{s1}} \tag{6-14}$$

$$N = N_1 - N_2 \tag{6-15}$$

$$\Delta\phi = \Delta\phi_1 - \Delta\phi_2 \tag{6-16}$$

则式(6-13)可改写为

$$d = L_s\left(N + \frac{\Delta\phi}{2\pi}\right) \tag{6-17}$$

式中，$L_s$ 可以认定为一个新的测尺长度，其相应的测尺频率可由式(6-10)算出。

将式(6-14)代入式(6-10)，则有

$$\nu_s = \frac{c(L_{s2} - L_{s1})}{2L_{s1}L_{s2}} = \nu_{s1} - \nu_{s2} \tag{6-18}$$

不难看出，式(6-17)中的 $\Delta\phi$ 正是用 $\nu_s = \nu_{s1} - \nu_{s2}$ 的光波测量距离 $d$ 时所得到的相位尾数；由式(6-16)可知，$\Delta\phi$ 正好等于用频率为 $\nu_{s1}$ 和 $\nu_{s2}$ 的光波测量同一距离时所得到的相位尾数之差。例如，用 $\nu_{s1} = 15$ MHz 和 $\nu_{s2} = 13.5$ MHz 的调制光波测量同一距离所得到的相位尾数之差，与用频差 $\nu_s = \nu_{s1} - \nu_{s2} = 1.5$ MHz 的调制光波测量该距离所得到的相位尾数值相同。间接测尺频率方式正是基于这一原理进行测距的，它通过测量 $\nu_{s1}$ 和 $\nu_{s2}$ 的相位尾数再取其差值来间接测定相应的频差 $\nu_s$ 的相位尾数。通常把 $\nu_{s1}$ 和 $\nu_{s2}$ 称为间接测尺频率，而把 $\nu_s$ 称为相当测尺频率。表6-2列出了和表6-1的测程和精度都相同的一组间接测尺频率以及相当测尺频率。

表 6-2 间接测尺参数

| 参数 | 间接测尺频率 | 相当测尺频率 | 测尺长度 $L_s$ | 精度 |
|---|---|---|---|---|
| $\nu_{sb}$ | 15 MHz | 15 MHz | 10 m | 1 cm |
| $\nu_{s1}$ | 13.5 MHz | 1.5 MHz | 100 m | 10 cm |
| $\nu_{s2}$ | 14.85 MHz | 150 kHz | 1 km | 1 m |
| $\nu_{s3}$ | 14.985 MHz | 15 kHz | 10 km | 10 m |
| $\nu_{s4}$ | 14.9985 MHz | 1.5 kHz | 100 km | 100 m |

由表 6-2 可以看出，这种方式的各间接测尺频率的值非常接近，最大频差仅为 1.5 MHz，五个间接测尺频率都集中在较窄的频率范围内，故间接测尺频率又称为集中测尺频率。采用集中测尺频率不仅使放大器和调制器能够获得相接近的增益和相位稳定性，而且各频率对应的石英晶体也可统一。

### 3. 相位差的测量

众所周知，信号频率越低，其相位变化所需要的时间就越长，这样也就越便于对相位进行测量。中、低频率的相位测量精度总是远远高于高频信号的相位测量精度，所以高频信号相位差的测量大多采用差频的方法。把高频信号转化为低频信号(即"同步解调")，再进行相位差测量就是所谓的"差频测相"。

设主控振荡电信号为

$$e_d = A\cos(2\pi\nu_d t + \phi_0) \tag{6-19}$$

该信号被发射到外光路，经过一定距离的传播后相位变化了 $\phi_m$，再经光电接收器放大后变为

$$e_{ms} = B\cos(2\pi\nu_d t + \phi_0 + \phi_m) \tag{6-20}$$

设本机振荡信号为

$$e_1 = C\cos(2\pi\nu_1 t + \theta) \tag{6-21}$$

被输送到参考混频器和信号混频，在那里分别与 $e_d$ 和 $e_{ms}$ 混频，在混频器的输出端分别得到差频参考信号为

$$e_r = D\cos\left[2\pi(\nu_d - \nu_1)t + (\phi_0 + \theta)\right] \tag{6-22}$$

测距信号为

$$e_m = E\cos\left[2\pi(\nu_d - \nu_1)t + (\phi_0 + \theta) + \phi_m\right] \tag{6-23}$$

由上两式可知，差频后所得到的两个低频信号 $e_r$ 和 $e_m$ 的相位差仍然等于原高频信号 $e_d$ 和 $e_{ms}$ 的相位差。通常选取测相的低频频率为几千至几十千赫兹。

需要说明的是，虽然激光相位测距仪的优点很多，但是它对气候的依赖性很强。例如，在晴朗的天气下，激光相位测距仪可测量的距离较远，而在雾天或阴雨天时，激光相位测距仪可测量的距离就会大大缩短，甚至根本无法进行测量。

在激光相位测距仪的基础上可以进一步制成激光雷达，它不但能测出目标的距离，而且能测出目标的方位、运动速度和加速度等。与无线电雷达相比，激光雷达最主要的

优点是抗干扰性强、保密性能好，而且装置轻便、功耗小、作用距离大、测量精度高。同样，激光雷达也受气候条件的限制，且光束的发散角很小，不便进行大面积的搜索，所以激光雷达也不能完全代替无线电雷达，但它们可以互相配合组成多波段、抗干扰的雷达系统。

# 6.4　激光准直及多自由度测量

激光具有极好的方向性，一个经过准直的连续输出的激光束可以看作是一条粗细几乎不变的直线，如激光束可作为空间基准线。根据上述思路制作的激光准直仪能够测量平直度、平面度、平行度、垂直度，也可以作为三维空间的测量基准。与平行光管、经纬仪等一般的准直仪相比，激光准直仪具有工作距离长、测量精度高、便于自动控制、操作方便等优点，所以被广泛地应用于开凿隧道、铺设管道、盖高层建筑、造桥修路、开矿，以及大型设备的安装定位等方面。

此外，由于激光的单色性极好，因此可利用衍射原理产生便于对准的衍射光斑(如十字亮线)来进一步提高激光准直仪的对准精度，制作激光衍射准直仪。

## 6.4.1　激光准直仪

### 1. 激光准直仪的原理和结构

激光准直仪通常采取具有连续输出的氦氖激光器，并且使用的是基横模输出。激光束横截面上的光强分布一般呈现高斯分布，光束的能量大部分集中在光斑半径为 $\omega_{z_0}$ 的截面内。激光束中心的光强最强，其分布中心的连线可以构成一条理想的准直基准线。由于衍射效应，光束略有发散，光斑半径 $\omega_{z_0}$ 也随着传播距离的增加而增大，但其分布中心的连线总是直线，其远场发散角 $2\theta$ 可表示为

$$2\theta=\frac{2\lambda}{\pi\omega_0} \tag{6-24}$$

式中，$\lambda$ 为激光波长；$\omega_0$ 为光束腰部的截面半径。

当 $\left(\frac{\lambda z_0}{\pi\omega_0^2}\right)^2\gg 1$ 时，光斑半径 $\omega_{z_0}$ 可用远场发散角表示为

$$\omega_{z_0}\approx\theta z_0 \tag{6-25}$$

例如，对于 $\omega_0=0.4$ mm 的激光束来说，相应的 $\theta\approx 0.5\times10^{-3}$ rad，在距离束腰为 $z_0=50$ m 的截面上，$\omega_{z_0}$ 大约只有 2.5 cm。如果采用望远镜系统来压缩光束的发散角，还可更进一步地缩小光束的有效截面半径。

简单的激光准直仪可直接用目测来对准。为了便于控制和提高对准精度，普通的激光准直仪一般采用光电探测器来对准。激光准直仪的基本组成方框图如图 6-7 所示，其中，指示及控制系统可以根据光电目标靶输出的电信号指示目标靶的对准情况，自动控制目标靶的对准。

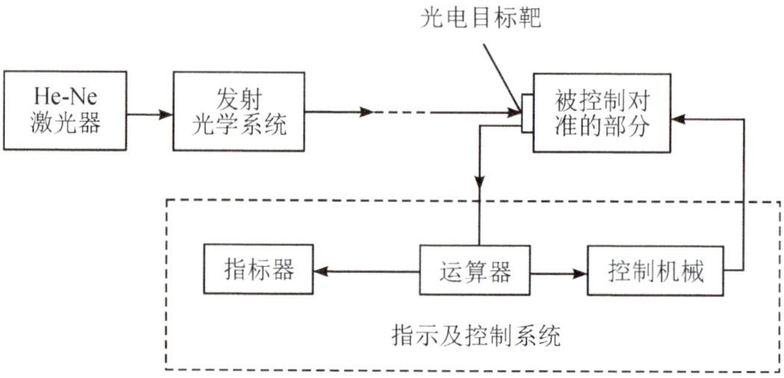


图 6-7 激光准直仪的基本组成方框图

### 2. 发射光学系统

激光准直仪的发射光学系统是一个倒置的望远镜，由目镜 $L_1$、物镜 $L_2$ 和光阑 A 组成，其结构示意图如图 6-8 所示。假设 $L_1$ 和 $L_2$ 的焦距分别为 $f_1$ 和 $f_2(f_2>f_1)$，则该望远镜对普通光束的发散角压缩比为 $M=f_2/f_1$。如果 $2\theta_1$、$2\theta_2$ 分别为高斯光束入射和出射该望远镜的光束发散角，且令该望远镜对高斯光束的发散角压缩比为 $M'=\dfrac{2\theta_1}{2\theta_2}$，则有

$$M'\approx\frac{M\omega}{\omega_0} \tag{6-26}$$

式中，$\omega_0$ 是入射光束的束腰半径；$\omega$ 是入射激光束在目镜 $L_1$ 上的镜面光斑半径。由于 $\omega$ 总是大于 $\omega_0$，所以 $M'$ 总是大于 $M$。

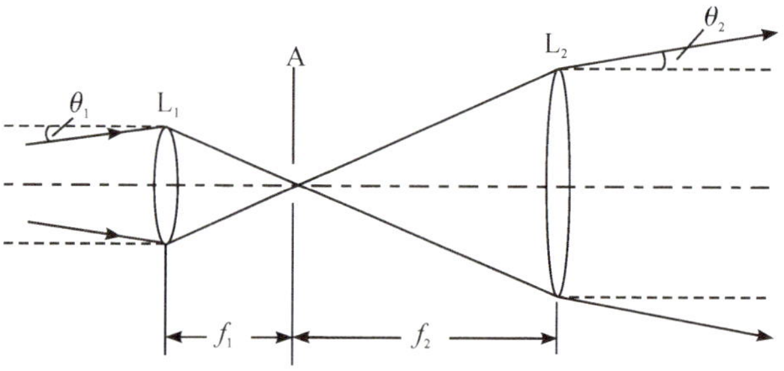


图 6-8 激光准直仪发散光学系统结构示意图

由于衍射效应，出射光束发散角还与物镜 $L_2$ 的孔径大小有关。根据圆孔的夫琅禾费衍射理论可知，一个直径为 $D$ 的圆孔所造成的衍射角(即光束发散角的一半)为 $\theta\approx1.22\lambda/D$，其中 $\lambda$ 是光的波长。望远镜物镜的孔径很大，所以由光束出射孔径的衍射效应引起的光束发散通常可以忽略不计。

### 3. 光电目标靶

通常激光准直仪的光电目标靶用的是四象限光电探测器，由上下左右对称装置的四块硅光电池组成，其原理图如图 6-9 所示。当激光束照射到光电池 1、2、3、4 上时，产生的电压分别为 $V_1$、$V_2$、$V_3$、$V_4$。若光束正好对准四象限光电探测器的中心，则 $V_1=V_2=V_3=V_4$；若光束向上偏，则 $V_1>V_2$；若光束向下偏，则 $V_2>V_1$。把 $V_1$、$V_2$ 输入到运算电路，经差分放大后由指示电表指示出光束上下的偏移量，同理可得光束左右的偏移量。运算电路

根据光束上下或左右的偏移量的大小输出一定的电信号，此电信号再驱动一个机械传动装置使光电接收靶回到光准直方向，从而实现自动准直或自动导向的控制。

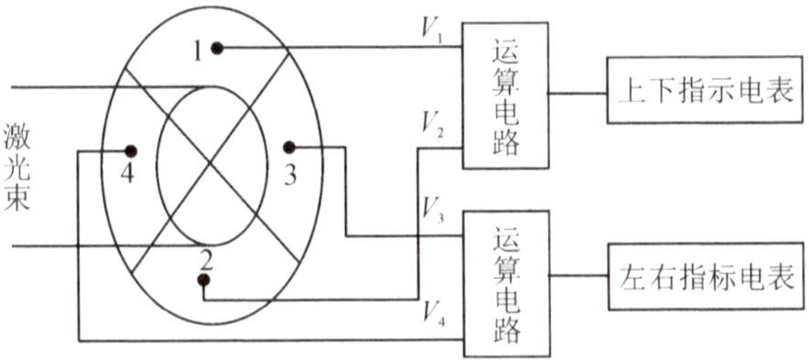


图 6－9　四象限光电探测器原理图

光电池的对称性对激光准直仪的对准精度有很大影响。在四象限光电探测器中，要求每片光电池的灵敏度必须严格一致，其相对位置亦应准确。实际上这很难做到，因为两片光电池的转换效率往往相差很远，即使是将同一片光电池分割成四块，每块的转换效率也会不一致。要解决光电池的对称问题，通常采用在光电池电路中串接可调节的平衡电阻的方法。通过调节平衡电阻，可以补偿由于两块光电池的不对称而引起的不平衡。

### 4. 激光准直测量的应用举例——不直度的测量

图 6－10 是用激光准直仪测量机床导轨不直度的原理示意图。将激光准直仪固定在机床床体上或放在机床床体外，在滑板上固定光电目标靶，光电探测器件可选用四象限光电池或 PSD(位置敏感器件)。测量时，首先将激光准直仪发出的光束调到与被测机床导轨大体平行，再将光电目标靶对准光束。滑板沿机床导轨运动，光电探测器输出的信号经放大和运算处理后，输入到记录器记录不直度的曲线；也可对机床导轨进行分段测量，读出每个点相对于激光束的偏差值。

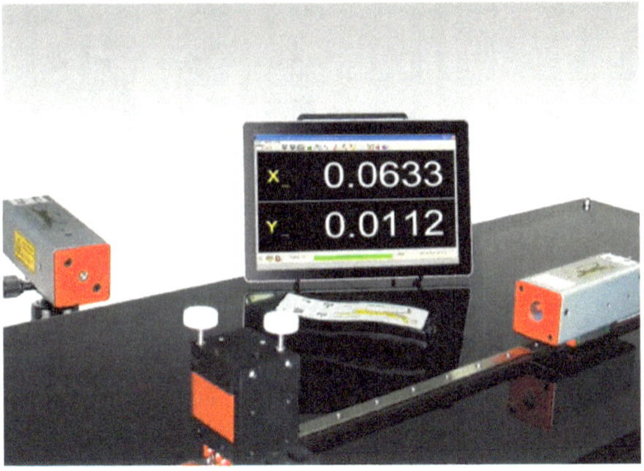


图 6－10　用激光准直仪测量机床导轨不直度的原理示意图

### 5. 激光衍射准直仪

上述的激光准直仪的对准精度还不够高，主要是因为光斑呈圆形，其中心不易找得很准。除利用激光的方向性外，还可以利用激光的单色性，让激光束通过一定图案的波带片，产生便于对准的衍射图像，从而提高精度。这种利用衍射原理的激光准直仪叫作激光衍射准直仪。

激光衍射准直仪的原理图如图 6-11 所示，图中氦氖激光器输出的激光束经可调焦望远镜，一方面扩大光束截面，另一方面调节焦点 $O$ 的位置。由望远镜出射的光束，经波带片(也叫菲涅耳透镜)在光轴的 $P$ 点处产生一条“十”字亮线。调节望远镜的焦距，“十”字亮线可出现在光轴的不同位置上。波带片是一块具有一定遮光图案的平玻璃片(见图 6-12)。圆形波带片能把一束单色光会聚成一个点；长方形波带片能把一束单色光会聚成一条亮线；方形波带片则能把一束单色光会聚成一条“十”字亮线。激光衍射准直仪中，一般用的是方形波带片。波带片的会聚作用类似于透镜，也有类似于透镜的关系式：

$$\frac{1}{f_F}=\frac{1}{r}+\frac{1}{s} \tag{6-27}$$

式中，$f_F$ 为波带片的焦距，由波带片的参数和入射光波长决定；$r$ 为光源或光源通过望远镜后所成的像到波带片的距离；$s$ 为波带片所成的像到波带片的距离。

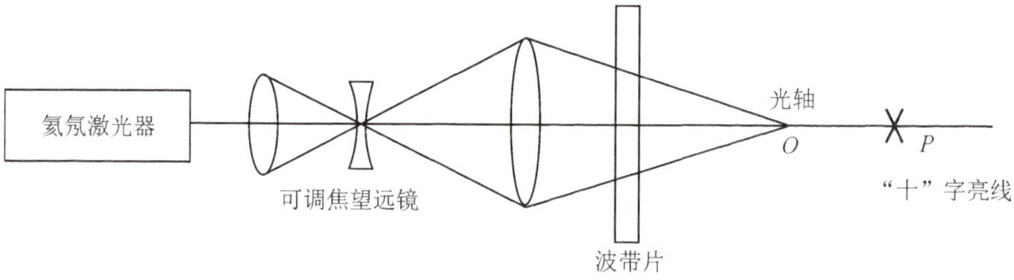


图 6-11　激光衍射准直仪的原理图

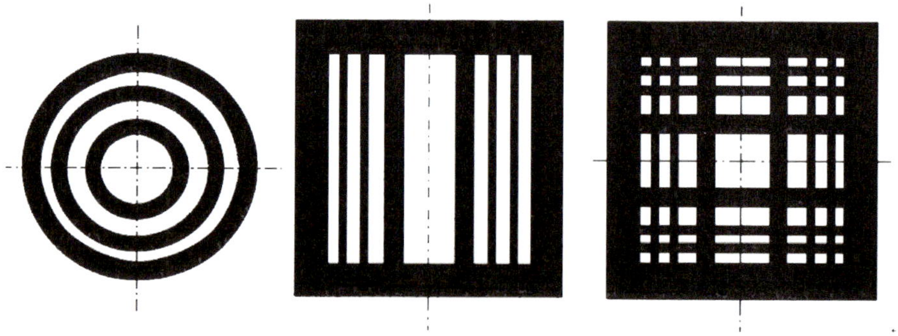

图 6-12　波带片示意图

式(6-27)表明，对于某个波带片而言(此时 $f_F$ 一定)，只要改变 $r$，就可在不同的 $s$ 上获得清晰的“十”字亮线。这些“十”字亮线的中心均落在光轴上，用来作为对准的目标。

## 6.4.2 激光多自由度测量系统

任何一个物体在空间都具有六个自由度，即在 $x$、$y$、$z$ 三个直角坐标轴方向的平动和绕 $x$、$y$、$z$ 三个坐标轴的转动。被加工工件的定位，精密零部件的安装及目标物体在空间的运动位置和姿态，都需要六个自由度的测量、调整或控制。由于生产加工技术自动化程度的提高、科学模拟实验过程中的环境控制、误差溯源的科学性及实验过程的高效性等要求，对多自由度的探测提出了越来越高的要求，即希望能同时探测工件或目标物体在空间的多个自由度。前述的激光准直仪实际上就是二自由度测量系统。下面介绍几种更多自由度测量系统的结构。

### 1. 四自由度测量系统

四自由度测量系统的设计方案很多，但原理基本相同，即在光路中加分光元件进行分光，利用每一束光所携带的位移信息，采用与激光准直仪相同的光电元件接收，并测量各自由度的偏离量。

四自由度测量系统的典型结构有以下几种。

1）中心孔式

如图 6－13(a)所示，空心锥体中央有一直径小于激光束直径的中心孔，中心孔外的基准激光束通过空心锥面反射到光敏元件 1 上，产生 $x$、$y$ 方向的电信号；穿过中心孔的激光束射向反射锥体，经反射后被光敏元件 2 接收，产生 $\theta_x$、$\theta_y$ 的电信号。

2）分光式

如图 6－13(b)所示，半反半透镜将激光束分成两束，透射光束被光敏元件接收，产生 $x$、$y$ 方向的电信号；反射光束经反射镜反射后，被光敏元件接收，产生 $\theta_x$、$\theta_y$ 的电信号。

3）反射式

如图 6－13(c)所示，光敏元件中央开有直径和基准激光束直径相同的圆孔，激光通过圆孔后被半反半透镜分为两束：一束反射到光敏元件 1 上产生 $\theta_x$、$\theta_y$ 的电信号；另一束透过后被光敏元件 2 接收，产生 $x$、$y$ 方向的电信号。

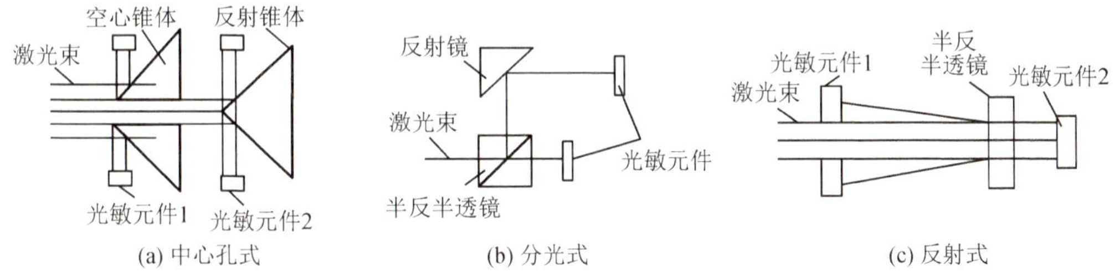


图 6－13 自由度测量系统的典型结构

### 2. 五自由度和六自由度测量系统

目前，对于五自由度和六自由度的测量主要有两种方式：一种是将单一激光束分为多束作为测量基准，采用多个光电接收器(如四象限光电池、PIN 或二维 PSD)来接收产生各自由度的电信号；另一种是将 CCD(电荷耦合成像器件)作为接收器件，对特制的置于被测物体上的模型进行扫描，以获得模型上特征点的视觉信号，然后经过一定算法而获得被测物体各个自由度的信息。

密西根大学研究了一种光学测量系统，该系统分为可动和固定两个部分，可同时测量机床五自由度偏差(五维几何误差)，如图 6－14 所示。可动部分包括三个平面镜和一个角锥反射棱镜，它们置于机床的工作台上，随工作台一起在导轨上移动；固定部分包括

He-Ne激光器、两个分光镜、一个平面反射镜和三个PSD，主要提供测量基准和测量信号。角锥反射棱镜具有对光束方向(小角度内)不敏感的特性，因此从角锥反射棱镜反射回的光束被PSD接收，所得的位置信息可反映水平和垂直两个方向上的直线度误差。平面反射镜仅对光束的偏摆和俯仰敏感，因此从平面反射镜反射回来的光束被PSD接收，所得的位置信息可反映两个角位移误差。滚转角误差由PSD获得的位置信息得出。该系统在可动部分和固定部分距离为0.5 m的范围内，测试分辨力线位移为2 μm，角位移为0.02°，但滚转角分辨力较低。

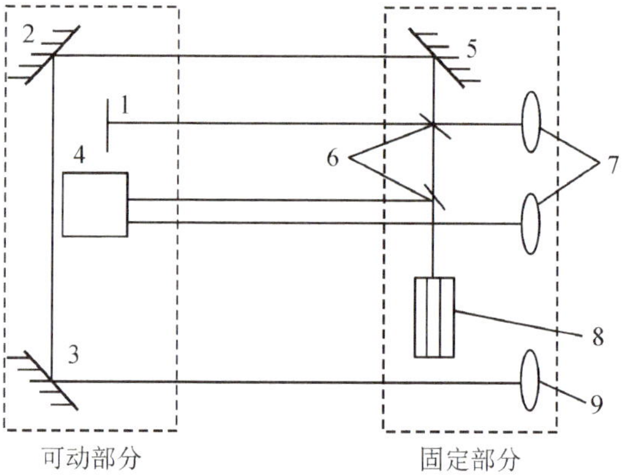


1、2、3、5—平面反射镜；4—角锥反射棱镜；
6—分光镜；7、9—PSD；8—激光器。

图6-14　光学测量系统1

Nihon大学和Sophia大学研制出了一种用于同时测量机床工作台六自由度偏差的光学测量系统，如图6-15所示。该系统采用传统的激光干涉系统的测量位置误差Δz，并通过分光镜分得的三束光携带的位置信息计算得到其他五个自由度偏差。该系统包括发出三束平行光束的固定部分和置于机床工作台上的可动部分，在保证三个测量基准光束相互平行的条件下，对三个线位移和偏摆、俯仰角偏差的测量有较高的分辨力，而滚转角的分辨力较低，因为其测量与其他各自由度偏差都相关。

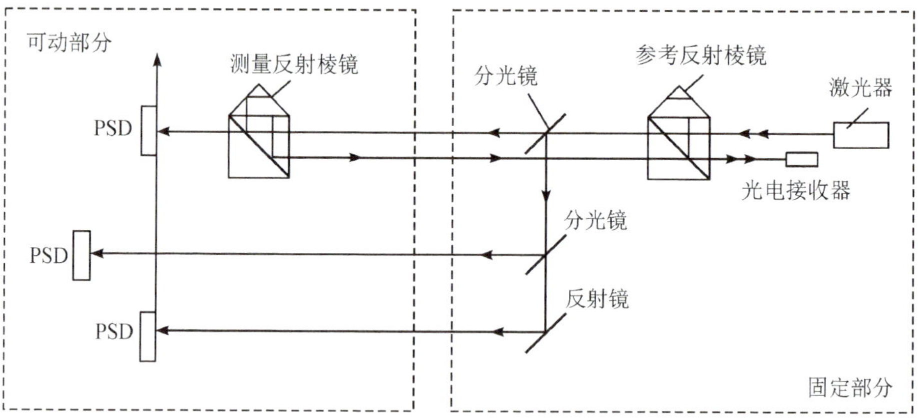


图6-15　光学测量系统2

# 6.5　环形激光测角

## 6.5.1　环形激光精密测角

### 1. Sagnac 效应和角速度测量

Sagnac 于 1913 年提出了一种环形干涉仪，它是一个严格的共路干涉系统。环形干涉仪的 Sagnac 效应如图6－16 所示。入射光被分光镜 $A$ 分为两路，一路沿顺时针(CW)方向传播，另一路沿逆时针(CCW)方向传播。暂时不管图中 $EF$ 路的作用，两路光又在 $A$ 处重新会合。

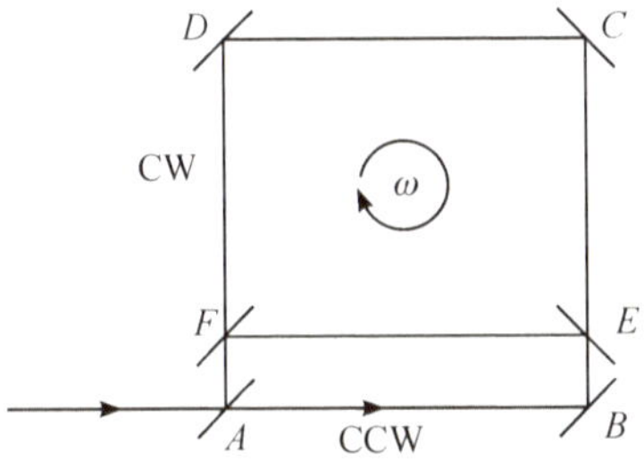


图 6－16　环形干涉仪的 Sagnac 效应

干涉仪不动时(转速$\omega=0$)，顺时针和逆时针传播一周所需时间相同，即

$$t=\frac{L}{c} \tag{6-28}$$

式中，$L$ 为 $ABCD$ 的周长。

当干涉仪转动(转速 $\omega\neq0$)时，对于随着干涉仪转动的观察者来说，两束光(顺时针和逆时针)传播的时间分别为

$$t_{\mathrm{CW}}=\oint\left[\frac{1}{c}\mathrm{d}\boldsymbol{l}+\frac{1}{c^2}(\boldsymbol{\omega}\times\boldsymbol{r})\cdot\mathrm{d}\boldsymbol{l}\right]=\frac{L}{c}+\frac{1}{c^2}\oint(\boldsymbol{\omega}\times\boldsymbol{r})\cdot\mathrm{d}\boldsymbol{l} \tag{6-29}$$

$$t_{\mathrm{CCW}}=\frac{L}{c}-\frac{1}{c^2}\oint(\boldsymbol{\omega}\times\boldsymbol{r})\cdot\mathrm{d}\boldsymbol{l} \tag{6-30}$$

二者之差为

$$\Delta t=\frac{2}{c^2}\oint(\boldsymbol{\omega}\times\boldsymbol{r})\cdot\mathrm{d}\boldsymbol{l} \tag{6-31}$$

令

$$\boldsymbol{S}=\frac{1}{2}\oint\boldsymbol{r}\times\mathrm{d}\boldsymbol{l} \tag{6-32}$$

其几何意义是：在大小为 $ABCD$ 的面积内，其方向为平面法线的方向，即

$$\Delta t=\frac{2}{c^2}\oint(\boldsymbol{\omega}\times\boldsymbol{r})\cdot\mathrm{d}\boldsymbol{l}=\frac{2}{c^2}\omega\cdot\oint\boldsymbol{r}\times\mathrm{d}\boldsymbol{l}=\frac{4\omega S}{c^2} \tag{6-33}$$

因此，光程差为

$$\Delta L = \Delta tc = \frac{4\omega S}{c} \tag{6-34}$$

迈克尔逊利用 2 m×2 m 的矩形为 $ABCD$ 光路，以 $ABEF$ 为参考光路($ABEF$ 面积足够小，其光程差可以忽略不计)测出地球转动对应的光程差为 0.13 μm。

### 2. 环形激光器

由于无源腔激光器不需要外部光源来激发激光发射，而是通过腔内的光学反馈和增益介质自身的特性来产生激光，它没有外部能量源来增强增益，且反馈机制简单，对激光参数的控制程度较低，因此无源腔激光器的灵敏度较低。下面讨论有源腔的情况。激光谐振腔的频率为

$$\nu = q\frac{c}{2\mu d} \quad (q=1, 2, 3, \cdots) \tag{6-35}$$

式中，$2\mu d$ 是在谐振腔中来回一次的光程。

在环形腔的情况下，传播一圈的光程为 $L$，则式(6－35)可写为

$$\nu = q\frac{c}{L} \quad (q=1, 2, 3, \cdots) \tag{6-36}$$

由于逆向传播的两束激光的光程不同，因此具有不同的振荡频率，应满足：

$$\frac{\Delta\nu}{\nu} = \frac{\Delta L}{L} \tag{6-37}$$

式中，$\Delta\nu = \nu_{CW} - \nu_{CCW}$ 是逆向传播的两束激光的频率差。

将式(6－37)代入式(6－34)，得

$$\Delta\nu = \frac{4S\omega}{L\lambda} \tag{6-38}$$

式中，$S$ 为环形腔的面积；$L$ 为环形腔的周长。

式(6－38)表明，尽管环形激光器的尺寸不大，但仍可得到相当大的拍频数，这是因为腔内的激活介质的增益过程使振荡的激光线宽远小于无源腔的线宽，从而使频差的测量误差大幅度减小。例如，在图 6－17 所示的环形激光器中，激光的波长为 633 nm，三角形的单边边长为 0.1 m，当环形激光器以角速度 0.1 rad/h 旋转时，频差为 0.044 Hz。结果表明，尽管旋转速度非常慢，但仍可以精确计量。

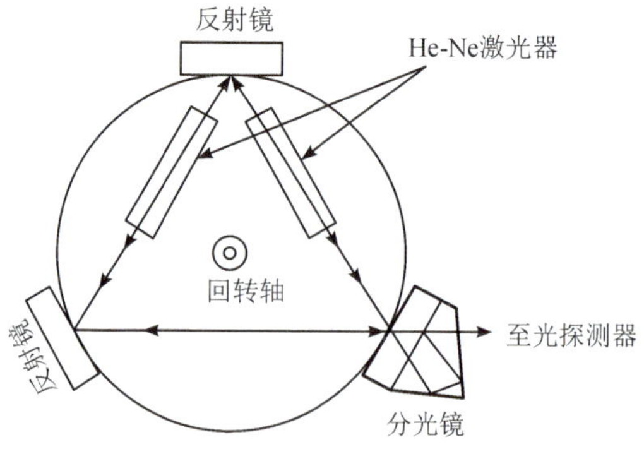


图 6－17 环形激光器示意图

### 3. 环形激光精密测角

如果从 $t_1$ 时刻到 $t_2$ 时刻环形激光器转过的角度为 $\theta$，则在这一段时间间隔内累计的拍频条纹数可以表示为

$$N=\int_{t_1}^{t_2}\Delta\nu\,\mathrm{d}t=\frac{4S}{L\lambda}\int_{t_1}^{t_2}\omega\,\mathrm{d}t=\frac{4S}{L\lambda}\theta \tag{6-39}$$

此式是环形激光器作为角度和角速度传感器的原理公式，并说明了拍频计数与转角呈线性关系。实际上，环形激光器测角还受零点漂移、闭锁、地磁、非线性等影响，需要在理论与工艺等诸多方面进行大量的工作，才能够使误差减小，实现精密测角。

## 6.5.2　光纤陀螺

光纤陀螺基于 Sagnac 效应。一个用长为 $L$ 的光纤绕成的含有 $N$ 个圆圈的光纤陀螺，其直径可表示为

$$D=\frac{L}{\pi N} \tag{6-40}$$

圆面积可表示为

$$S=\frac{\pi D^2}{4}=\frac{L^2}{4\pi N^2} \tag{6-41}$$

光程差可表示为

$$\Delta L=\frac{4\omega SN}{c}=\frac{LD}{c}\omega \tag{6-42}$$

由此可见，为了增加光程差，可以采用加大直径或增加圈数的方法。对于光纤来讲，后一种方法是极易实现的，因此实用的环形激光测角采用光纤陀螺仪。图 6-18 所示为光纤陀螺仪示意图。

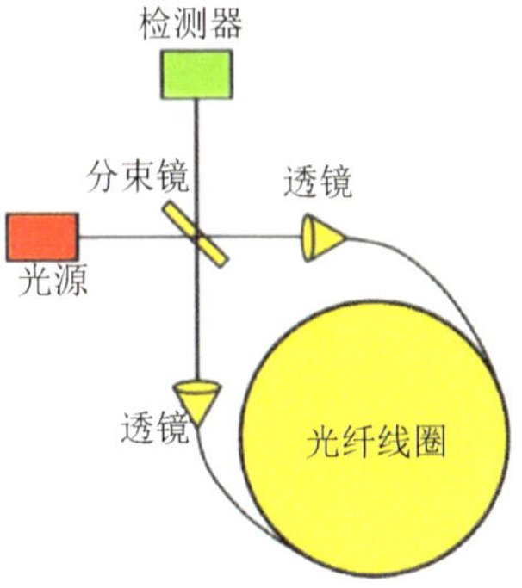


图 6-18　光纤陀螺仪示意图

# 6.6　激光环境计量

激光环境计量中采用了激光雷达。激光雷达可以非常灵敏地探测出大气中的微粒子，并通过分光方法，测定出特定的大气成分的分布。如果使用皮秒级的脉冲激光，则其空间

分辨率可达到 10 cm 以下。

当光传播中遇到折射率不连续处时，将以该处作为新的光波源产生散射现象。按照光子的能量是否发生变化，散射可分为弹性散射和非弹性散射两种类型。弹性散射又有瑞利散射和米氏散射之分。相对于激光波长而言，当散射体尺寸非常小(如空气中的分子)时，称为瑞利散射；当散射体尺寸与激光波长相近(如空气中的悬浮粒子)时，称为米氏散射。瑞利散射强度与照射激光波长的四次方成反比，所以，通过改变波长的测量方式就可以区分瑞利散射和米氏散射。相应地，非弹性散射有拉曼散射和布里渊散射两种。正是基于这些散射计量技术，才使得激光雷达在大气环境观测中得到了广泛应用。

向空中发射的激光束能够对距离数百千米外的空中悬浮物(如气体、微粒子等)进行主动性地远距离计量。通过计量散射光就可以测定空气中是否有紊乱气流(米氏散射)，以及 $CO$、$NO$、$N_2O$、$SO_2$、$H_2S$ 等各种大气污染物的种类及数量(拉曼散射)。对这些物质的鉴定主要是通过观测瑞利散射、米氏散射或拉曼散射进行的。

需要强调的是，拉曼散射是指光遇到原子或分子发生散射时，由于入射光把一部分能量转移给原子或分子，致使散射光的频率发生变化的现象。拉曼散射所表现出的特征因组成物质的分子结构的不同而不同。因此，将接收的散射光谱线进行分光，通过光谱分析法可以很容易地鉴定分子种类。

通过激光雷达可以获得空气中的悬浮分子的种类、数量及距离，利用短脉冲激光可以按时间序列观测每个脉冲所包含的信息，从而获得对象物质的三维空间分布，以及移动速度、方向等方面的信息。此外，还可利用激光雷达从宇宙对地球大气进行观测。其技术核心是：搭载有激光雷达的人造卫星从宇宙向地球发出激光，在宇宙中接收来自大气的反射光或散射光，并对其进行分析，再利用无线电波将分析结果传回至地面。由此可见，激光雷达是解决环境问题的强有力的工具。

# 第 7 章

# 激光在加工领域中的应用

随着各种激光技术的发展，激光加工已成为加工领域的主流技术。激光加工作为一种非接触、环保、低噪声、节能的绿色加工技术，具有易于实现智能控制、高度灵活和可模块化等特点。

根据激光束与材料相互作用的机理，激光加工可分为激光热加工和光化学反应加工两类。激光热加工是指利用激光束投射到材料表面产生的热效应来完成加工过程，包括激光焊接、激光雕刻切割、激光表面改性、激光镭射打标、激光钻孔和微加工等。光化学反应加工是指激光束照射到物体上，借助高密度激光高能光子引发或控制光化学反应来完成加工过程，包括光化学沉积、立体光刻、激光雕刻刻蚀等。本章将主要讨论与激光热加工有关的问题。

## 7.1　激光热加工原理

利用激光热加工，可实现对材料(包括金属与非金属)的切割、焊接、表面处理、打孔及微加工等。以金属加工为例，在功率密度为 $10^4$ W/cm$^2$～$10^8$ W/cm$^2$ 的激光聚焦照射下，随着照射时间的推移，激光束与金属表面之间会产生多种相互作用。各种参数条件下激光加工的应用范围如图 7-1 所示。

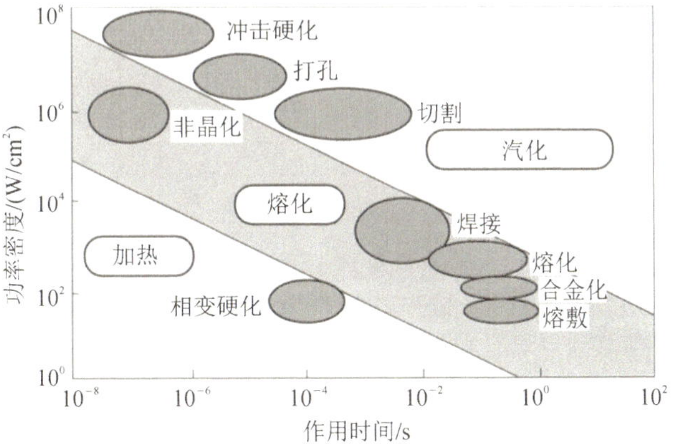


图 7-1　各种参数条件下激光加工的应用范围

下面从四个方面来描述激光与材料的相互作用过程。

### 1. 材料对激光的吸收

激光热加工时首先发生的相互作用过程是材料对激光能量的吸收。当激光照射到物体表面时，除了一小部分激光会被表面反射，其余部分会被内部材料吸收，从而使物体升温。不同材料对于不同波长的激光的吸收率不同。设材料表面反射率为 $R$，则吸收率为

$$A=1-R \tag{7-1}$$

对于大部分金属来说，其反射率在 70%～90%之间。当激光由空气垂直入射到平板材料上时，根据菲涅耳公式，反射率为

$$R=\left|\frac{n-1}{n+1}\right|^2=\frac{(n_1-1)^2+n_2^2}{(n_1+1)^2+n_2^2} \tag{7-2}$$

式中，$n_1$ 和 $n_2$ 分别为材料复折射率的实部和虚部(非金属材料的虚部为零)。

实际上，金属对激光的吸收还与温度、表面粗糙度、有无涂层、激光的偏振特性等因素有关。金属与激光相互作用过程中，光斑处的温度上升所引起的熔化、沸腾和汽化现象，以及由此导致的电导率改变，会使反射率发生很复杂的变化。

### 2. 材料的加热

材料的加热是光能转变为热能的过程。设入射激光束的光功率密度为 $q_i$，则材料表面吸收的光功率密度 $q_0$ 为

$$q_0=Aq_i=q_i(1-R) \tag{7-3}$$

激光从材料表面入射到材料内部深度为 $z$ 处的光强就是该点的光(电磁场)功率密度 $q(z)$，即

$$q(z)=q_0\mathrm{e}^{-az} \tag{7-4}$$

式中，$a$ 为材料的吸收系数。

激光在材料内的穿透深度可定义为光强降至 $I_0/\mathrm{e}$ 时的深度，由此可知穿透深度为 $1/a$。多数金属的吸收系数为 $10^5\ \mathrm{cm}^{-1}$～$10^6\ \mathrm{cm}^{-1}$，所以激光对各种金属的穿透深度为 10 nm～100 nm。非金属材料对激光的反射较小，吸收较高。但是有些非金属材料在一定波段的吸收系数也很小，如 GaAs、ZnSe、NaCl、KBr、CdTe 和 Ge 等，这些非金属材料常用作红外高功率激光器中的输出窗口材料和外光路中的透镜材料。

激光束在很薄的金属表层就被吸收了，使金属内自由电子的热运动增加，并在很短的时间($10^{-11}$ s～$10^{-10}$ s)内与晶格碰撞，将电子的动能转化为晶格的热振动能，引起材料温度的升高，然后按照热传导机理向周围和材料内部传播。从理论上讲，根据加工时的工艺参数，可以对激光照射区域的温度场分布进行求解，但实际照射的激光并不是我们所认为的一维分布。照射过程中，材料的吸收系数 $a$、热导率 $\lambda$、密度 $\rho$ 以及比热容 $c$ 都不是常数，而是一个四维变量。在微观情况下，这些参数的变化规律无法用宏观静态实验取得。因此，热传导方程的求解十分困难。

### 3. 材料的熔化与汽化

加工材料的熔化与汽化会造成材料损伤，且不同的材料产生的损伤效果不同，因此利用材料的熔化与汽化可以实现加工材料的部分去除。

在高功率激光照射下，材料表面达到熔化和汽化温度时，便会使材料熔融溅出或汽化

蒸发。加工材料因为熔化和汽化的原因会受到损伤。同时，靶中的细微裂纹受到材料的熔化或汽化不断扩大，导致周围材料密度过低，则能量会扩散到较大的体积内，使焦点处熔化的深度很小。一般情况下，激光热加工去除加工材料是通过使加工材料变成蒸气和熔融形式来实现的。如果激光脉冲宽度很窄，则材料的局部过热会导致剧烈的汽化。在局部区域，材料通过多次汽化完全去除，很少有熔化的状态。高性能激光照射非金属的过程与照射金属的过程并不相同。非金属材料在激光照射下的损伤过程非常复杂，不同的非金属材料，其损伤过程也有很大的差异。常见的非金属材料的反射率很低，导热性也很低，因而进入非金属材料内部的激光的能量就比进入金属材料内部的激光的能量更多，热影响区却较小。

#### 4. 激光等离子体屏蔽现象

激光作用于靶表面时，在靶表面产生的高温、高密度的等离子体会向外迅速膨胀，这无形之中阻止了激光到达实际靶面，切断了激光与靶的能量耦合，这种现象叫作激光等离子体屏蔽现象。当激光功率密度较小（$<10^6$ W/cm$^2$）时，产生的等离子体稀疏且依附于工件表面，对激光束近似透明。当激光功率密度为 $10^6$ W/cm$^2$～$10^7$ W/cm$^2$ 时，等离子体明显增多，表现出对激光束的吸收、反射和折射作用。在这种情况下，等离子体向工件上方和周围的扩散较强，在工件上方形成稳定的近似球形的云团。当功率密度进一步增大到 $10^7$ W/cm$^2$ 以上时，等离子体强度和空间位置呈周期性变化。图 7－2 所示为等离子云变化过程，图中，波长 $\lambda=10.6\ \mu$m，$TEM_{00}$ 模，材料为钢。

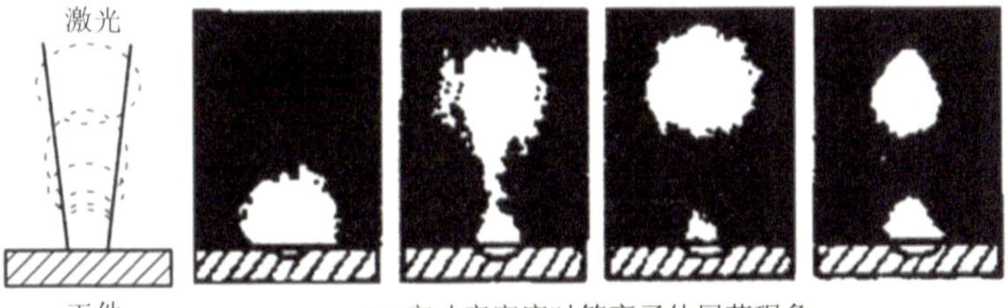


(a) 高功率密度时等离子体屏蔽现象

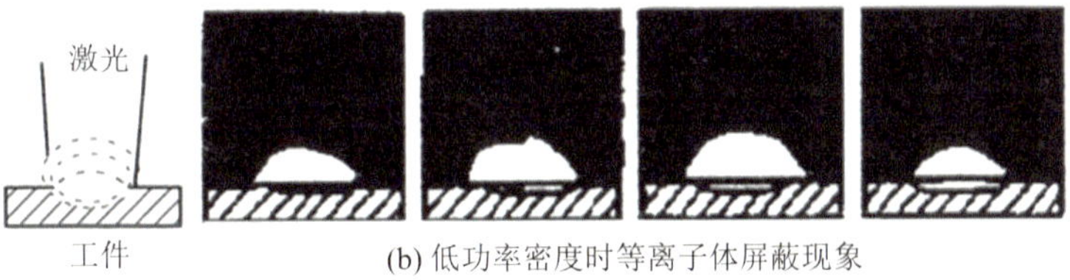


(b) 低功率密度时等离子体屏蔽现象

图 7－2　等离子云变化过程

## 7.2　激光表面改性

激光表面改性是指利用高能量密度的激光束对零部件局部易损易耗区域进行快速处理，以获得材料表面所需性能，其已在航空航天、石油化工、能源、交通、冶金等领域得到了广泛应用。激光表面改性主要包括激光淬火、激光熔覆、激光冲击强化、激光表面毛化等。本节主要介绍激光淬火和激光熔覆。

### 7.2.1 激光淬火

激光淬火又称激光相变硬化，它把聚焦后的激光束照射到钢铁材料表面，使材料温度迅速升高到相变点以上，当去除激光后，由于存留的内层材料具有快速导热的作用，表层会快速冷却到马氏体相变点以下(马氏体相变点是指材料从奥氏体向马氏体转变的临界温度，在此温度下，材料的晶体结构会发生突变，通常伴随着显著的形状变化和硬化现象)，从而获得淬硬层。激光淬火不需要淬火介质，只要把激光束引导到被加工表面，再对其进行扫描，即可实现淬火。因此，激光淬火设备更像机床。图 7－3 所示为柔性激光加工系统示意图，该系统通过五维运动的工作头把激光照射到被加工表面，在计算机控制下直接扫描被加工表面，完成激光淬火。

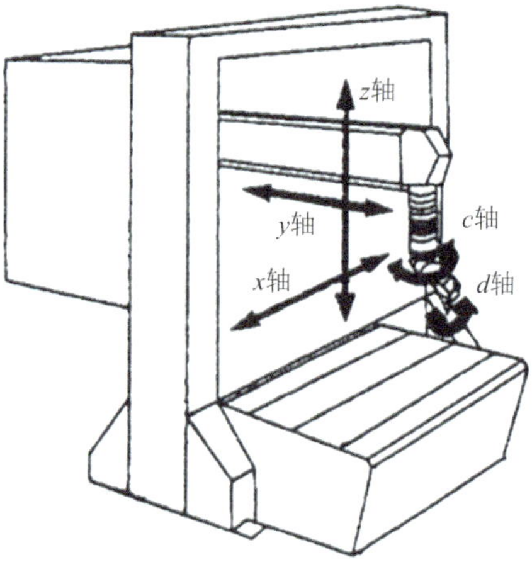


图 7－3 柔性激光加工系统示意图

激光淬火的原理类似于感应加热淬火和火焰加热淬火，但其使用的能量密度更高，加热速度更快，零件变形更小，容易控制加热层的深度和加热轨迹，易于实现自动化。因此，许多工业领域正在逐渐用激光淬火取代感应加热淬火和化学热处理等传统工艺。激光淬火可以在 0.1 mm～1.0 mm 范围内对工件表面进行淬火。淬火时，组织的结构和性质均会发生重大变化。图 7－4 所示为 45 钢表面激光淬火区域的横断面金相组织图。

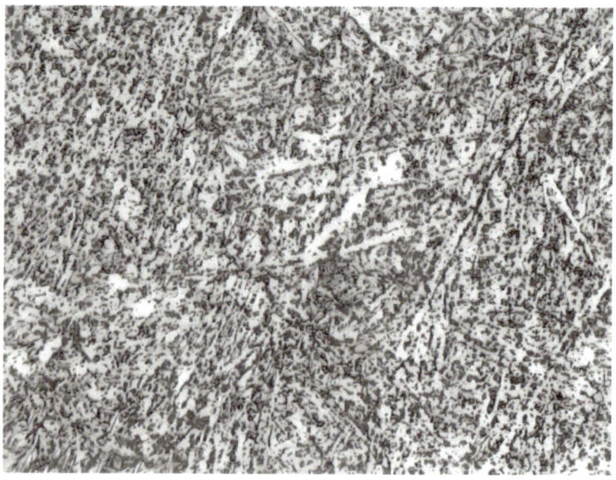

图 7－4 45 钢表面激光淬火区域的横截面金相组织图

图 7-5 所示为 45 钢表面激光淬火区域显微硬度与淬硬层深度的关系曲线。由此可见，淬火后硬度大大提高，最高硬度在材料表面附近。

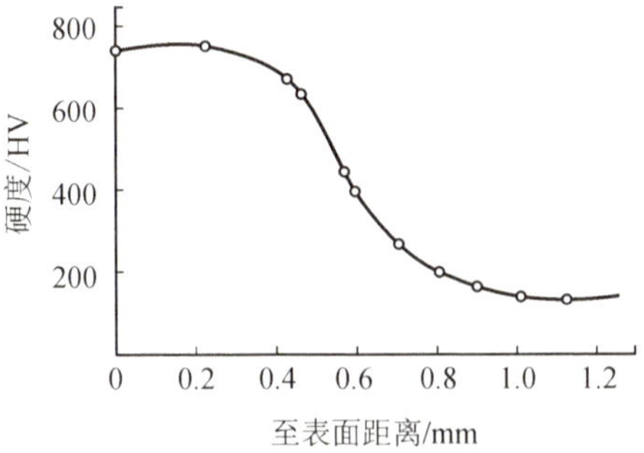


图 7-5 45 钢表面激光淬火区域显微硬度与淬硬层深度的关系曲线

影响淬硬层性能的主要因素如下。

(1) 材料成分：通过材料的淬硬性和淬透性来影响激光淬硬层的深度与硬度。

(2) 光工艺参数：激光淬火层的宽度主要取决于光斑直径 $D$，淬硬层深度 $H$ 由激光功率 $P$、光斑直径 $D$ 和扫描速度 $v$ 共同决定。

(3) 表面预处理状态：一是表面组织准备，即通过调质处理等手段使钢铁材料表面具有较细的表面组织，以保证激光淬火时组织与性能均匀、稳定；二是表面"黑化"处理，以提高钢铁表面对激光束的吸收率。

目前，激光淬火技术在工业发达国家的应用已经普遍和成熟。例如，许多汽车制造商都建立了激光表面淬火生产线，用于提高汽车零部件的耐磨性；采用激光淬火技术增加船用柴油机气缸套内壁的耐磨性；对重载大齿轮进行激光表面淬火处理，以规避常规热处理工艺可能造成的大变形、高污染问题。

我国激光淬火技术应用起步于 20 世纪 80 年代，先期在汽车发动机气缸体、缸套等零部件上开展应用。经过多年发展，激光淬火技术已拓展应用于航空航天、能源、石化、冶金等领域，对轴体类、套筒类、齿轮类、叶片类、模具等零件均取得了良好的强化效果。例如，采用较大光斑的激光束对 65Mn 弹簧钢表面进行淬火，硬化层深度约为 0.3 mm，硬化层硬度可达基体的 4.2～5.4 倍。对卷取机卷筒主轴 40CrNiMoA 钢表面进行激光淬火，磨损量仅为基体的 36.1%。通过激光淬火对 35CrMo 合金结构钢回转轴截面突变处进行局部强化处理，表面残余压力是未处理前的 1.9 倍。针对钢轨在与高速运行轮对的摩擦配副过程中的损伤问题，华中科技大学、武汉新瑞达激光工程有限责任公司等开展了钢轨激光淬火强化技术研究，研制了国际上首台钢轨激光淬火强化工程车。为了解决兆瓦级风力发电机的主轴轴承在极端环境(如重载磨损、高冲击、高盐等)下的可靠服役问题，浙江工业大学发明了激光深层淬火技术，将激光淬火层的深度提高到了 3.7 mm，有效提高了零部件在复杂环境下的抗疲劳、抗磨损性能。

### 7.2.2 激光熔覆

激光熔覆产生于 20 世纪 70 年代，是一种高效、精确、可控性强的表面处理技术，可以为各种材料提供高质量的涂层，从而提高材料的性能和寿命。其主要应用于机械工业中的轴承、曲轴、模具、螺杆、刀具等易损易耗零部件。

激光熔覆的原理是利用激光束的高能量密度和高聚焦性，将激光束聚焦在金属材料表面，使其瞬间升温到熔点以上，形成一层熔池；同时，通过控制激光束的功率、速度和扫描轨迹等参数来控制熔池的形状和深度，从而实现对涂层性能的调控。

在熔池形成的同时，还可根据需要加入一定量的添加剂(如碳化钨、碳化钼等)，以改善涂层的硬度、耐磨性和耐腐蚀性。这些添加剂在熔池中熔解后，与基体材料进行化学反应，从而形成一层坚硬、致密的涂层。

激光材料表面改性技术是十分复杂的过程，目前还没有统一的应用模型。对于不同的材料，激光的选择与应用有很大差别。因此，在利用激光表面改性技术时，要针对不同的材料选取不同的方法进行实验，制作待处理材料的工艺试块，改变工艺参数，分析处理后试块的力学性能，并制定具体的工艺流程。

激光熔覆具有如下优点：

(1) 激光束能量密度高，作用时间短，使材料热影响区以及热变形均可降低到最小程度。

(2) 控制激光输入能量，可以限制材料的稀释作用，保持材料的优异性能。

(3) 激光熔覆层组织致密，微观缺陷少，结合强度高。

(4) 激光层的尺寸大小和位置可以精确控制。设计专门的导光系统可对深孔、内孔、凹槽、盲孔等部位进行处理。例如，采用一些特殊的导光系统可以使单道激光熔覆层宽度达到 20 mm～30 mm，最大厚度可达 3 mm 以上，使熔覆效率和覆层质量进一步提高。

(5) 激光熔覆对环境无污染，无辐射，低噪声，劳动条件得到较大程度的改善。

20 世纪 80 年代以来，我国激光熔覆技术发展迅速，已经从实验室研究扩展到工程实际应用，如航空航天、动力装备、机械工业、石油化工等。例如，机械科学研究总院集团有限公司、哈尔滨工业大学与国外机构进行联合研发，实现了超高速激光熔覆技术的工程应用；浙江工业大学将激光熔覆技术应用于汽轮机叶片强化和汽轮机转子修复，对失效转子进行回收和再制造利用，转子的使用寿命延长了 2～3 倍；利用激光熔覆技术对天然气净化厂汽轮机气缸变形位置进行现场修复，消除了气缸漏气现象；在 45 钢曲轴连杆轴颈上激光熔覆铁基合金粉末，形成相当于基体 2～3 倍硬度的熔覆层，解决了曲轴轴颈易出现裂纹和过度磨损的问题。

## 7.3 激光去除材料

激光去除材料是改变材料尺寸和形状的激光加工技术。激光去除材料主要分为两种机制：一种是完全依赖于激光和材料的相互作用，如材料汽化和材料蒸发；另一种是在激光和材料的相互作用中，采用氧化、气吹等辅助方法。激光去除材料加工有两种方法，分别为激光打孔和激光切割。

### 7.3.1 激光打孔

激光打孔是最早实用化的激光加工技术，也是激光加工的重要应用之一。对于硬度大、熔点高的材料，传统的加工方法已不能满足某些工艺要求，而激光束在空间和时间上高度集中，利用透镜聚焦，可以将光斑直径缩小到微米级，从而获得 $10^5$ W/cm$^2$～$10^{15}$ W/cm$^2$ 的激光功率密度。

激光打孔是利用脉冲激光的高功率密度和空间相干性，使工件被照射部位的材料受到冲击，进而汽化、蒸发，从而实现对金属等硬质材料的打孔。激光打孔的过程是激光和物质相互作用的热物理过程，在这个过程中存在着许多不同的能量转换过程，包括反射、吸收、汽化、再辐射和热扩散等。这个过程是由激光束特性（如激光的波长、脉冲宽度、聚焦状态等）和材料的物理特性决定的。激光经透镜聚焦到加热工件，在激光焦点附近的被照射材料上形成上万摄氏度的高温，材料会瞬时熔化或汽化，由于熔体温度的不断升高以及激光脉冲的热冲击作用，材料的汽化物夹带着熔化物从熔体底部以极大的压力向外喷射，并伴随着爆炸和冲击，于是在被加工零件上形成孔洞，这就是脉冲激光打孔。具体过程可以分为以下五个阶段。

1）表面加热

聚焦的激光束入射到材料表面，通过菲涅耳吸收机制在材料表面几纳米的厚度内聚集热量。材料吸收激光后，入射光波穿透材料表面，并传播能量到材料表面下的电子。被激发的电子碰撞金属点阵，使得能量很快转化为热量。激光束的热效应相当于材料表面的圆形热源，热通量分布由激光束的密度分布决定。传热速度取决于材料表面的吸收率。不管是 Nd:YAG 激光器还是 $CO_2$ 激光器，其传热速度都是很低的。典型的吸收率是 10%和 30%，典型的激光束密度是 $10^7$ W/mm$^2$。

2）表面熔化

激光打孔时，聚焦激光束照射在材料表面，使局部区域迅速升温至熔点以上，形成熔化区域。等温面是指材料表面达到相同温度的区域分布，通常呈现为以激光焦点为中心的圆形或椭圆形。

表面熔化在激光加工中可用于改善材料表面性能，例如，表面熔化可在材料表面形成淬火层，显著提高表面硬度；表面熔化形成的氧化层或熔融层可提高材料的耐腐蚀性；在生物医学领域，激光表面熔化可用于制备非晶涂层，提升材料的生物相容性。

3）蒸发

假定给出充分的激光强度，熔化的表面开始蒸发。这时会发生以下状况，这些状况完全改变了激光打孔过程。

（1）蒸发的出现增强了材料表面的吸收，因此加速了蒸发。

（2）在蒸发过程中，表面蒸气波使材料表面变成液体，同时使下层表面开始变得粗糙。蒸发压力冲击表面，液体被喷射出来。另外，液体自身也可能吸收激光，从而使材料变得更热，因此在表面产生了另外一个热源。

（3）在一定的条件下，喷出的蒸气被加热到一定温度时才会产生等离子体，通过逆韧致辐射产生额外的吸收，在蒸发中光子碰撞自由电子，把光子的热量转化为电离蒸发的热能。

4）蒸发喷射

由于表面液体的蒸发，产生的蒸气向外喷射，形成强烈的气流。随着蒸气的进行，材料内部的温度继续升高，更多的物质被汽化并加入喷射的气流中。

5）流体喷射

通过一定压力和流速将流体加速，并通过喷嘴形成高速喷射流的过程称为流体喷射。伴随着蒸发喷射，表面液体对周围环境产生冲击。在喷射作用下，材料逐步被移除，孔的形态逐渐形成。

上述五个阶段只涉及了热效应。另外，激光为爆炸波和冲击波提供了一个驱动力。蒸发压力和驱动力的作用是通过流体层打一个通孔。只要光束持续作用，在热与流体动力学和材料的相互作用下，孔数将按照一定的方式持续增加。

激光打孔的迅速发展，主要源于 YAG 激光器平均输出功率的提高(已由 400 W 提高到了 1000 W)。这在很大程度上改善了打孔质量，提高了打孔速度，也扩大了激光打孔的应用范围。

## 7.3.2 激光切割

激光切割是一种充分利用高能量密度激光束热效应，对材料进行快速切割的先进制造技术，可实现结构复杂、高硬脆性等金属、非金属材料的快速切割，具有材料适应性强、非接触式加工、高效自动化、高品质等优势，突破了许多传统制造方法无法实现的技术瓶颈。激光切割在航空航天、工业制造、医疗器械等领域得到了广泛应用，其市场前景极其广阔。

经过多年的发展，激光切割技术已经从二维切割走向三维切割，从中低速切割走向高速切割，从小幅面切割走向大幅面切割，从薄板、中厚板切割走向大厚板切割，从功能单一的激光切割走向功能集成型复合切割等，在国民经济产业中发挥了巨大的作用。关于激光切割技术的研究，切割系统创新、切割过程数值模拟、切割效率提高及切割质量控制等成为了热点，而对这些研究热点的关键问题进行梳理有助于进一步推动激光切割技术的纵深研究。

### 1. 激光切割的原理及分类

激光切割利用聚焦后的高能量激光束对工件表面进行辐照，使得辐照区的材料迅速熔化、汽化或分解，同时借助同轴高压辅助气体吹走残渣，形成切缝。在数控系统的控制下，激光切割头(如图 7-6 所示)按照既定轨迹进行切割，以实现材料的任意成形。

按照切割原理和切割过程中的特点的不同，激光切割可分为激光汽化切割、激光熔化切割、激光氧气切割和激光划片与控制断裂四类。它们均属于典型的热切割技术。

(1) 激光汽化切割所需的能量密度较高，常用于切割较薄的金属和非金属材料。

(2) 激光熔化切割所需能量仅为激光汽化切割的 1/10 左右，常用于不易氧化的材料或不活泼金属的切割，如不锈钢、钛、铝及其合金等。

(3) 激光氧化切割充分利用激光热能和辅助气体的氧化反应热两个热源进行切割，其切割速

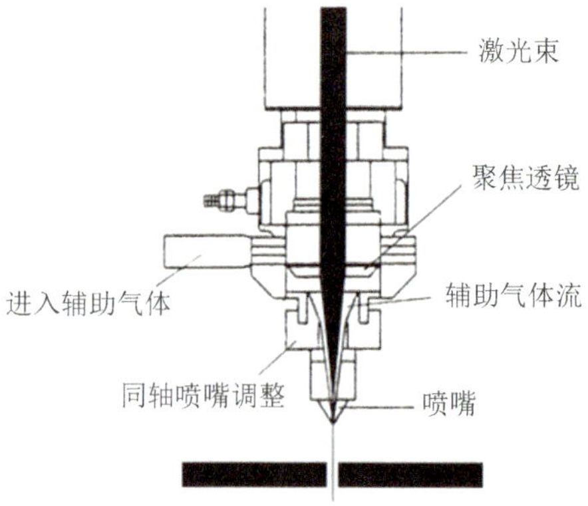

图 7-6 激光切割头

度虽快但切割质量差，主要用于碳钢等易氧化的金属材料的切割。

(4) 激光划片与控制断裂是利用激光产生沟槽，通过外力使其脆断或利用激光诱导热应力控制裂纹扩展，从而分离材料的，适用于脆性材料加工。

### 2. 激光切割的工艺参数

激光切割的工艺参数具体如下：

(1) 激光功率。激光切割时所需功率的大小是由材料性质和切割机理决定的。

(2) 切割速度。在一定功率条件下，板厚越大，切割速度越小。需要注意的是，切口表面粗糙度对切割速度也有较大影响。

(3) 最佳切割气体流量。在功率和切割材料板厚一定时，存在最佳切割气体流量，这时切割速度最快。随着激光功率的增加，最佳切割气体流量也会增大。

(4) 光束质量、透镜焦距和离焦量。当激光器输出光束的模式为基横模时，对激光切割最为有利。光斑大小与透镜焦距成正比。短焦距的透镜虽然可以得到较小光斑，但焦深很小。离焦量对切割速度和切割深度影响较大，切割过程中必须保持不变。一般情况下，离焦量选用负值，即焦点位置置于切割板面下面某一点。

(5) 喷嘴。喷嘴是影响激光切割质量和效率的一个重要部件。激光切割一般采用同轴(气流与光轴同心)喷嘴，喷嘴出口直径大小应依据板厚进行选择。另外，喷嘴到工件表面的距离对切割质量也有较大影响。为了保证切割过程稳定，这个距离必须保持不变。

### 3. 工业材料的激光切割

1) 金属材料的激光切割

金属材料的激光切割有广泛的应用和多种切割方式。例如，二氧化碳激光器已成功用于许多金属的切割实践；利用氧助熔化切割方法切割碳钢板，其切缝可控制在满意的宽度范围内。大多数合金结构钢和合金工具钢都能够用激光切割方法得到良好的切边质量。铝及铝合金不能利用氧助熔化切割方法切割，而要使用熔化切割机进行切割。飞机制造业常用的钛及钛合金采用空气作为辅助气体，可以确保切割质量。大多数镍基合金也可实施氧助熔化切割。铜及铜合金反射率太高，很难用 10.6 μm 的二氧化碳激光器进行切割。

2) 非金属材料的激光切割

塑料、橡胶、木材、纸制品、皮革、天然织物及其他有机材料都可以用激光进行切割，但是木材的厚度需有所限制。无机材料中，石英和陶瓷可以用激光进行切割，后者宜用控制断裂切割且不可使用高功率。需要强调的是，玻璃和石头一般不宜采用激光切割。

3) 半导体封装的激光切割

半导体封装行业在生产先进的、小型化的微电子器件的下一代设计中将基材分割成单独的器件，其电路分离的切割要求已经超出了机械切割的能力，这就使得激光切割成为了唯一可行的方法。

## 7.4 激光焊接

激光焊接主要指金属材料之间的连接。和传统的焊接技术一样，激光焊接将连接区的部分材料熔化而将两个零件或部件连接起来。此外，激光焊接能使一些高导热系数和高熔点金属快速熔化，从而实现特种金属或合金材料的连接。在激光焊接过程中，无机械接触保证了焊接部位不因受力而发生形变，大大提高了焊接质量。

## 7.4.1 激光焊接的原理及优缺点

激光焊接原理图如图 7－7 所示。激光器产生的若干束激光通过聚焦系统被会聚成一束高强度激光，将这束高强度激光作为加热源照射到焊件上，再对焊件进行熔化以形成局部熔池，熔池冷却后两个焊件被焊接在一起，即完成焊接过程。

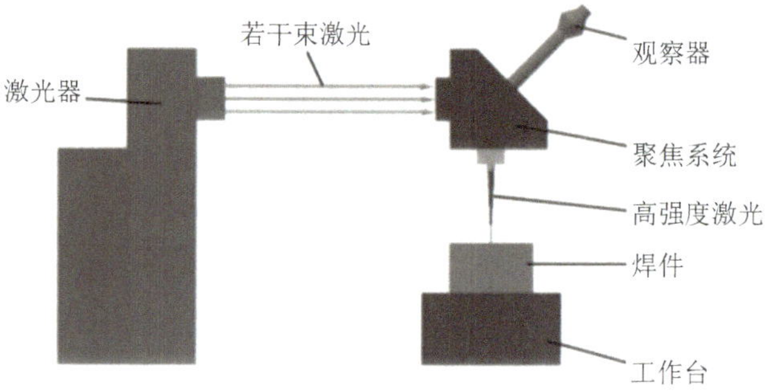


图 7－7　激光焊接原理图

激光焊接有如下优点：

(1) 激光束可以通过聚焦得到很高的功率密度，从而达到较高的焊缝深宽比。

(2) 热影响区很小，焊件的热变形很小，可以进行精确的焊接，且焊接无须刚性夹紧。

(3) 激光焊接可以焊接很难焊的材料(如石英)。

(4) 激光焊接在空气中进行，不需要真空，不产生 X 射线(与真空电子束焊相比)。激光焊接还需要在保护条件下进行，以防止气体侵蚀焊接熔池，如氧化等。

(5) 激光焊接不用焊条或填充材料就可以得到成分与母材相同的焊缝。

(6) 激光焊接没有惯性，可以迅速开始与停止。

(7) 激光焊接可以高速度焊接复杂工件，易于控制和自动化。

从焊接小零件或设备到目前激光焊接的高性能阶段，激光焊接的缺陷也逐渐出现，具体如下：

(1) 激光设备价格昂贵，投资巨大。

(2) 激光焊接间隙适应性差，即极小的激光聚焦对工件加工质量有显著影响，这个过程需要严格的定位和装配。典型的焊缝最大允许间隙不应超过材料厚度的 0.1 倍，需要采用特殊且昂贵的焊接设备。

(3) 激光焊接作为一种自动焊接工艺，一般不用于填充金属，因此，在焊接一些高性能材料时，很难控制焊缝的组成和结构。

(4) 高焊接速度会导致高凝固率，即容易导致焊缝出现裂缝或多孔。

(5) 铝、铜、金等高反射材料很难用 Nd：YAG 激光器来焊接，用 $CO_2$ 激光器焊接则更困难。

## 7.4.2　激光焊接的分类

激光焊接可以按多种方式进行分类。

(1) 按功率密度的不同，激光焊接可分为激光热传导型焊接和激光深熔焊接。如图 7-8(a)所示，激光热传导型焊接的功率密度在 $10^4$ W/cm$^2$～$10^5$ W/cm$^2$ 之间，其特点是熔深浅和焊接速度慢，只熔化工件表面。如图 7-10(b)所示，激光深熔焊接的功率密度在 $10^6$ W/cm$^2$～$10^7$ W/cm$^2$ 之间，大功率激光会使金属表面瞬间产生高温，材料表面金属因汽化而形成小孔，从而导致金属表面下陷而形成孔洞——“孔穴”，这种“孔穴”称为匙孔，所以激光深熔焊接也称激光匙孔焊接，其特点是焊接速度快、深宽比大。

(2) 按输出能量方式的不同，激光焊接可分为脉冲激光焊接和连续激光焊接。

如图 7-8(c)所示，脉冲激光焊接根据脉冲信号来实现焊接，一般用于点焊，适用于中小型焊接，焊接工件的厚度不能大于 1 mm，焊缝影响参数为焊接时间。脉冲激光焊接中，激光的发射时间取决于 1 个周期的脉宽时间，脉宽越长，发射激光的时间也就越长。如图 7-8(d)所示，连续激光焊接发射的激光信号是连续的，可以焊接厚度大于 1 mm 的焊件，焊缝影响参数为焊接速度。脉冲激光焊接和连续激光焊接都会在工件上留下焊痕，因为两者输出激光的方式不同，所以两者焊痕形状不同。

(3) 按焊接类型的不同，激光焊接可分为激光填丝焊接、激光点焊和激光电弧焊接。如图 7-8(e)所示，激光填丝焊接一般是连续激光焊接，其通过焊接导管送丝，利用激光照射到焊丝上，熔化焊丝进行工件的焊接。如图 7-8(f)所示，激光点焊属于脉冲激光焊接，一个脉冲完成一个点的焊接，其焊接原理与脉冲焊接原理类似。如图 7-8(g)所示，激光电弧焊接利用激光束和电弧的双重热源进行焊接，其属于激光深熔焊接。

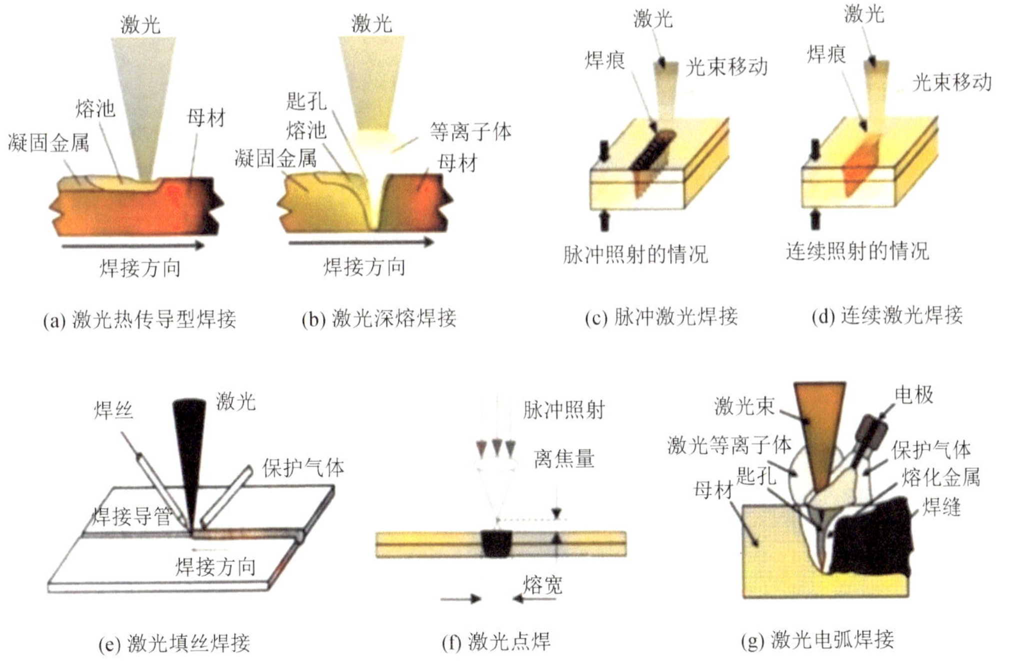


图 7-8　焊接方式

### 7.4.3 激光复合焊

针对7.4.1节提到的激光焊接的缺点，激光复合焊应运而生。激光复合焊定义为激光束和电弧作用在同一区域的焊接工艺。其焊缝由激光焊接深穿透小孔型焊缝和传统焊接酒杯型焊缝混合而成，哪种焊缝形式占优，取决于激光和传统热源的功率比。从激光复合焊的一般定义来看，既没有限制第二热源种类，也没有限制两种热源的相对位置。在这样宽泛的定义中，可以将激光复合焊理解为激光和其他任何热源组合的焊接方式。由这个定义可知，激光复合焊可以由所使用的热源形式及其排列来分类。需要强调的是，主要激光热源使焊接呈深熔焊接形式进行。主要热源有三种，分别是$CO_2$、Nd:YAG及光纤激光。

另外，次要热源也可能用一种低聚焦性的高功率半导体激光来代替，可以将Nd:YAG激光与半导体激光结合进行半导体激光复合焊。与电弧焊相比，半导体激光复合焊虽然成本更高，但具有聚焦区域可控及能量密度分布和位置可调整的优点。

激光-电弧复合焊的方法包括两种：旁轴复合焊和同轴复合焊。激光-电弧旁轴复合焊方法的实现较为简单，其缺点是热源的非对称性使得焊接质量受焊接方向影响很大，难以用于曲线或三维焊接。而激光-电弧同轴复合焊方法则可以形成一种同轴对称的复合热源，大大提高了焊接过程的稳定性，并可方便地实现二维和三维焊接。图7-9所示为激光复合焊示意图。

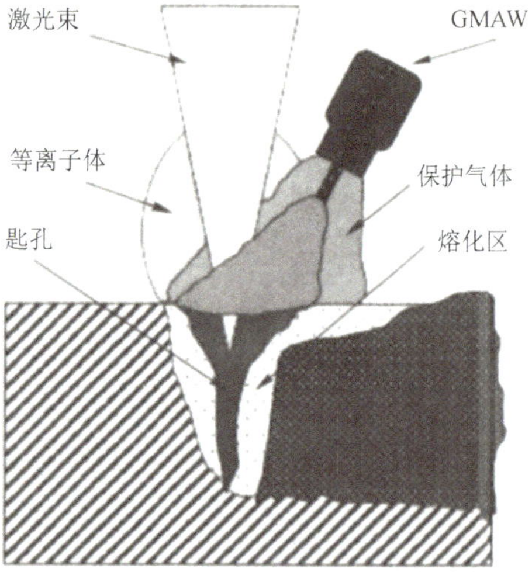

图7-9 激光复合焊示意图

目前，次要热源广泛应用于静电电弧焊，主要分为熔化极气体保护焊(GMAW，通常包括MIG和MAG)、钨极气体保护焊(GTAW)和钨极惰性气体焊(TIG)等。熔化极气体保护焊通过焊丝与焊件之间产生电弧，电弧热量使焊丝和焊件熔化，同时由保护气体将焊接区域与空气隔离，防止空气中的氧气、氮气等对熔池产生不良影响；电弧形状受保护气体的影响，分为惰性气体保护焊(MIG)和活性气体保护焊(MAG)。钨极气体保护焊中，电弧在熔融电极(电线)和工件之间燃烧；通过选择适当的线合金成分，可以调整焊接性能。钨极惰性气体焊通常使用氩和氦等惰性气体，这个焊接过程的特殊形式是等离子电弧焊(PAW)；PAW专用火炬产生压缩电弧，使电弧更集中。

激光复合焊可应用于大部分导电材料中。使用适当的感应线圈形状和优化参数(如功率和频率等)可以提高焊接质量，获得无气孔、无裂纹、无缺陷且局部可控的激光焊接。激光复合焊的热源定位有熔融池的联合作用和单一作用两种。在同一点上的影响意味着局部交互区域的属性对单个方法变化的作用，激光电弧复合焊通常在这种情况下进行。激光复合焊也可以配置其他热源，如半导体激光器。

熔融池的形成是激光能量与材料相互作用的结果，涉及激光束粉末颗粒以及基体材料的联合作用。单一作用是指热源作为焊接的高温液态金属区域，为焊接提供物理条件。两个热源可以沿着焊接方向垂直放置，通过改变次要热源和激光源之间的距离来改变冷却速度，从而控制裂纹的发生。两个热源也可以按焊接方向水平放置，使其沿着同一固定焊接距离移动。导热损失会降低焊接效率。焊接材料的局部预热可降低导热损失，提高焊接效率。热处理的影响会使焊接的组织发生变化。图 7－10 所示为激光复合焊的热源分类。

- 激光复合焊的热源
  - 主要热源
    - $CO_2$激光
    - Nd:YAG激光
    - 光纤激光
  - 次要热源
    - 电弧焊热源
      - 熔化极气体保护焊(MIG/MAG)
      - 钨极气体保护焊(GTAW)
      - 等离子弧焊(PAW)
      - 钨极氩弧焊(TIG)
    - 其他热源
      - 半导体激光(HPDL)
      - 感应热源

图 7－10　激光复合焊的热源分类

激光复合焊的应用为提高焊接成型性能提供了许多方案。使用不同的次要热源和激光复合焊结构，可解决激光焊接无法解决的问题，扩大大功率激光器的应用范围。但激光复合焊的数学模型和相关实验的基础研究还很有限，特别是等离子体相互作用现象涉及激光和电弧的相互作用、熔融池内的热场和流场等问题。

以下介绍几种商用的激光复合焊系统。图 7－11 所示为同轴 Nd:YAG 激光复合焊头，其具有先进的光学系统，包含反射镜和 1/2 透镜，电极在辅助喷嘴中心。

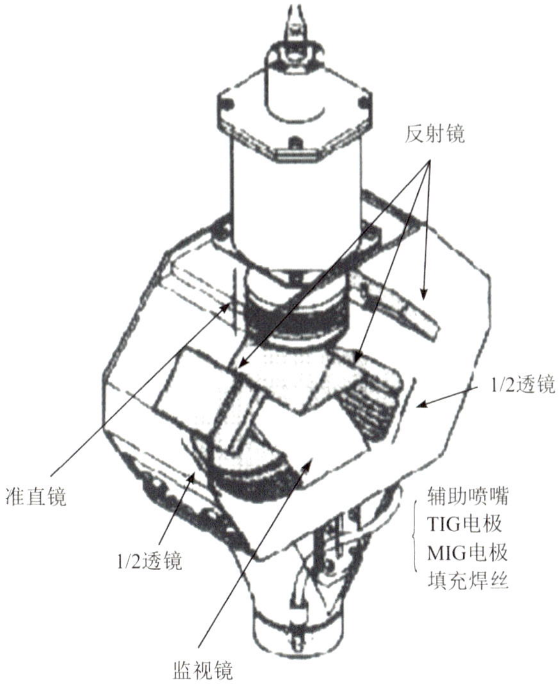


图 7－11　同轴 Nd:YAG 激光复合焊头

Fronius 为汽车工业研制了图 7－12 所示的集成复合焊头，该集成复合焊头设计小巧，可呈镜面安装，且机器人的垂直调整范围宽，焊接材料由送丝单元输送。为防止焊接过程中产生的飞溅污染工件，安装有防护玻璃。但防护玻璃会使激光功率下降，还会吸收激光能量，产生热应力损坏。为防止以上情况发生，设计了横向喷嘴，利用横向气流使飞溅偏转，吸收掉飞溅并增加出口流速。为防止空气进入焊接区域，在空气接头用空气出口管进行萃取。

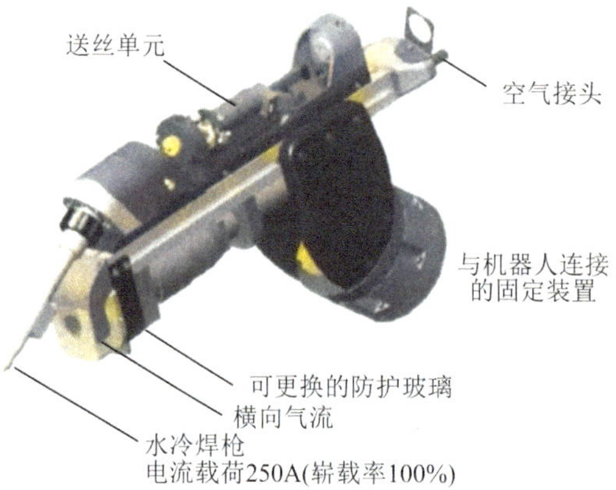


图 7－12　Fronius 制造的集成复合焊头

激光焊接广泛应用于车体制造领域，但镀层钢板的搭接焊仍存在技术瓶颈。特别是当有低熔点和汽化点的元素存在时(如锌，作为钢板的防腐材料而使用)，在焊接期间会导致突然汽化，从而影响焊缝的完整性。焊缝质量的改善仅由钢板之间的间隙来保证，而且间隙的宽度必须限制以保证得到完整的接头。因此，焊缝坡口边缘的制备是关键。为了保证锌蒸气的逸出，需扩大小孔的有效断面或焊道体积，这可通过在小孔的上面或气体逸出区域使用附加热源来实现。例如，联合使用 $CO_2$ 激光和高功率的半导体激光在各种参数下焊接 0.75 mm～1.25 mm 不同厚度的镀锌钢板，能够避免熔池爆发的扰动，如图 7－13 所示。

(a) 激光焊($CO_2$)　　(b) 复合焊

图 7－13　镀锌钢板的搭接焊

## 7.4.4　激光焊接的应用

由于激光具有高功率、高精度、高强度、局部瞬态加热和可控性较好的特点，因此利用激光不仅可以焊接形状复杂的大型曲面板材，还可以焊接微小零部件甚至精密医用器械。例如，利用激光可以焊接汽车顶盖和离合器齿轮，如图 7－14(a)所示。激光电弧焊可以实现高精度、高强度焊接，还可以改善在焊接过程中激光烧穿的问题，广泛应用于船舶制造业，如图 7－14(b)所示。相比铆钉固定，激光焊接具有焊接速度快、焊接强度高和焊缝成型小等特点，在飞机修理领域占有很大优势，因此被广泛使用，如图 7－14(c)所示。利用激光焊接火箭的发动机外壳，并对壳体进行拉伸断裂实验研究，可为火箭外壳焊接开辟一条新的道路，如图 7－14(d)所示。激光焊接还可应用于医疗器械的血管支架的焊接，

Nd:YAG 激光器可对钛镍合金 SAM 进行血管支架的十字接头的焊接，如图 7－14(e)所示。

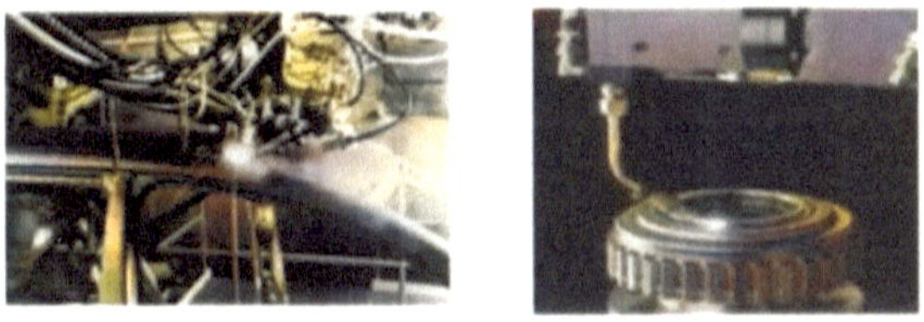

(a) 焊接汽车顶盖(左图)和离合器齿轮(右图)

(b) 焊接船舶所用钢材

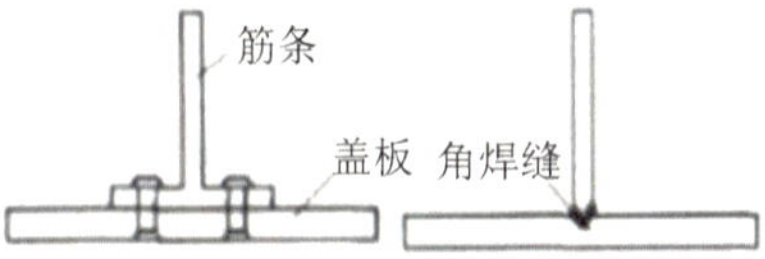


(c) 铆钉固定筋条(左图)和激光焊接筋条(右图)

(d) 焊接火箭发动机壳体

(e) 焊接十字接头

图 7－14 激光焊接的应用

## 7.5 激光快速成形

激光快速成形发展于 20 世纪 80 年代末，它采用逐渐增加材料的方法来制作所需的材料，可以一次成形复杂的零件。目前，采用激光能量作为材料结合的方法相当普遍，近十年来已开发出多种激光快速成形技术，并广泛应用于航天、医疗以及机械电子等领域，成为先进制造技术的重要组成部分。本节将重点介绍几种激光快速成形技术。

### 7.5.1 立体光造型

立体光造型又称光固化快速成形，是一种最早商品化、市场占有率最高的快速成形技术。其原理示意图如图 7－15 所示。以紫外光可固化液态树脂(如聚丙烯酸酯、聚环氧基等)为原料，紫外光源在计算机控制下按零件的各分层截面信息在光敏树脂表面进行逐点扫描，被扫描区域的树脂薄层(约零点几毫米)发生光聚合反应而固化，形成零件的一个薄层。一层固化完毕后，工作台下移一层层厚的距离，以便在原先固化好的树脂表面再敷上一层新的液态树脂，然后进行下一层的扫描加工。新固化的一层牢固地黏在前一层上，如此反复，最终制造出所需形状的零件。由于光聚合反应是基于光的作用而不是基于热的作用，故在立体光造型过程中只需功率较低的激光源即可。此外，因为没有热扩散，且链式反应能够很好地被控制，可保证聚合反应不发生在激光点之外，因此立体光造型的加工精度高（±0.1 mm），表面质量好，原材料的利用率高（接近100%），制作效率较高，能够制造出形状复杂（如空心零件和模具等）、精细（如首饰、工艺品等）的零件。

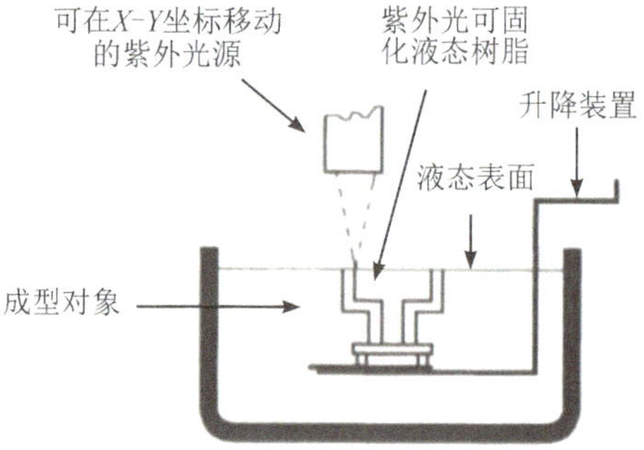


图 7-15　立体光造型的原理示意图

## 7.5.2　选择性激光烧结

选择性激光烧结与立体光造型很相似，也是利用激光束来扫描各原材料，但选择性激光烧结用粉末物质代替了液态光聚合物。选择性激光烧结的原理示意图如图 7-16 所示，$CO_2$ 激光器在计算机的控制下，以一定的扫描速度和能量在选定的扫描轨迹上作用于粉末材料（如尼龙、塑料、金属、陶瓷的包衣粉末或粉末的混合物），有选择地熔化粉末，使粉末黏结固化而形成一个层面；未被烧结的粉末作为支撑材料，由电机驱动，使粉末固结面下降一定的高度，在铺上一定厚度的新粉末后重复以上工序，直到形成整个零件。

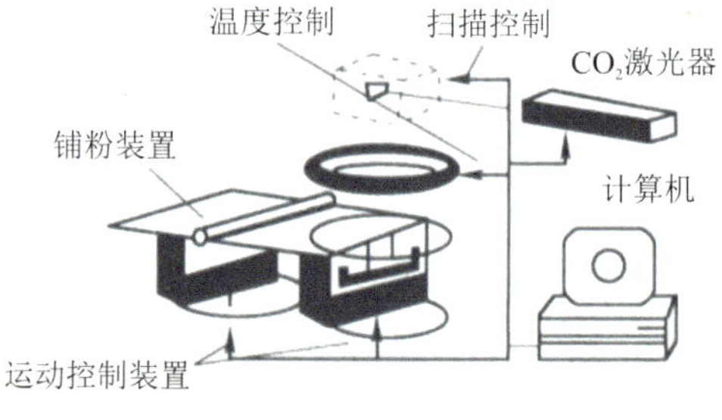


图 7-16　选择性激光烧结的原理示意图

选择性激光烧结具有原材料可选择范围广泛、不需特殊支撑、多余材料易于清理、应用范围广等特点，适合于多种材料、多种用途原型及功能零件的制造。

在激光烧结快速成形过程中，激光的特性参数（如光斑尺寸、波长、功率密度等）及扫描速度、扫描间隔，连同粉末的特性和烧结氛围，是激光烧结成形的关键因素。此外，烧结原型的强度受孔隙率、黏结剂含量的函数及激光扫描路径的影响。

## 7.5.3　激光熔覆成形

激光熔覆成形是在激光熔覆的基础上研制的一种新的快速成形技术。其原理示意图如图 7-17 所示。激光熔覆成形的热加工原理与激光熔覆的相同，其成形原理和其他快速成形的相同，即用计算机生成待制作零件的 CAD 模型，对该 CAD 模型进行切片处理，并生成每一层的扫描轨迹，通过数控工作台的运动实现激光熔覆；被熔覆的粉末通过送粉装置用气体输送，逐层叠加熔覆粉末，最终成型出所需形状的零件。与其他快速成形的区别在于，激光熔覆成形能够成形出致密性很高的金属零件，其零件的强度甚至超过用常规铸造或锻造方法生产的零件的强度。

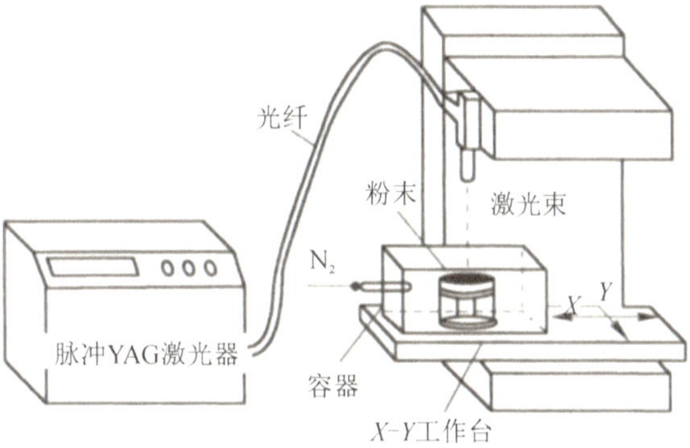


图 7－17　激光熔覆成形的原理示意图

目前，用激光熔覆成形技术制造出的复杂截面变换器的零件外形的误差在 0.5 mm 以内，如图 7－18 所示。

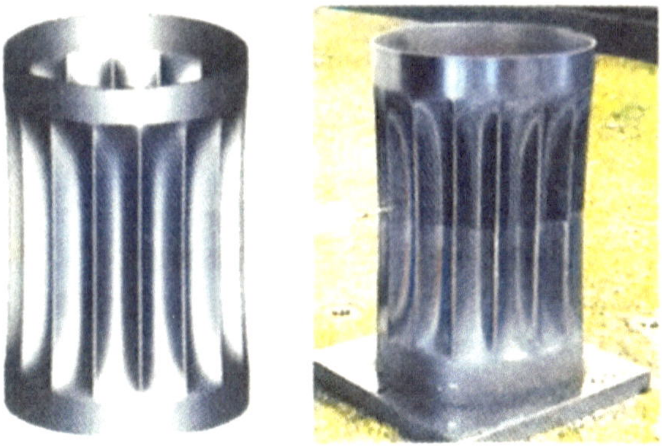

(a) CAD图形　(b) 实物

图 7－18　复杂截面变换器

激光熔覆成形技术还有一些问题有待解决，下列因素对成形零件精度会产生影响：

(1) 计算机的切片厚度和切片方式。

(2) 激光器输出功率密度、光斑大小及光强分布。

(3) 数控工作台的扫描速度、扫描间隔及扫描方式。

(4) 送粉装置的送粉量及粉末颗粒的大小。

(5) 熔覆过程形成的应力。

### 7.5.4　激光近净成形

激光近净成形(Laser Engineered Net Shaping，LENS)将激光快速成形中的选择性激光烧结和激光熔覆成形结合了起来，既保持了选择性激光烧结成形零件的优点，又克服了选择性激光烧结成形零件密度低、性能差的缺点。

激光近净成形的原理示意图如图 7－19 所示，该系统主要包括计算机、激光器、多坐标数控工作台和送粉装置等。

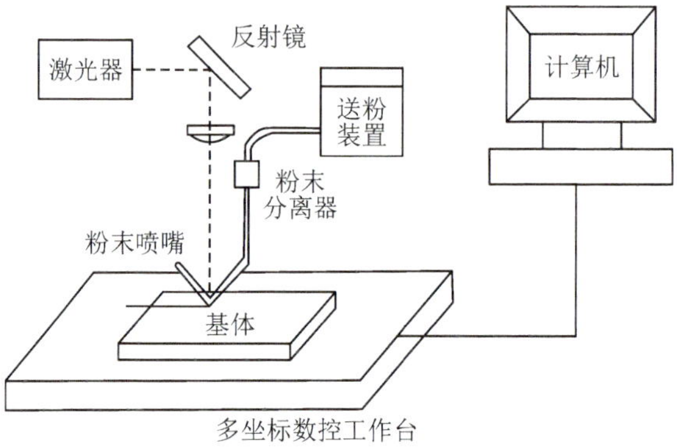


图 7－19　激光近净成形的原理示意图

### 1. 计算机

激光近净成形中计算机的作用与选择性激光烧结的相似，主要用于建立待制作零件的 CAD 模型，将零件的 CAD 模型转换成 STL 文件，对零件的 CAD 模型进行切片处理，生成一系列具有一定厚度的薄层，并形成每个薄层的扫描轨迹，以便控制多坐标数控工作台运动。

### 2. 激光器

激光近净成形使用的是功率高达几千瓦到十几千瓦的 $CO_2$ 激光器，而不是选择性激光烧结中所用的功率只有 50 W 的 $CO_2$ 激光器。这是因为，在选择性激光烧结中，在烧结金属粉末时，往往采用在金属粉末中添加黏结剂的方法，黏结剂的熔点一般很低，激光只是将黏结剂熔化，熔化的黏结剂将金属粉末黏结在一起形成金属零件；而在激光近净成形中，激光直接熔化不添加黏结剂的金属粉末，所以要求有较高的激光功率，同时也有利于加快金属零件的制作速度。

### 3. 多坐标数控工作台

激光近净成形通过多坐标数控工作台的运动来实现扫描。除能够沿着 $x$、$y$ 轴方向运动外，在工作台上的零件还可以绕 $x$、$y$ 轴转动，这样便于制作具有悬臂结构的零件。

### 4. 送粉装置

送粉装置是激光近净成形中非常重要的部分，其性能的好坏决定了零件制作质量的优劣。对送粉装置的基本要求是能够提供均匀稳定的粉末流。送粉装置有两种形式：侧向送粉装置和同轴送粉装置。受激光熔覆的影响，激光近净成形中有的采用侧向送粉装置。但这样的送粉装置用于激光近净成形有许多缺点，具体如下：

(1) 送粉位置与激光中心很难对准。少量的偏差会导致粉末利用率下降和熔覆质量的恶化。采用侧向送粉装置起不到粉末预热和预熔化的作用，因此，熔覆的轨迹比较粗糙，涂覆厚度和宽度也不均匀。

(2) 侧向送粉装置只适合于线性熔覆轨迹的场合(如只沿着 $x$ 方向或 $y$ 方向运动)，不适合于复杂的轨迹运动。

同轴送粉装置由三部分组成：闭环送粉器、粉末过滤器和粉末喷嘴。闭环送粉器配有粉末流反馈系统，可提供稳定、连续和精确的粉末流率。粉末过滤器将粉末分成四股细流，通过四个管子到达粉末喷嘴的中间喷嘴和外部喷嘴之间的环形通道。粉末喷嘴由内部喷嘴、中间喷嘴、外部喷嘴和冷却水套组成。激光束通过内部喷嘴聚集在其顶端。内部喷嘴中通有保护气体，它能够防止激光熔覆时飞溅的熔融粉末和其他有害气体对激光聚焦透镜的损害，也能保护熔覆涂层不被氧化。

### 7.5.5　薄片叠层制造

薄片叠层制造是一种常用来制作模具的新型快速成形技术。薄片叠层制造的原理示意图如图 7-20 所示。首先用大功率激光束切割金属薄片，然后将多层薄片叠加，并使其形状逐渐发生变化，最终获得所需原型(模具)的立体几何形状。由于薄片叠层制造可通过计算机建模和控制，直接将设计转化为实物，无需使用专用模具，因此用叠层法制作冲模(成本约为传统方法的一半)，可大大缩短生产周期；将其用来制作复合模、塑料模、级进模等，经济效益也较为显著。

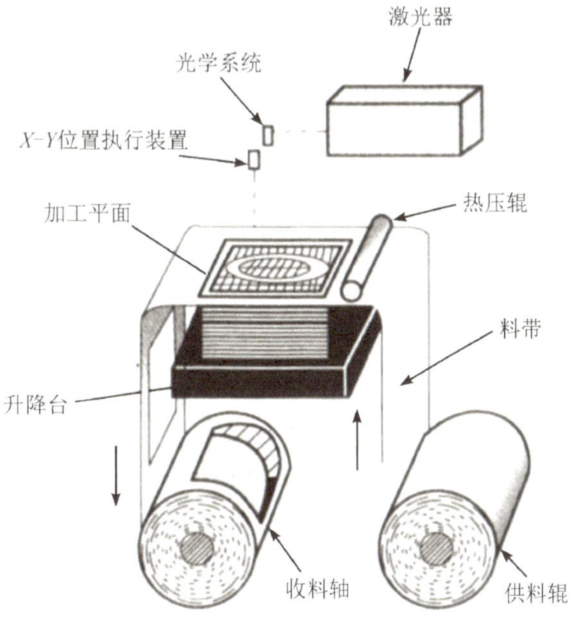


图 7-20　薄片叠层制造的原理示意图

## 7.6　激光清洗

激光清洗示意图如图 7-21 所示。高能量密度、高重频激光束照射到基材表面，基材表面的污渍吸收激光束所携带的能量后，二者之间的结合力(如共价键、双偶极子、毛细管效应、范德华力)遭到破坏，使污渍脱离基材表面。

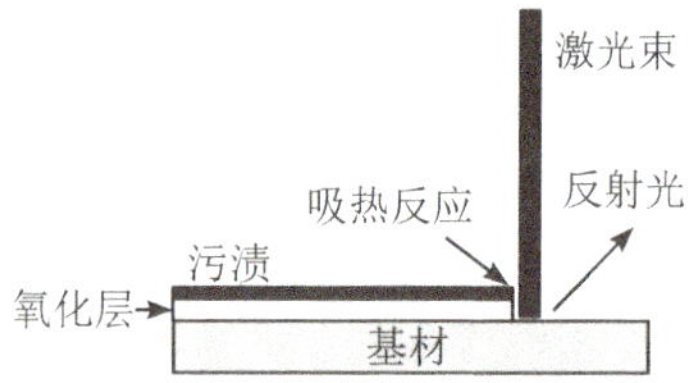


图 7-21 激光清洗示意图

激光清洗是一个非常复杂的过程，它不仅涉及烧蚀、熔化、汽化、膨胀等物理过程，还涉及分解、电离、降解、燃烧等化学过程，而且在清洗过程中，多个机制有可能会同时存在。下面介绍两种典型的激光清洗方法。

### 1. 激光烧蚀清洗法

激光烧蚀清洗法的主要机制包括热膨胀、汽化、烧蚀和爆炸等。当激光束通过空气、稀有气体或真空后与基材接触时，受热的基材与污渍同时膨胀。随着照射时间的延长，根据污渍与基材阈值的不同，可能会出现以下两种情况：

(1) 当污渍的烧蚀阈值小于基材阈值时，通过调整激光束的能量密度，就可在不损伤基材的情况下对污渍进行有效的清洗。

(2) 当污渍的烧蚀阈值大于基材阈值时，如果不想损伤基材，就不能完全地去除污渍。此时，如果要达到清洗的目的，需仔细调整各项激光参量，将基材的损伤降到最低程度。

无论以上哪种情况，在清洗过程中都会出现物理与化学的复杂变化，如分子键断裂、分解、降解、相爆炸、汽化、电离、产生等离子体等。此外，由于基材与污渍的热膨胀系数存在差异，两者之间的界面的形状也会同时发生变化，从而导致污渍喷射飞离基材表面。

使用激光技术清洗工件时，不仅能迅速除去工件表面的污染物微粒，还能在大多数金属材料的表面形成一层保护膜，可防止基材锈蚀，并大大提高金属材料的抗腐蚀性能。图 7-22 所示为对钢板实施激光清洗前后对比图。图 7-23 所示为对吊钩实施激光清洗前后对比图。

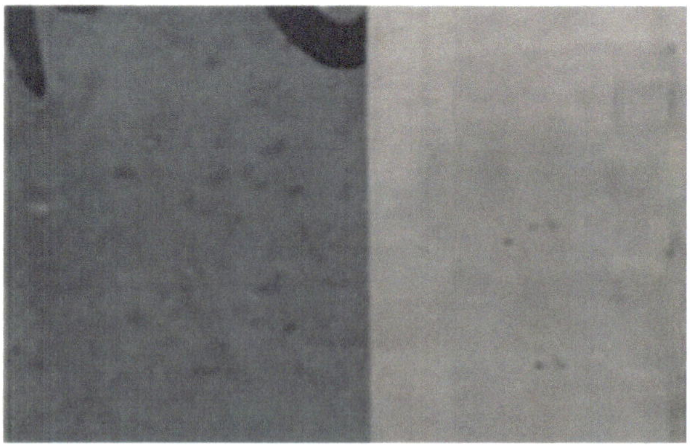

图 7-22 对钢板实施激光清洗前后对比图

图 7-23　对吊钩实施激光清洗前后对比图

此外，大多数生产设备在长期使用后都会出现锈蚀、污渍、废料等在设备表面逐渐积聚的情况。使用常规喷砂、化学溶剂等清洗工艺清洁设备的表面，必然会导致靶标表面的损耗，缩短设备的使用寿命。使用激光清洗可大大提高清洗效率，减少企业在设备维护上的开支，延长设备的使用寿命。

### 2. 激光液膜辅助清洗法

激光液膜辅助清洗法的主要机制包括液膜的沸腾、蒸发、振动等。在清洗对象表面预先覆盖水、乙醇等液体，以形成一层液体膜；当激光束照射到基材上时，液体膜吸收激光所携带的能量，使液体发生剧烈的爆炸；沸腾后的液体高速撞击基材表面的污渍，使污渍脱离基材，从而达到激光清洗的效果。

## 7.7　激光弯曲成形

激光弯曲成形技术是一种新型的柔性成形技术。它利用激光加热产生的非均匀温度场来代替外力产生的热应力，从而在激光照射区域与未照射区域形成极不均匀的温度场，这样产生的热应力就会强迫金属材料发生不均匀的变形。当金属内部的热应力超过材料的屈服极限时，材料就会发生塑性形变，实现板材的成形。在激光弯曲成形期间，被照射的部位依次经历加热和冷却两个阶段，加热阶段产生反向弯曲，冷却阶段产生正向弯曲，正反向弯曲变形的角度即为激光束一次扫描所形成的角度。

根据激光成形过程中的工艺条件和所形成的温度场分布的不同，成形机理可分为温度梯度机理、屈曲机理和增厚机理。现阶段对于激光弯曲的研究主要集中在金属材料和合金材料等塑性变形材料上。

影响激光弯曲成形工艺的影响因素主要有以下几个。

(1) 激光工艺参数：能量密度、吸收系数、激光功率、扫描速度、扫描路径等。

(2) 材料性质：主要包括热物理性能(如热膨胀系数、热扩散系数、比热容、密度、熔点等)和力学性能(如屈服极限、弹性模量、泊松比、硬化指数等)。

(3) 材料几何参数：材料宽度和材料厚度等。

激光弯曲成形是一种无模具、无外力的非接触式依靠热应力成型的技术，借助红外测温仪以及形状测量仪，可在数控激光加工机上实现全过程闭环控制。与传统模具加工方式相比，激光弯曲成形主要有以下优点：

（1）工艺装备简单，无需成形模具，只需要简单的夹具。

（2）克服了利用冲压模具使板料变形产生有害拉应力的缺点，提高了零件抗疲劳、抗腐蚀、抗变形的能力。

（3）激光参数精确可控，成形相对精确。

（4）可对厚度较大的材料进行成形，并且成形的零件光洁，工艺可靠。

激光弯曲成形的缺点是设备造价成本高，工艺影响因素多，局部易出现变形不同步现象等。

目前，激光弯曲成形已成功应用于船舶板材弯曲、激光弯曲管波纹管制造、微机械加工制造等领域。

# 第 8 章

# 激光在医学领域中的应用

在医学领域中，激光的应用范围非常广泛。激光不仅在临床上作为一种技术手段，被各临床学科用于疾病的诊断和治疗，而且在基础医学的细胞水平的操作中也占有重要地位。另外，还可以利用激光显微加工技术制造医用微型仪器。本章将主要对激光在医学领域中的应用进行论述。

## 8.1　激光在临床治疗中的应用

在临床上，激光治疗是一种手术治疗，也称局部治疗。临床上激光主要用于切割、分离、汽化、熔解、烧灼、止血、凝固、封闭、压电碎石、局部照射等，这些用途利用的是激光对生物体的光热作用、压电作用和光化学作用。例如，B 超、压电体外碎石利用的是压电作用；局部照射切割组织、眼科手术中的凝固等利用的是光化学作用；二氧化碳激光手术刀与激光止血方法则利用的是光热作用。

高性能的二氧化碳激光器的光点温度超过 200℃，同时具有一定的压强，不但能熔融，而且具有极强的穿透破坏作用，可精确切除细小组织。例如，激光经过聚焦后会产生极大的功率密度，是一种很好的烧灼工具，可有效治疗鼻炎和痔疮。

### 8.1.1　激光在皮肤科的应用

随着激光技术的不断发展，临床上很快应用了较新的激光设备，目前皮肤科研究较多的是点阵激光的临床应用。

美国哈佛大学激光医学专家 Manstein 于 2004 年发表了有关点阵式光热作用理论的论文。该论文首次阐述了点阵激光的用途，并很快得到了世界各地专家的认可，从而迅速应用于临床。传统激光治疗的是皮肤病变全部面积的片状热损伤，而点阵激光治疗的是小部分皮肤。激光导致三维的热损伤区域称为微治疗区（Microscopic Treatment Zones，MTZ），每个 MTZ 周围形成环形组织凝固带或热损伤带，为未损伤的正常组织，激光通过周围存在的细胞迁移使表皮细胞迅速修复，因此命名为“点阵”。通过选择能量参数和每个热损伤治疗区的密度参数，每个治疗区约有 3%～40% 的皮肤被覆盖。MTZ 直径通常小于 400 μm，能渗透皮肤内部，渗透深度可达 1300 μm。随着每个点能量的增加，MTZ 的直径和渗透深度也增加，因此可根据所需要治疗的深度、点密度来选择能量大小。从组织结构来说，经非剥脱性点阵激光治疗后 24 h 之内表皮完全修复，表皮快速地恢复降低了感染风险和并发症发生率，缩短了红斑期；经剥脱性点阵激光治疗后角质层大多被破坏，48 h 以内结痂区表皮迅速修复。因此，激光治疗既具有侵袭性治疗的快速和显著效果，又具有非侵袭性治疗副作用小、恢复时间短的优势。

使用点阵激光技术，对多种临床指征(如皮肤色素紊乱、皱纹、光老化、痤疮瘢痕和外科瘢痕)的治疗是一个有效的、安全的治疗模式，联合使用剥脱性和非剥脱性点阵激光可以获得更为显著的效果。

传统的治疗方法主要是通过手术切除坏死组织，或用干冰、液氮冷冻，但这会产生很大的伤痕和明显的缺陷。激光治疗在不损害正常群组的前提下适当调整照射条件，选择性地破坏病变组织。病变组织类型和位置(深度)不同，需要的激光辐射也不同，所以治疗前的正确诊断是十分有必要的。

决定皮肤颜色的典型色素是黑色素和红色血红蛋白。图 8-1 所示为皮肤的断面构造示意图。激光可以选择性地吸收这些色素和病理细胞的热量，使病理组织变形和损伤。但是激光照射后，皮肤颜色的变化需要很长时间。为了有选择地破坏病变细胞(色素)，需要使用高吸收系数的长波激光。血红蛋白被氧化时，在 418 nm、542 nm 和 577 nm 处有吸收峰，黑色素在短波中吸收增加。当损伤部位位于组织的深处时，应考虑光线穿透皮肤组织的深度。在波长的选择上，必须考虑病理细胞的吸收系数和光在皮肤组织中穿透的深度两个因素。例如，血红蛋白在 418nm 附近吸收强度最高，但是考虑到光的穿透深度，人们往往使用 577 nm 或更长波长的激光照射。

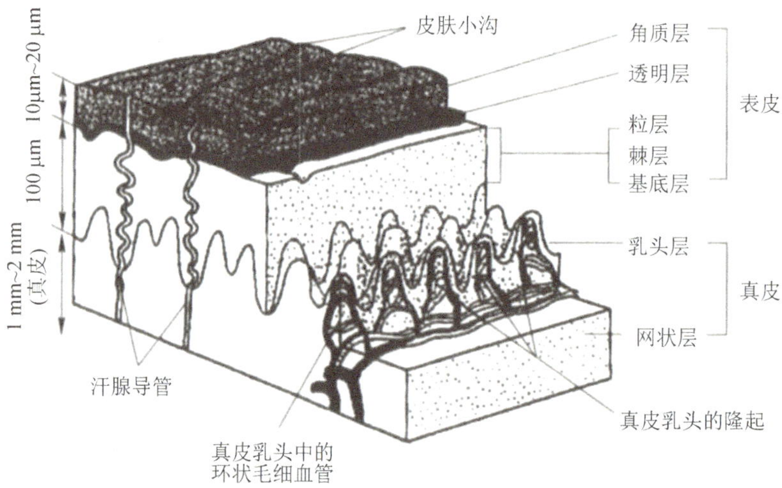


图 8-1 皮肤的断面构造示意图

此外，激光照射时间(脉冲宽度)也是一个重要参数。即使激光有选择地被病变细胞吸收，照射时间过长也会扩散热量，周围组织会受到热影响。例如，治疗血管瘤时，吸收主体为血红蛋白，但是有可能使血管壁受热变形，所以必须注意选择好照射条件，防止发生皮下出血和水肿等不利影响。

## 8.1.2 激光在眼科的应用

眼睛是接收光信号并产生图像的器官。因此，不论是在测定、诊断，还是治疗的情况下，激光所起的作用都是至关重要的。治疗眼底疾病的激光治疗仪很早便用于临床。在网膜炎和眼底出血等有失明危险的疾病的治疗中，激光治疗展示出了很大的优势。近年来，用激光进行近视矫正治疗也备受关注。

图 8-2 所示为眼的构造示意图。图 8-3 所示为眼睛对光的聚光特性示意图。通常，我们所看到的物体是实物通过角膜和晶状体的透镜作用在视网膜上形成的物体的实像，再由视神经读出的非相干光成像。激光（相干光）入射到眼中，在视网膜上会聚成光点。利用这种原理，可对眼底视网膜变性、近视进行治疗。这个方法通过消融和控制折射指数（矫正）来切割角膜表面。光线首先通过角膜进入眼内，角膜负责大部分的折射工作。随后，光线穿过晶状体，晶状体也会对光线进行折射，并通过睫状体的调节来适应不同视距。晶状体的折射能力虽然强于角膜，但角膜的折射率较高，故角膜对光线的折射贡献更大。因此角膜手术能有效地矫正近视。现在，矫正近视的方法有通过二维切断增加角膜表面曲率半径的 PRK（光折变性角膜切除术）、LASIK（激光原位角膜磨削术）、PK（角膜表面径向切断术）三种，如图 8-4 所示。其中，LASIK 因副作用小而成为主流方法。

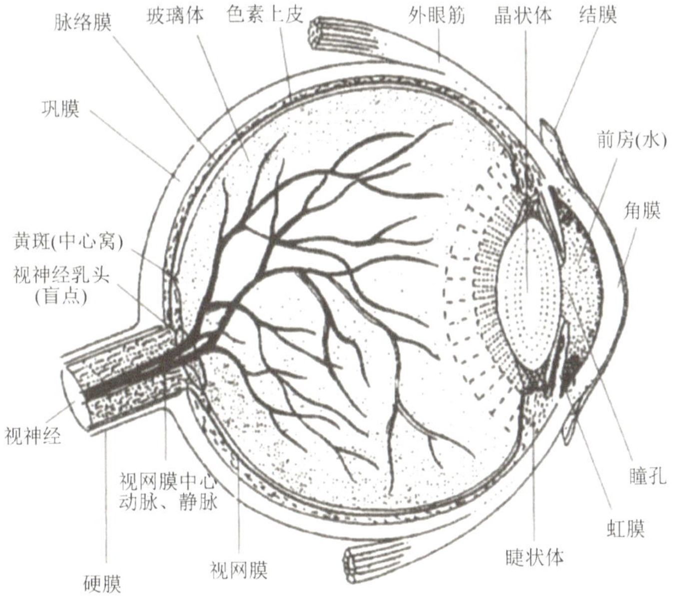


图 8-2　眼的构造示意图

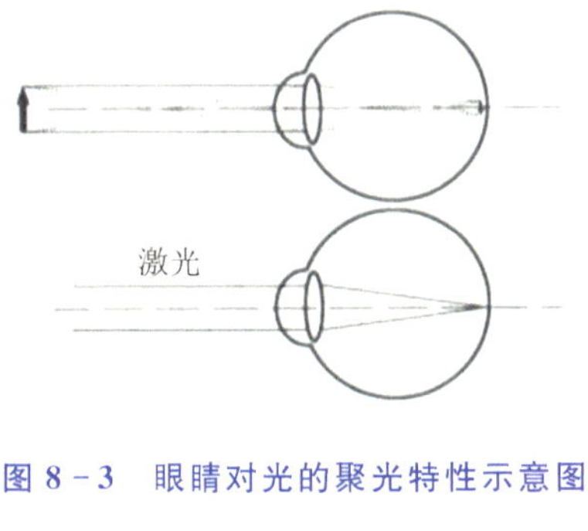


图 8-3　眼睛对光的聚光特性示意图

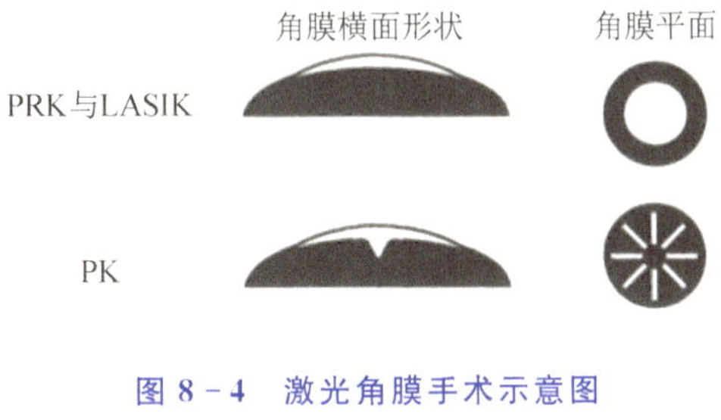


图 8-4　激光角膜手术示意图

193 nm 波长的 ArF 准分子激光穿透浅、切割精细，且光子能量大，可促进光化学反应，确保切口锐利整齐，热损伤最小，因此其被应用于角膜疾病治疗中。在实际治疗中，首先要测定角膜形状，确定切削量，然后进行激光照射。照射方法有两种：强度分布均匀的大口径光束的扫描切削和可变小口径光束的光斑切削。图 8-5 所示为用于角膜手术的准分子激光装置。

图 8-5　用于角膜手术的准分子激光装置

飞秒激光是以脉冲形式运转的激光，可对组织内部精准切削，切削结束后对组织整体影响程度小，应用安全性较高。近年来，飞秒激光已作为一种全新治疗方式逐渐应用于眼科领域中。

飞秒激光通过激光发射器发射后，能有效提高功率，瞬间功率可达到一定阈值，此时照射组织会因多光子吸收效应而产生等离子体。等离子体被激活后，产生微爆破效应，连续爆破后，各个微爆破之间连成线，线连成面，起到对精密组织的切割作用。与传统 Nd:YAG 激光相比，飞秒激光实际干预中产生的微量激活气泡可降低对周围组织造成的损伤(由于飞秒激光脉宽窄，能量集中，热扩散时间短，所以对周围组织损伤程度小)。临床应用中，对有小损伤、严格空间点要求的手术，均可应用飞秒激光的超精细切割。用激光照射孔或浅脱离部位，可使其黏合(凝固)或封闭渗漏部位。

飞秒激光因具有穿透性好、可精确切削的特性，被广泛用于角膜移植手术中。利用飞秒激光进行切割时，无热传递及组织损伤，且角膜植片精确、光滑、厚度均匀。在穿透性角膜移植中，利用飞秒激光可制作"高帽状"切口，能增加角膜切口的生物力学稳定性，相比普通的手工环钻切口，其抗渗漏能力提升 7 倍。此外，"蘑菇状"切口、"锯齿形"切口等逐渐应用于临床，并不断发挥优势。

### 8.1.3　激光在泌尿外科的应用

利用激光技术可治疗良性前列腺增生症、膀胱肿瘤、尿石症、尿路狭窄以及外生殖器损伤等泌尿外科疾病。以前使用的一些激光因其会产生大量的并发症、不确切的治疗效果，大多数已经被改良，甚至淘汰。现今，随着科技的发展、设备的更新，激光技术已经向传统的手术方法发起了挑战。

作为一种新型激光，铥激光是近些年的研究热点。与其他激光相比，铥激光的优势在于：

(1) 铥激光可在脉冲或连续波两种模式下工作。连续波模式切割效率较高，主要适用于前列腺手术；脉冲模式主要适用于输尿管狭窄和尿道狭窄切开等精细的操作。

(2) 铥激光可以产生有效的组织凝固和汽化及良好的止血作用。同时，由于其能量可以大量被水吸收，热损伤主要在表层组织中产生，从而限制了组织穿透深度，故可对组织进行精确汽化切割。

上述两个重要优势使得铥激光在泌尿外科的应用前景十分广阔。

### 1. 铥激光在治疗膀胱肿瘤中的应用

传统治疗膀胱肿瘤的经尿道膀胱肿瘤电切术(TURBT)采用分散切割方式，不能一次性切除整个肿瘤(需要把肿瘤组织切成小块)，可能导致肿瘤细胞扩散。而铥激光为泌尿外科医生提供了新的选择。铥激光治疗膀胱肿瘤的主要方法有膀胱肿瘤汽化术与膀胱肿瘤剜除术。膀胱肿瘤汽化术可获得一定的疗效，患者易耐受，并发症发生率低，并因不需要全身麻醉而适合在门诊开展。但膀胱肿瘤汽化术无法为肿瘤分期留存标本，故并不被推荐用于原发膀胱肿瘤患者的治疗。膀胱肿瘤剜除术也能达到肿瘤根治的效果，其方法是：围绕肿瘤边缘 2 mm～5 mm 处做一个圆形切口(即标线)，在标线的辅助下对膀胱组织进行整块的钝性分离。

因为铥激光治疗膀胱肿瘤避免了直接切割可能导致的肿瘤细胞扩散，所以铥激光术后膀胱肿瘤的复发率没有传统 TURBT 那么高，并发症也很少。此外，铥激光为末段照射式激光，因而处理位于膀胱颈口的一些位置隐蔽、视野狭小的膀胱肿瘤比较困难。

### 2. 铥激光在治疗尿石症中的应用

现代激光技术已经是治疗尿路结石中不可或缺的工具。铥激光碎石利用了光热效应。光热效应的机制为：一方面，结石直接吸收能量后受热粉碎；另一方面，结石中的水分快速加热导致蒸汽快速流动，从而破坏结石结构。目前，临床泌尿外科碎石中应用最广的是固态钬激光和倍频钕激光。而高功率的铥激光可以替代这两种激光。相关研究发现，铥激光粉碎尿酸结石的平均效率为(388±49)mg/min，而钕激光为(59.4±53.1)mg/min，钬激光为(242±46)mg/min，这表明铥激光的碎石效率优于钬激光和钕激光。与钬激光相比，铥激光安全性更高，其波长更接近于水的吸收峰，因此其热损伤更小。此外，铥激光粉碎草酸钙结石的平均效率为(25±2)mg/min，而钕激光则对草酸钙结石无效。

不过，铥激光碎石也有局限性。例如，铥激光在脉冲能量为 1 J/20 ms、频率为 10 Hz 的条件下，连续波模式下激光的平均功率为 50 W，而脉冲模式下则降到 10 W。因此，为了通过高脉冲能量来提高碎石效率，必须采用高功率的铥激光光纤(50 W～100 W)。而即使是有高功率的光纤，其维持时间也不理想。因此从临床角度来看，使用高功率铥激光碎石并不符合成本效益。有研究发现，铥激光基于光热效应碎石的过程中，在石块消融位置有一些烧焦的石块。这不仅限制了碎石的效率，而且增加了光纤损伤的概率。研究者在钬激光中也发现了这一缺陷。这一缺陷也许可以通过缩短激光脉冲宽度、降低脉冲能量来实现，但会牺牲激光的平均功率和碎石效率。虽然一些实验室研究已经证实，铥激光对于泌尿系统硬性结石有效果，并尤其适用于软性结石，且铥激光碎石在一些医疗机构已经开始应用，也取得了不错的效果，但碎石效率较低（尤其是硬性结石），碎石过程中光纤消耗大、成本高等因素仍然制约着铥激光的发展。因而，铥激光碎石大规模地应用于临床仍需改进。

### 8.1.4 激光在耳鼻喉科的应用

伴随着激光设备的发展，功能性内镜鼻窦手术（FESS）已得到广泛的临床应用。很多国外学者在研究激光结合 FESS 治疗鼻窦疾病的方法，希望在治疗当中不仅可以切割薄骨，而且能减少热损伤。

研究表明，Ho:YAG 激光和 KTP 激光是用于鼻内镜手术中的理想光源，具备显著的止血功能，并能通过汽化作用有效地移除病变组织。经过对 FESS 与激光内镜两种治疗方法的比较，发现两种方法的疗效并无大差异，但利用激光内镜能保证切除的精准性，且出血量少，并发症发生率低。KTP 激光的主要优势在于其手术实施所需时间短、无瘢痕产生且复发率低等。Ho:YAG 激光也可用于骨组织的切除，且其成功率高达 97%。此外，Ar 激光比较适用于血管及黏膜病变的治疗；Nd:YAG 虽也能使用，但它有较强的组织穿透性，并发症发生率较高。

## 8.2 激光在生物体检测及诊断中的应用

### 8.2.1 利用激光的生物体光谱测量及诊断

通过测定激光照射在生物体上的吸收、散射、荧光等光谱，可以测定有生命的生物体的信息，这种测定技术进一步发展成为对疾病的诊断（病理诊断）的方法，称为光学活检（Optical Biopsy）技术。所谓活检（biopsy），是指将组织中的一部分切取出来做成切片，利用显微镜等对它进行的病理诊断。这种方法不仅能得到单纯的解剖学（生物体构造有关的）信息，还能像脑功能测定一样，得到生理学、生化学信息。下面介绍利用激光的生物体光谱测量及诊断技术的应用。

#### 1. 利用近红外吸收光谱测量

众所周知，富含氧的动脉血呈鲜红色，缺乏氧的静脉血呈暗红色。血红蛋白的吸收光谱如图 8－6 所示。血红蛋白被氧化的状态（oxy-Hb）与脱氧化的状态（deoxy-Hb）的吸收光谱具有微妙的差别。在波长为 600 nm～800 nm 范围内，氧化血红蛋白的吸收小而呈鲜红色，在波长为 800 nm 以上时，脱氧化血红蛋白的吸收小，因此通过测量它们各自的吸光度就可以知道体内组织的氧化程度。这些波长带的光的穿透深度深，光从体外照射后，通过对透射光或反射光（散射光）的测定，可监视一定深度的体内组织的氧化程度。目前，脑的氧监视装置（称为脉冲测氧计）已实用化。若在多点进行测定，能够得到脑活动的空间功能信息，即脑活动增大部位对应的身体运动部位的信息。

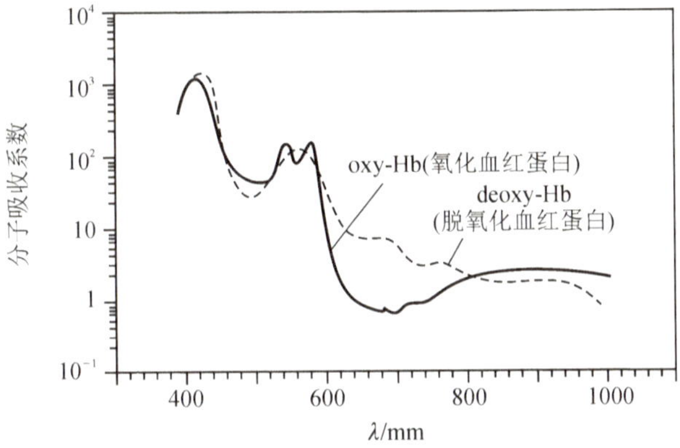


图 8-6 血红蛋白的吸收光谱

### 2. 利用荧光光谱确定病变部位

光敏感性物质的荧光图像法对确定癌组织和动脉硬化部位十分有效，即用激光照射生物体组织时，病变部位会显示特有的荧光，根据荧光位置可以确定病变部位。

采用 NPe6(mono-L-aspartylchlorin e6)作为光敏感性物质，其吸收光谱与荧光光谱如图 8-7 所示，利用符合它的吸收带范围的光来激发，则发现在 662 nm 处出现荧光峰值(磷酸溶液中)。利用 CCD 摄像机拍摄荧光范围，经过图像处理可确定病变部位。

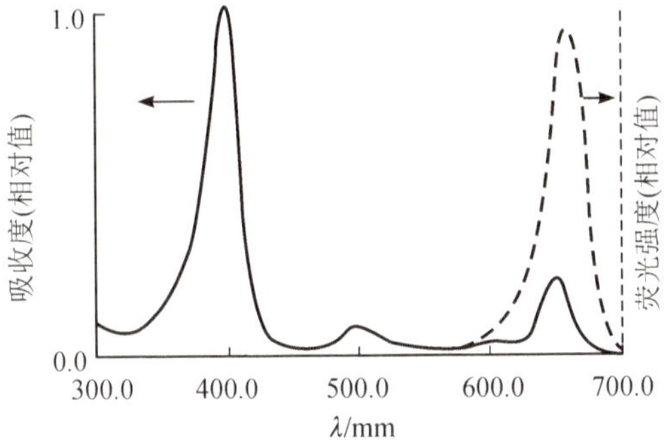


图 8-7 光敏感性物质 NPe6 的吸收光谱与荧光光谱

## 8.2.2 激光断层摄影

### 1. 光学计算机断层术

光学计算机断层术(Optical Computed Tomography，光学 CT)是一种非侵入性的光学检测方法，它通过分析生物组织对近红外光的吸收特性来监测和评估生物体的代谢状态。光学 CT 技术在眼科、牙科和皮肤科的临床诊断中已有应用，被认为是继 X 射线计算机断层扫描(X-CT)和磁共振成像(MRI)技术之后的又一重大技术突破。光学 CT 技术的一个关键优势是其能够在不干扰生物体正常生理活动的情况下，实时监测生物体内的代谢过程。这对于研究和治疗各种疾病，特别是那些涉及代谢异常的疾病(如糖尿病、心血管疾病等)具有重要意义。与 X 射线在生物体内的直线传播不同，由于散射，激光在生物体内会被扩散掉。散射光没有确定的光路，得到的信号也没有确定的物理意义，因此从透射光中消除散射的影响是很重要的。

如图8-8所示，光从$A$点入射到生物体内，在$B$点观察透射光，此时透射光中包含着三种不同的光线：受到散射后向任意方向扩散的成分(如图8-8中的①所示)；具有较小的散射角且向前传播的成分(如图8-8中的②所示)；向前透射直线传播的成分(如图8-8中的③所示)。为了实现光学CT，必须检测出第三种直线传播的透射成分的光。此光的透射光强非常小，因此关键在于如何将这样的光信号选择出来并进行高灵敏检测。

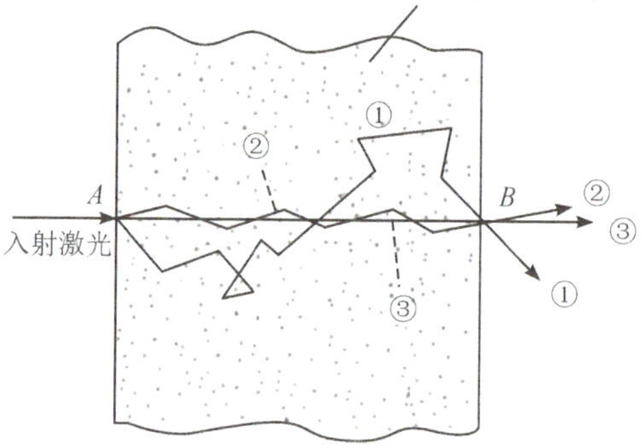


图8-8 透过生物体(散射介质)中的光示意图

目前，有效的检测方法是光外差探测法，即对两个不同频率的光波(信号波与参考波)进行混合，检测出拍频信号。光外差探测法的检测灵敏度高。将激光束分为参考光和入射到生物体试样的信号光，并给予参考光一定的频移，再使其与信号光混合。多次散射得到的光与参考光偏振方向不一致，不会产生拍频信号，因此检测出的拍频信号是直线传播光与参考光干涉的结果。利用光外差探测法的光学CT检测的实验装置如图8-9所示，将试样旋转并进行信号光的检测，利用CT计算法即可得出断层图像。空间分辨率依赖于入射光束的直径(能小到数百微米)。

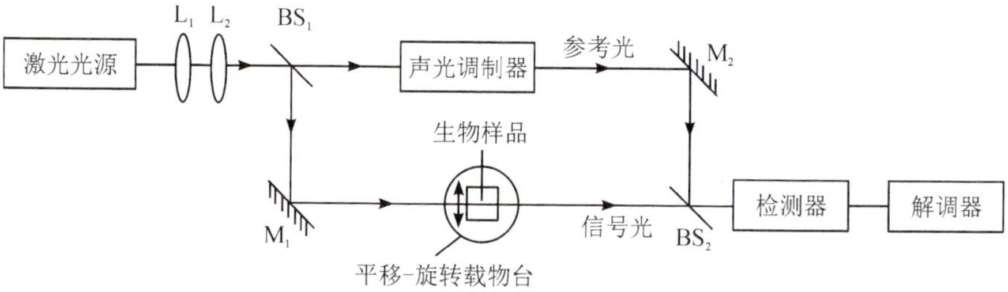


L—透镜；BS—分光镜；M—反射镜。

图8-9 利用光外差探测法的光学CT检测的实验装置

## 2. 光学相干层析术

利用低相干度的干涉方法称为光学相干层析术(Optical Coherence Tomography, OCT)。这种方法比较容易得到高分辨率的断层图像。光学相干层析术得到图像的原理类似于超声波回波，不需要以CT算法为基础的图像重构所需的复杂计算。

光学相干层析术原理示意图如图 8－10 所示。OCT 把光分成两束，即信号光与参考光，其中信号光聚焦后照射到组织内产生后向散射光，参考光通过压电陶瓷等器件驱动反射镜进行光程调制。两束光发生干涉后，通过光外差探测法检测出信号光聚焦点的后向散射光的强度与迟滞时间。

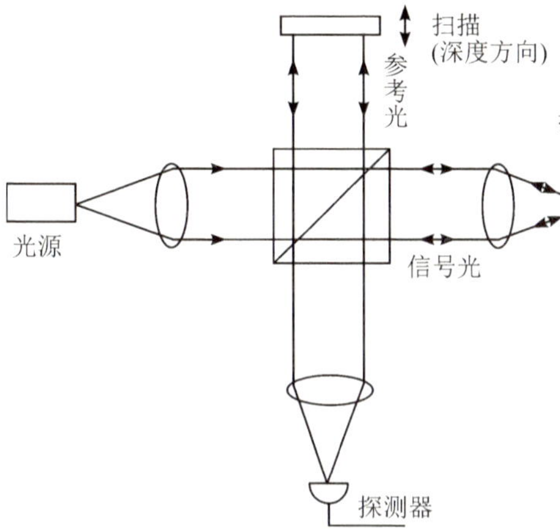


图 8－10 光学相干层析术(OCT)原理示意图

由于信号光的迟滞时间含有位置信息，与参考光相干涉后，干涉信号强度反映出这一位置信息，从而得到断层信息。在这里重要的是，使用的光源必须是低相干度的。因为在信号光与参考光的迟滞时间几乎一致(即光程差几乎为零)时，才能观测到干涉信号。光的相干长度短，信号强度随时间迟滞急速下降，而组织深度方向的空间分辨率取决于光的相干长度，因而不可使用相干长度长的光源。例如，可使用相干长度介于半导体激光器与发光二极管中间的超级发光二极管(SLD)，其空间分辨率约为 10 μm。另外，OCT 的横向分辨率取决于会聚光点的直径，一般也能得到 10 μm 以内的空间分辨率。因此，整体来讲，OCT 能得到空间分辨率为 10 μm 左右的生物体断层图像。

X 射线 CT、磁共振图像(MRI)、超声波回波等以往的断层图像的分辨率只有 100 μm～1 mm，甚至更差，而利用 OCT 的高分辨率可更早地发现病变。例如，采用图 8－11 所示的石英光纤干涉仪和导管可得到生物体内部组织的断层图像。

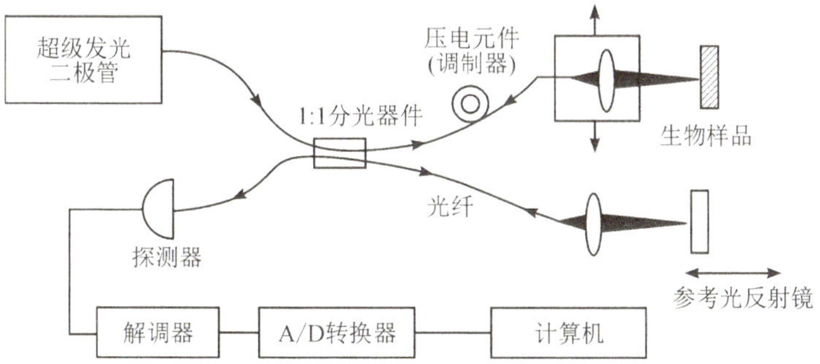


图 8－11 石英光纤干涉仪的 OCT 装置示意图

## 8.2.3 激光显微镜

### 1. 激光共焦显微镜

为了以细胞级(即微米级)的空间分辨率来观察生物体，通常先做组织切片标本，再利用光学显微镜进行观察。如果利用激光共焦显微镜，不做切片标本也能以同样的高分辨率观察生物体。

图 8-12 所示为激光共焦显微镜原理图。从点光源(激光)发出的光经过透镜聚光后照射到试样内的观察点上，此时在试样内形成照射光的斑点，利用物镜通过空间滤波器使这些斑点在检测器上成像。这时空间滤波器的针孔置于与光源的针孔共轭的位置上。该针孔对空间滤波器起重要作用。观测点上会聚光的一部分，由于其前后的物体而受到散射，在原来的像前后成像(图中用虚线表示)。针孔能够消除掉成为噪声的这些像，因而提高了所得到像的对比度。为了得到二维的像，对照射斑点或试样还要进行扫描。

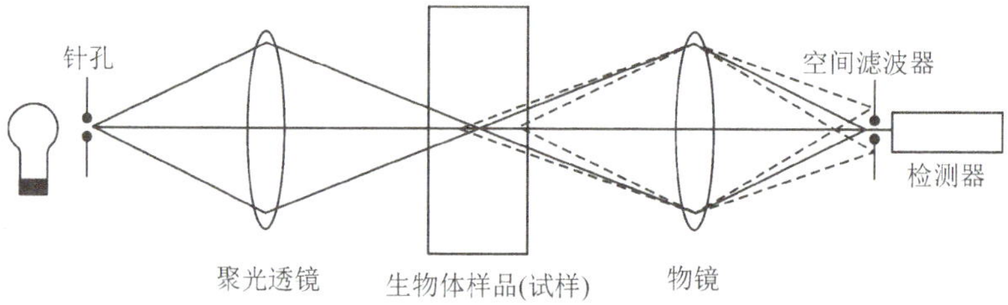


图 8-12 激光共焦显微镜原理图

与上述的 OCT 相同，被观测的光子是组织内部结构所引起的反射或后向散射光。但是 OCT 的空间分辨率(深度方向)取决于光源的相干长度，而激光共焦显微镜的分辨率(横向)取决于光路系统的数值孔径与波长。需要强调的是，OCT 观察的是组织的深度方向的断面，而激光共焦显微镜观察的是某一特定深度(通常 100 μm)下的横向图像。

### 2. 近场光学显微镜

相干光和其他光的图像分辨率都会被衍射与波长所限制。可见光的最高分辨率大约为 0.5 μm。利用近场光学显微镜或光子扫描隧道显微镜可以得到超极限的分辨率(超分辨率)。图 8-13 所示为近场光学显微镜与通常光学显微镜示意图。两者结构基本相似，但近

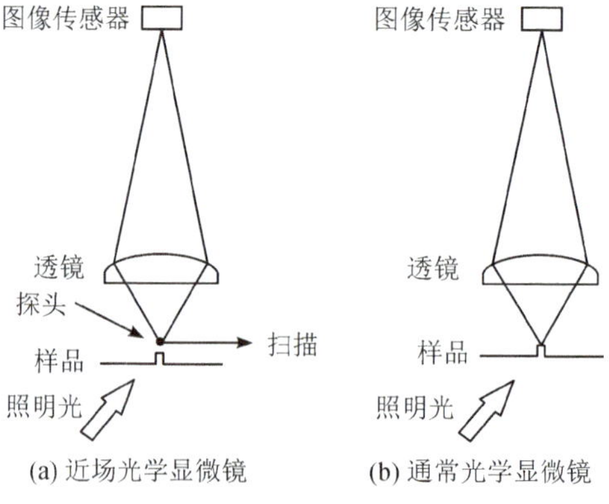


图 8-13 近场光学显微镜与通常光学显微镜

场光学显微镜在离样品表面很近处存在探头(用探头实现扫描)，该探头起着实现超分辨率的关键作用。当照明光照射到样品上时，会因样品的物质结构而发生衍射、散射和吸收等。在散射的光场中加入探头，则会扰乱光场。通过探头扫描这些被扰乱的光场，并将其作为光子进行二维探测，可以得到图像。然而，如果探头与样品之间的距离超过光波长，则无法获得图像。当探头与样品之间的距离小于光波长时，存在隐失场，这是一种局部电磁场，可以通过与探头的相互作用获得超高分辨率图像。隐失场允许光子发生隧道效应，而成像过程中透镜不起作用，信号以光子的形式读取，从而实现超过衍射极限的高分辨率。分辨率受到探头尖端大小和探头与样品之间距离的影响。制造微小且稳定的探头是技术上的挑战之一。常用的光源是 Ar 离子激光器，它可以达到约 10 nm 的分辨率。与此相似的是，显微镜技术包括原子力显微镜(AFM)和扫描隧道显微镜(STM)，它们揭示物质表面的形态，而近场光学显微镜则揭示物质的分布状态。

## 8.3　医用激光设备

### 8.3.1　医用激光设备的基本原理、结构及分类

医用激光设备的工作原理建立在受激辐射、增益介质、泵浦源和激光能量等核心特性之上。激光器通过泵浦源向增益介质注入能量，使其原子或分子跃迁至激发态，当这些粒子返回到基态时，便释放出激光。这种受激辐射确保了激光的高亮度、强方向性、单一波长和良好相干性。

医用激光设备主要由工作物质、泵浦系统、谐振腔、冷却和滤光系统以及输出系统组成。工作物质可以是气体、液体或固体，决定了激光的波长；泵浦系统如闪光灯或激光二极管为增益介质提供能量；谐振腔用于增强激光的强度和质量；冷却和滤光系统用于保持增益介质温度稳定并过滤不需要的光谱成分；输出系统包括透镜、反射镜或光导纤维，用于将激光导向目标位置。

医用激光设备的分类多样，依据工作物质、泵浦方式、辐射特性、光谱范围和能级系统等标准，可以细分为固体激光器、气体激光器、液体激光器、半导体激光器等，光泵浦激光器、电泵浦激光器、化学能泵浦激光器、热泵浦激光器，连续激光器、脉冲激光器，可见光谱激光器、远红外光谱激光器、紫外光谱激光器，三能级系统激光器、四能级系统激光器等。

### 8.3.2　医用激光设备的应用

医用激光设备的应用如下：

(1) 激光美容。激光可去除和改善影响美观的瑕疵或缺陷，如激光治疗鲜红斑痣，激光治疗太田痣及激光去皱等。

(2) 激光常规手术。激光常规手术可进行诸如组织的切割、汽化、照射等治疗，常用于妇科、肛肠科、外科、皮肤科、牙科和泌尿科等。对于体表病变，激光可用简单的透镜传输。

(3) 激光理疗。激光理疗是用弱激光(如氦氖激光、半导体激光等)直接照射患部，使其引起一系列生物效应，从而达到加速愈合或缓解疼痛等辅助治疗的目的。

(4) 光动力治疗。光动力治疗的原理是：肿瘤组织及正常组织对光敏剂有不同的亲和特性的特征，肿瘤组织摄取和存留的光敏剂较多，经特定波长的光照射，在生物组织中氧的参与下发生光化学反应，产生单态氧和自由基，破坏组织和细胞中的多种生物大分子，最终引起肿瘤细胞死亡，达到治疗的目的。

染料激光器可作为医用激光设备，其输出波长连续可调，而且可以得到连续或者高重复频率的振荡。染料激光器在医疗领域中的应用如表 8-1 所示。

表 8-1 染料激光器在医疗领域中的应用

| 波长/nm | 激光器种类 | 工作模式 | 用 途 |
|---|---|---|---|
| 510 | 染料激光器(罗丹明) | 脉冲 | 痣治疗、结石破碎 |
| 570～590 | 染料激光器(罗丹明) | 脉冲 | 痣治疗 |
| 630 | 染料激光器(罗丹明) | 连续脉冲 | 癌光动力学治疗 |

## 8.4 医用激光新技术

目前医学激光新技术是间质激光凝固法治疗和光动力学疗法治疗。

对于大多数类型的肿瘤，影像学制导的激光治疗法能进行有效的杀灭，而且创伤性小。间质激光凝固法(Interstitial Laser Photocoagulation)能够用于实质性器官内病损的治疗，还可对一些潜在的应用器官如良性前列腺增生等，以及肝脏、乳房、子宫和其他器官的微小病变(或者良性病变)进行治疗。

光动力学疗法(Photo Dynamic Therapy，PDT)是继手术、放疗、化疗三大传统方法后一种新兴的癌症治疗方法。PDT 主要包含三个要素：光敏剂、激发光及组织中的氧气分子，三者缺一不可。光动力学疗法的具体原理是：在特定波长的光照下，光敏剂分子吸收光子，从基态转变为短寿命的激发单重态。激发单重态一方面可以衰退到基态，发射出荧光，用于荧光成像；另一方面，可以通过系间穿越变为较长寿命的激发三重态。

随着研究的进一步加深，加上激光技术的不断革新，以及人们对于激光与组织之间的相互作用的认识的进一步深入，医学界设计了一系列严谨、科学的临床试验对各种激光手段在治疗和诊断中的真正意义进行探索。从已经发表的文献来看，对于泌尿道结石和泌尿道肿瘤使用激光治疗的疗效已经为很多人所接受。

# 第9章

# 激光在信息技术中的应用

激光技术已经渗入到信息技术的各个方面，如激光成像、测距、传感、探测、通信、信息处理、显示、存储等，成为当今信息科技发展的主要动力。本章主要介绍基于激光技术发展起来的光通信技术、激光显示技术、光存储技术、光传感技术及其应用。

## 9.1 光通信技术

所谓光通信技术，就是将光作为媒介来实现通信的技术。以激光为媒介的光通信技术，可实现大容量数据的高速传输，是多媒体时代的技术基础。利用激光进行的通信包括光纤通信和无线激光通信(FSO)两种。光纤通信是指将激光作为信息的载波信号，并通过光纤来传递信息的通信。无线激光通信是指将激光作为载波直接进行语音、数据、图像信息双向传送的通信。

### 9.1.1 光纤通信

如图9-1所示，光纤通信系统主要包括光纤(光缆)和光端机。光端机又包含光发送机和光接收机两部分，如果通信距离长，还要加入光中继器，其中关键器件为激光器及放大器。

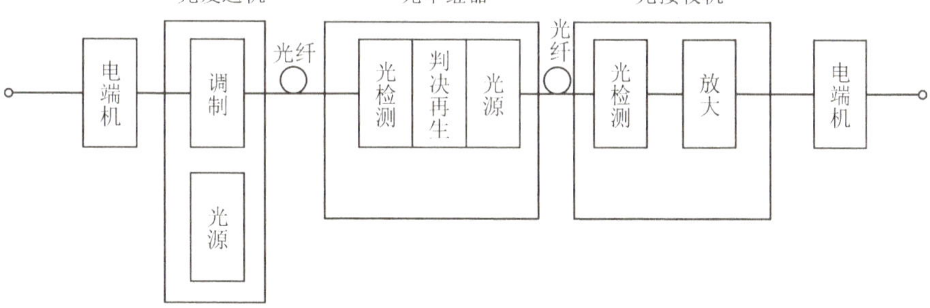


图9-1 光纤通信系统的组成

(1) 光发送机是实现电/光转换的光端机，其功能是把来自电端机的电信号转变为光信号，并送入光纤电路进行传输。光发送机中的光源是整个系统的核心器件，其性能直接关系到光纤通信系统的性能和质量指标。

（2）光接收机是实现光/电转换的光端机，其功能是将光纤传输来的微弱光信号经光检测器转变为电信号，并对电信号进行放大、整形、再生后，生成与发送端相同的电信号，送到接收端的电端机。光接收机中的关键器件是光检测器，其利用自动增益控制电路保证信号的稳定输出，它和光接收机中的前置放大器合称光接收机前端。前端的性能是决定光接收机工作效果的主要因素。

（3）光中继器的作用是，信号经过一段距离传输后，当信道信噪比不太大时，及时识别判决，以防信道误码。只要不出现误码，经过光中继器后的输出脉冲就会完全恢复成和原来一样的标准脉冲。

（4）电端机在发送端把模拟信息进行模/数转换并完成复用，然后将信号送入光发送机。电端机在接收端将光接收机送来的信号进行解复用再完成数/模转换，恢复成原来的模拟信息。

光纤通信中，常用的激光器及放大器如下所述。

### 1. 半导体激光器

光纤通信系统对半导体发光器件的基本要求如下：

（1）光源的发光波长应与光纤的 3 个低损耗窗口相符；

（2）能够在室温下长时间连续工作，并能提供足够的光输出功率；

（3）与光纤耦合效率高；

（4）光源的谱线要窄，光源的谱线宽度直接影响到光纤的色散特性，限制了传输速率和传输距离；

（5）体积小、重量轻、寿命长，工作稳定可靠。

光纤通信中，常用的半导体激光器有以下几种。

#### 1）法布里-珀罗激光器

目前，光纤通信中常采用的法布里-珀罗激光器的制作技术已经相当成熟。在光纤通信中，至少要求激光器工作在基横模状态。对于法布里-珀罗激光器来说，纵模控制有一定的困难，基横模控制比较容易，其主要通过控制激光器有源层的厚度和条宽来实现。对于一般的法布里-珀罗激光器，当注入电流在阈值电流附近时，可以观察到多个纵模；进一步加大注入电流，当超过阈值电流时，法布里-珀罗激光器首先产生受激辐射，这个过程消耗了大部分载流子，抑制了其他模式的谐振，有可能形成单纵模工作。但是对法布里-珀罗激光器进行高速调制时，原有的激光模式会发生变化，出现多模工作，这就决定了法布里-珀罗激光器不能应用于高速光纤通信系统。相对于其他结构的激光器来说，法布里-珀罗激光器的结构简单，成本低，适用于调制速率小于 622 Mb/s 的光纤通信系统。

#### 2）分布反馈半导体激光器

多纵模的存在会使光纤中的色散增加，在长距离、大容量的光纤通信系统中，为了降低色散的影响，希望激光器工作在单纵模工作状态。分布反馈半导体激光器是目前比较成熟的一种单纵模半导体激光器。

分布反馈半导体激光器是一种可以产生动态控制的单纵模激光器，即在高速调制下能以单纵模工作的半导体激光器。分布反馈半导体激光器是在异质结激光器具有光放大作用的有源层附近，由刻有波纹状的周期光栅而构成的，如图 9-2 所示。在分布反馈半导体激光器中，P 区和 N 区是半导体材料的两个不同区域，它们分别掺杂了不同的杂质元素，以形成 P 型和 N 型半导体。P 型和 N 型半导体材料在接触时会形成一个内建电场，这个电场会影响电子和空穴的运动，进而影响激光器的电流和电压特性。

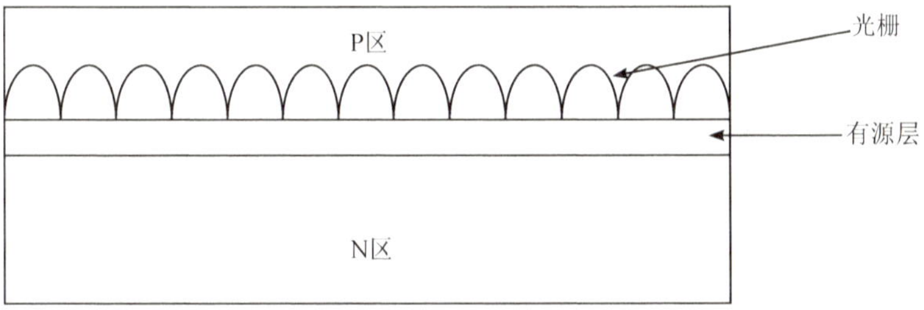


图 9-2　分布反馈半导体激光器结构示意图

在普通的半导体激光器中，只有有源层，且光的反馈仅由其端面提供。但在分布反馈半导体激光器中，除有源层外，还在其上增加了一个导波区，即一层波纹状的周期光栅。光的反馈不仅仅在端面上，而是分布在整个腔体长度上。当激光器注入正向电流时，有源层辐射出的具有一定能量的光子会在每一条光栅上反射，从而形成光反馈。不同的反射光由于存在相位差而产生干涉现象，相位差刚好为波长的整数倍时，称为布拉格反射条件，或者说只有满足布拉格反射条件的光波才能产生干涉。分布反馈半导体激光器的这种工作方式使得它具有极强的波长选择性，从而实现动态单模工作。

3）量子阱半导体激光器

如图 9-3 所示，量子阱半导体激光器有源层的厚度一般只有几十埃，很薄的 GaAs 有源层夹在两层很宽的 AlGaAs 之间，因此，它是双异质结器件。理论分析表明，当有源层的厚度非常小时，有源层与两边相邻层的能带将出现不连续现象，在有源区的异质结将产生一个量子阱，因此，将产生这种量子效应的激光器称为量子阱半导体激光器。

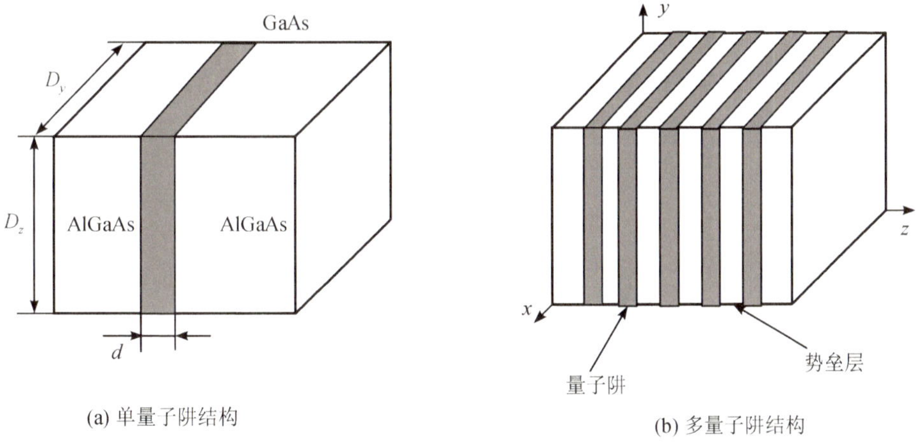


图 9-3　量子阱半导体激光器示意图

结构中的这种“阱”的作用使得电子和空穴被限制在极薄的有源层内，因此，有源层内粒子数反转分布的密度很高。所以这种激光器具有阈值电流小、谱线宽度窄、微分量子效率高等一系列优点，已经在实际系统（尤其是相干传输系统和波分复用系统）中得到广泛应用。

### 2. 光放大器

光放大器的出现是光纤通信发展史上一个重要的里程碑。光放大器直接对光信号进行放大，无须进行光/电及电/光转换，只要光信号的波长落在光放大器的有效增益区，便可被放大。光放大器解决了衰减对光网络传输距离的限制，从而使超高速、超大容量、超长距离的全光传输成为现实。光放大器并不能产生光信号，而是放大从它的输入端进入的微弱光信号，这种放大需要的能量来源于泵浦激光器。从某种意义上讲，光放大器是将能量从泵浦光转移到被放大的光信号中。

光放大器是可对微弱光信号直接进行放大的有源光器件，其主要功能是放大光信号，以补偿光信号在传输过程中的衰减，增加传输系统的无中继距离。目前，光放大器在光纤通信系统中最重要的应用就是促使波分复用技术（WDM）走向实用化。光放大器的主要类型有两种，即半导体光放大器（SOA）和光纤放大器（FOA）。

1）半导体光放大器（SOA）

半导体光放大器是由半导体材料制成的。如果将半导体激光器两端的反射去掉，即变成没有反馈的半导体型波长放大器，它能适应不同波长的光放大。SOA 的优点是体积小、功耗低、结构简单、便于光电集成；缺点是与光纤的耦合损耗较大，放大器的增益受偏振的影响较大，噪声及串扰较大等。

半导体光放大器有两种。一种是将通常的半导体激光器当作光放大器使用，称之为法布里-珀罗激光放大器（FP-SOA），其基本结构如图 9－4 所示。FP-SOA 与半导体激光器所不同的是，其驱动电流低于阈值，即未产生激光，这时向其一端输入光信号，只要这个光信号的频率处于激光器的频谱中心附近，它便被放大而从另一端输出。另一种是相当于没有镜面反射的激光器，称之为行波激光放大器（TW-SOA），其基本结构如图 9－5 所示。TW-SOA 是在半导体激光器的两个镜端面涂敷或蒸镀一层防反射膜，使其反射率很小，从而形成透明区，因为不产生反射，所以无法形成法布里-珀罗谐振腔，这时光信号通过有源波导层时将边行进边放大，因此通过半导体放大器的光波为行波。因为行波放大器的带宽比法布里-珀罗激光放大器大三个数量级，所以它可放大多种频率的光信号。FP-SOA 的光信号增益对放大器温度及入射光频率变换都很敏感，而 TW-SOA 不会发生内反射，其饱和功率高，偏振灵敏度低，所以 TW-SOA 比 FP-SOA 使用更为广泛。

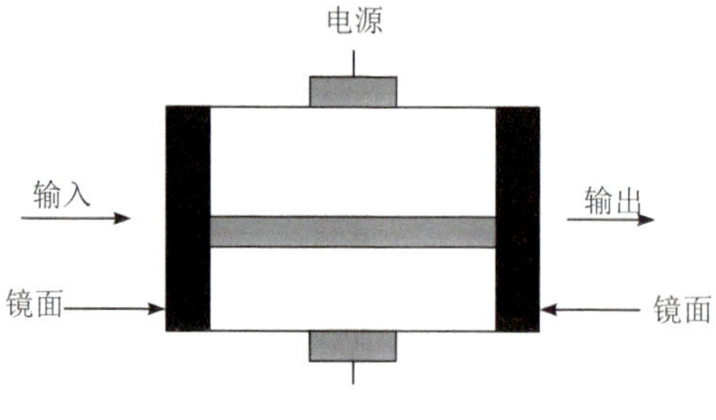

图 9－4　法布里-珀罗激光放大器（FP-SOA）

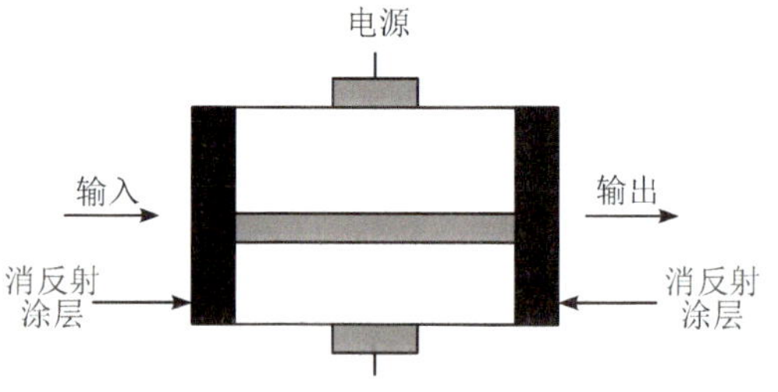

图 9－5　行波激光放大器（TW-SOA）

2）光纤放大器（FOA）

与半导体光放大器不同，光纤放大器的活性介质（或称增益介质）是一段特殊的光纤或传输光纤本身，并且和泵浦激光器相连，当光信号通过这一段光纤时，光信号被放大。光纤放大器的工作原理与固体激光器的工作原理非常相似，在激光激活物质内实现粒子数反转分布，并产生受激辐射。为了实现稳定的粒子数反转分布，参与光跃迁的能级应超过两个，一般采用三能级和四能级系统，同时有泵浦源不断地提供能量。为了有效地提供能量，泵浦光子的波长应短于激光光子的波长，即泵浦光子的能量要大于激光光子的能量。

光纤放大器有光纤拉曼放大器(FRA)和掺铒光纤放大器(EDFA)。

(1) 光纤拉曼放大器(FRA)是一种非线性光纤放大器，它是利用石英光纤的非线性效应而制成的。其工作原理是利用强的光源对光纤进行激发，使光纤产生非线性效应而出现拉曼散射，当光信号沿着这种受激发的一段光纤传输时，光信号被放大。光纤拉曼放大器对光信号的放大过程如图 9-6 所示。

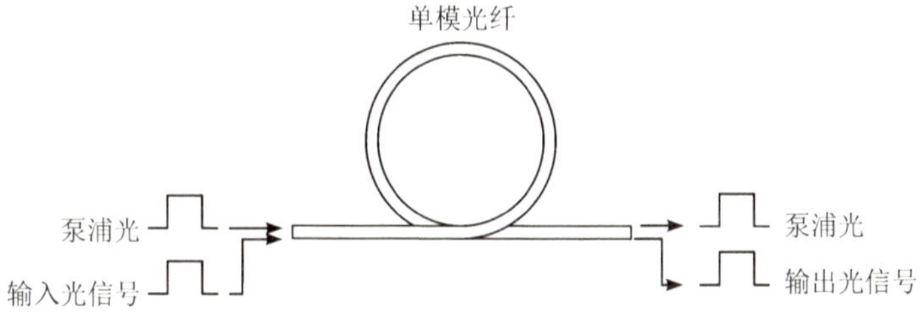


图 9-6　光纤拉曼放大器对光信号的放大过程示意图

(2) 掺铒光纤放大器(EDFA)中，铒(一种稀土元素)被注入纤芯中，形成了一种特殊的光纤，这种特殊光纤在泵浦光源的作用下，直接放大某一波长的光信号。掺铒光纤放大器的结构如图 9-7 所示。

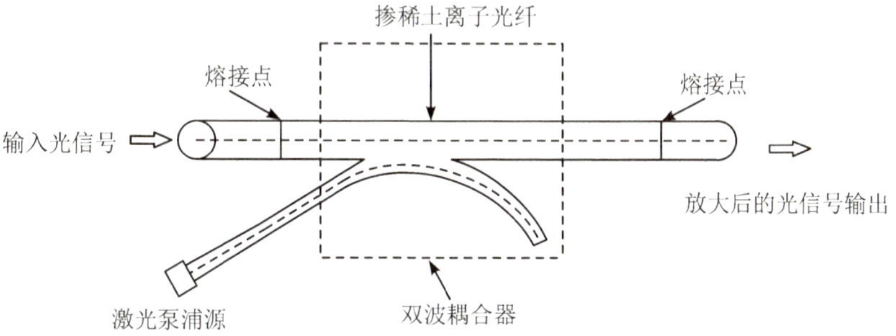


图 9-7　掺铒光纤放大器的结构示意图

根据泵浦光和光信号传播方向的相对关系，EDFA 的结构又可分为同向泵浦、反向泵浦和双向泵浦，如图 9-8 所示。若光信号和泵浦光在光纤内的传播方向相同，则为同向泵浦；若传播方向相反，则为反向泵浦；若传播方向分别为两个方向，则为双向泵浦。

EDFA 之所以得到迅速的发展，源于它的一系列优点，具体如下。

(1) 工作波长在 1530 nm～1565 nm 范围，与光纤最小损耗窗口一致，可在光纤通信中获得广泛应用。

(2) 对掺铒光纤进行激励的泵浦功率低，仅需几十毫瓦。

(3) 耦合效率高。因为是光纤放大器，易于与光纤耦合连接，耦合效率高，且连接损耗低。

(4) 增益高且特性稳定、噪声低、输出功率大。增益可达 40 dB，在 100 ℃内特性保持稳定，且与偏振无关。

（5）可实现信号的透明传输。对各种类型、速率与格式的信号可进行透明传输。

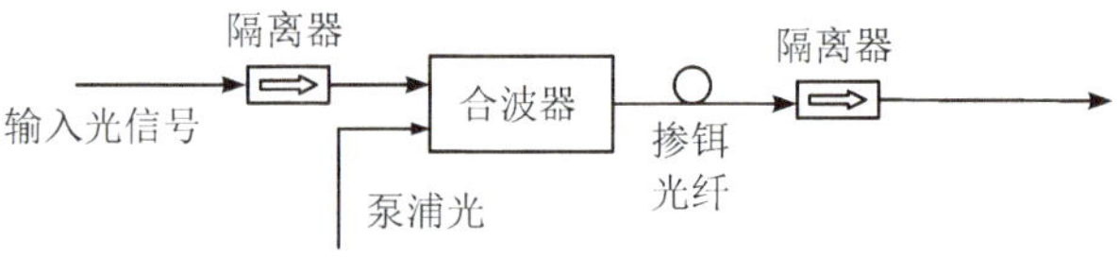


(a) 同向泵浦

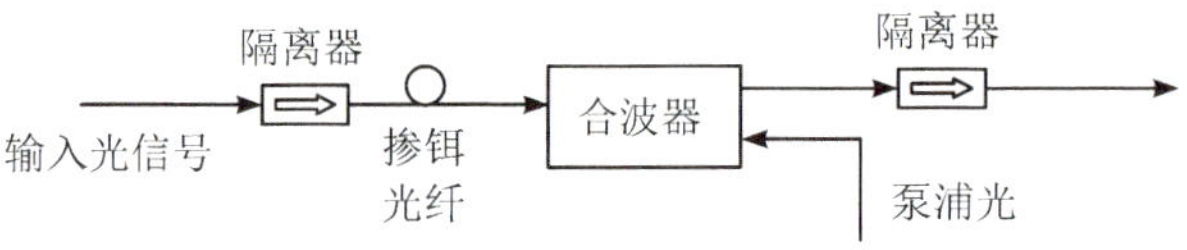


(b) 反向泵浦

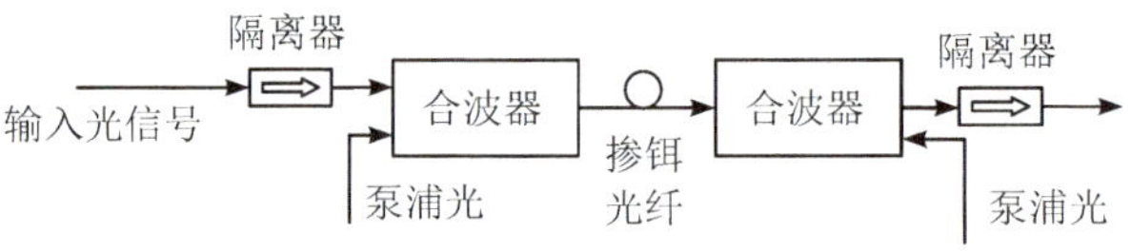


(c) 双向泵浦

图 9-8 EDFA 的结构示意图

但 EDFA 有以下缺点：

（1）波长固定，只能放大 1550 nm 左右的光波，可调节的波长有限。

（2）增益带宽很宽，但 EDFA 本身的增益谱不平坦，在 WDM 系统中需要采用特殊的手段进行增益谱补偿。

## 9.1.2 无线激光通信

无线激光通信结合了无线电通信和光纤通信的优点，以激光为载波进行通信。其具有抗干扰能力强，安全性高，通信速率高，传输速度快，波段选择方便，信息容量大，系统体积小、重量轻、功耗低，施工简单、灵活机动等特点，在军事和民用领域有重大的战略需求与应用价值。

### 1. 无线激光通信系统的组成

无线激光通信系统如图 9-9 所示。激光发射机光源采用激光器或发光二极管，激光接收机采用 PIN 光电二极管或雪崩二极管。

无线激光通信的应用领域涉及以下三个方面：

（1）轨道之间的通信，即将低地球轨道飞行器(如地球卫星、人造空间站等)中的数据传输至同步地球轨道飞行器(通常是数据中继卫星)。

（2）卫星之间的通信，即在两个同步地球通信卫星之间形成星际链路。

（3）执行深层空间任务，即在行星与同步地球卫星之间进行高速数据传输。

与光纤通信相比，FSO 具有以下优势：成本低，以大气为传输介质，免去了昂贵的光纤铺设和维护费用；部署方便，由于只在通信点进行设备安装，故可以实现系统的快速安装和灵活安装。然而 FSO 也存在一些缺陷，如：两个通信点之间视线范围内必须无遮挡；

距离受限，受激光产品安全标准、数据速率、天气等条件的限制，通信距离较短；可靠性不高，意外遮挡和天气因素会影响通信链路的可靠性。

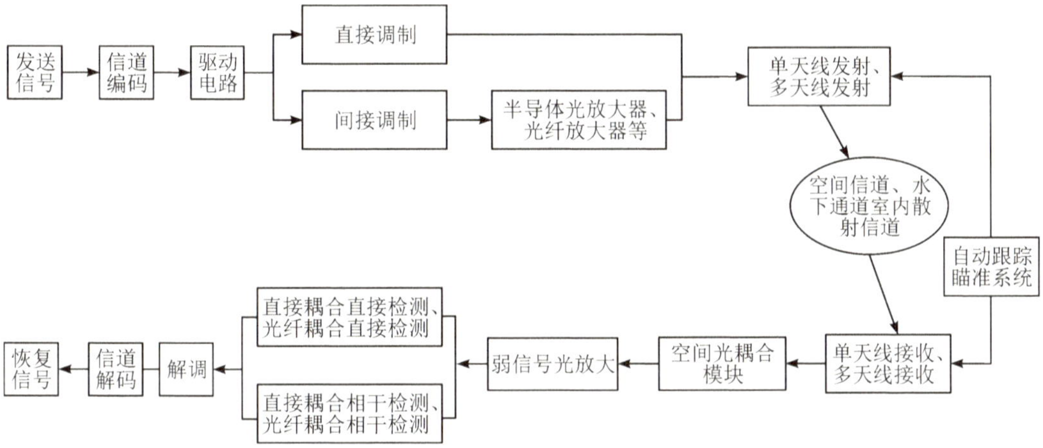


图 9-9　无线激光通信系统的基本组成

## 2. 关键技术

1）捕获、跟踪技术

无线激光通信技术借助光源的小发散角波束提供功率增益，这对光束的捕获跟踪提出了比微波通信更高的要求。实现快速、大概率、大范围的光束捕获和稳定的高带宽、高精度光束跟踪是其瞄准、捕获、跟踪技术研究的核心目标。其中，光束捕获采用激光瞄准技术和粗/精跟踪相独立的体制，即粗跟踪由大视场相机和伺服转台组成闭环，提供大范围低频带伺服控制；精跟踪由高帧频相机和快速振镜组成闭环，提供小范围高频带伺服控制，从而有效抑制因光束大范围运动和高频率抖动引起的光束扰动。无线激光通信中的瞄准、捕获与跟踪系统框图如图 9-10 所示。

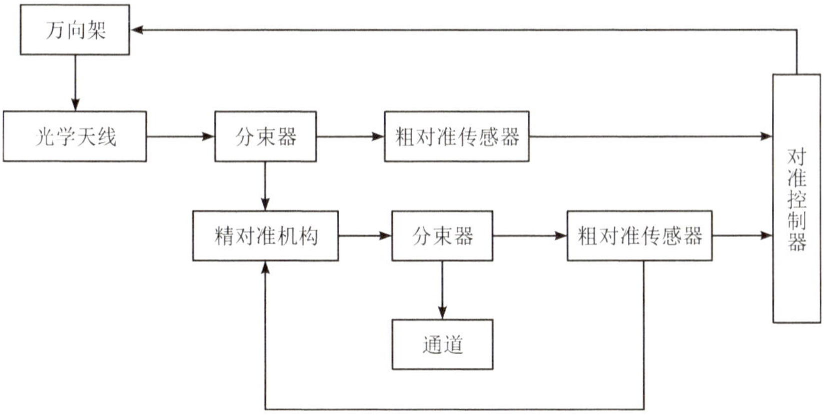


图 9-10　无线激光通信中的瞄准、捕获与跟踪系统框图

2）通信收发技术

激光通信接收机的高速探测器均由光纤耦合以适应高速探测器小探测截面，且有利于

系统集成。因此，空间激光到光纤的耦合是激光通信接收部分的关键技术之一。其中光纤高效率耦合主要受到模式匹配、对准偏差、菲涅尔反射、吸收损耗、平台振动等影响。现有的光纤耦合主要采用的是光学自适应、锥形光纤等方法。

3）大气补偿技术

当空间激光通信技术应用在星-地、空-空和空-地等链路时，激光在穿越大气层的过程中受大气湍流影响，在传输时会出现接收功率抖动，从而导致系统出现误码，这在高速激光通信中更加明显。为解决这一问题，可采用高精度实时波前畸变校正技术，它是抑制大气湍流对传输光束波前影响的有效方法。该技术通过哈特曼传感器进行多孔径波面探测，在一定程度上能够矫正波前畸变。但该技术的主要难点在于激光到达角起伏补偿、波面变形补偿和空中飞行时负面层影响补偿，可通过探测系统引入波前畸变补偿镜技术进行联合校正。

4）光机电设计技术

为减小自由空间的功率损耗，提高光束发射增益，需要通信光束以近衍射极限角发射。在保证发射光学口径的基础上提高光束发射增益，对光纤耦合技术、光束整形技术、望远镜面型设计提出了更严格的要求。为突破近衍射极限角发射的关键技术、发射激光源的整形准直技术和高效率光纤耦合技术，需要研究光纤不同芯径、束散角与光学系统匹配的优化选取方法。对于光学基台技术，需要对光学系统进行模块化、轻量化设计，且能满足未来空间激光通信网络一点对多点同时传输的要求。与此同时，激光技术的广泛应用促成了多行业的标准化，如基于激光技术的激光整形传输促成了元件的模块化和标准化，降低了整机体积与成本。

### 3. 发展趋势

无线激光通信的发展趋势主要体现在以下几个方面：

（1）高速率。随着无线激光通信高速调制解调和传输技术的快速发展，未来星-地激光通信链路速率有望达到 100 Gb/s。高速激光通信采用高阶调制方式（如正交相移键控、正交振幅调制）和复用方式（如波分复用、时分复用、轨道角动量复用），短距离速率可达 Tb/s 量级。

（2）网络化。全球化发展的进程促使建设具有不依托地面网络、无缝覆盖全球、高带宽和抗毁性能的空间网络。因此，依托无线激光通信技术实现的天基宽带传送网络是今后发展的主要趋势。

（3）多用途。随着无线激光通信技术的逐渐成熟，无线激光通信的高调制速率、远传输距离和低能耗的优点逐渐凸显。目前，无线激光通信技术已广泛应用于星间、星-空、空-空、空-地等链路的宽带数据传输，并逐渐向深空探测、水下和地面接入通信扩展，其用途越来越广。在一些无法铺设光缆的特殊应用场合，如海岛之间、城市楼宇间、野外复杂环境等，无线激光通信技术可起到光纤通信技术所无法代替的作用。

（4）一体化。随着技术的不断进步，无线激光通信技术的发展呈现出高速率通信、网络化发展、多用途应用、测距与通信一体化、激光与微波通信技术融合、系统集成与小型化、成本效益考虑以及国际合作与标准化等多元化趋势。这些趋势共同推动了无线激光通信技术在多个领域的广泛应用。未来，随着技术的不断创新和完善，无线激光通信技术将在更多领域发挥重要作用，为人们的生活和工作带来更大便利。

（5）多谱段。无线激光通信的多谱段特性主要体现在其能够利用不同的频谱资源进行信息的传输和获取，从而提高通信的安全性、效率和灵活性。通过多谱段信息的获取和处理，无线激光通信能够有效地区分目标和背景，减少干扰，增强抗干扰能力。同时，多谱段成像技术可以提高红外远程目标探测识别能力，为各种应用场景提供更加清晰、准确的图像信息。此外，无线激光通信的多谱段特性还使得在不同频段的通信可以并行处理，大大提高了通信效率和数据吞吐量。这些优势使得无线激光通信在军事通信、安全监控、遥感探测等领域具有广泛的应用前景。

## 9.1.3 量子光通信

### 1. 量子光通信的基本概念和理论

现有的经典通信理论中，信息量的基本单位是比特。在经典的通信中，比特是一个两态系统，且两种状态是线性独立的，它可以是两态中的任一状态，如是或否，1 或 0，在物理中可以表现为高电平(1)或低电平(0)，带电(1)或者不带电(0)等。而在量子通信的体系中，信息量的基本单位为量子比特。量子比特有两个状态，用量子刃矢表示为$|0\rangle$和$|1\rangle$，它们可以同时存在，这是其波粒二象性的结果。量子比特是这两态的一种叠加态，即$|\Phi\rangle=\alpha|0\rangle+\beta|1\rangle$，其中，$|\alpha|^2+|\beta|^2=1$。我们无法准确地测量量子比特处于哪种状态，也就是无法确定$\alpha$和$\beta$的值，只能说$|\Phi\rangle$处于$|0\rangle$状态的概率为$|\alpha|^2$，处于$|1\rangle$状态的概率为$|\beta|^2$。这个量子比特也可以介于$|0\rangle$和$|1\rangle$之间的任何状态。由此可以看出一个量子比特可以携带 2 比特的信息，是经典通信中容量的 2 倍。

用量子态来表示信息是量子通信的基础。量子态指原子、中子、质子等粒子的状态，它可表征粒子的能量、旋转、运动、磁场，以及其他的物理特性。在量子信息体系中，所有信息需要利用量子力学的方法进行处理分析，信息的演变遵从薛定谔方程。信息的传输就是量子态在量子通道中的传输，信息的处理就是量子态的幺正变换，信息的提取就是对量子系统进行量子测量。而量子比特的载体可以是任何两态的量子系统，常见的有极化光子的正交偏振态(水平偏振和竖直偏振)、原子核的自旋(顺磁场取向状态和逆磁场取向状态)、二能级原子能级(基态和激发态)等。

量子系统具有其特定的性质，其中与信息处理相关的有量子的叠加性和相干性、不可克隆性、量子纠缠性。量子比特可以处在两个本征态的叠加态上，我们可以对$N$(大于 1)个量子比特进行并行处理和控制。在量子比特的操作过程中，两个本征态的叠加振幅可以互相干涉，这就是量子的相干性。由量子力学的线性特性可知，在未知量子状态的情况下复制单个量子是不可能的，因为要复制单个量子就需要先做测量，而测量必然改变量子状态。这就是量子的不可克隆性。不可克隆性是量子能够进行绝对安全通信的基础。在量子力学中，有共同来源的两个微观粒子之间存在着某种纠缠关系，不管它们在空间上被分开多远，只要一个粒子发生变化，另一个粒子的状态也会立刻发生相同的变化，这就表现出了量子力学的非局限性和量子纠缠性。某一状态微观粒子的力学量(如坐标、动量、角动量、能量等)一般不具有确定的数值，而是一系列的可能值，每个可能值以一定的概率出现，因而不能同时精确地测量这些力学量，这就是“海森堡测不准原理”。例如，在同一时刻以相同的精度测定量子的位置与动量是不可能的，只能精确测定两者之一。这并不是说我们无法精确测定量子的动量或位置，只是不能同时确定而已。以上特性是量子理论的核心，也构成了量子密码通信的物理基础。

在量子信息论和量子力学的理论基础上，产生了量子光通信。量子光通信利用光在微观世界中的粒子特性，让一个个光子传输"0"和"1"的数字信息。亚泊松态激光器发射光子，以光的偏振或相位对数字信息进行编码，再以非经典信道传输光子信息。一个光子可将无限的信息传递给无限个接收者，在接收端采用光子计数和量子无破坏测量技术探测、解调出原始信息。在这个过程中，由"海森堡测不准原理"和"单量子不可克隆定理"来实现保密通信。因此，量子光通信的通信容量将远远超过非量子的经典通信，其通信速度也比现在的光通信速度提高1000万倍。它是一种全光通信模式，更是现代光通信技术的前沿发展方向。

### 2. 量子光通信系统

量子光通信系统的基本部件包括量子态发生器、量子通道和量子测量装置。一个基于光纤信道的量子光通信系统结构如图9-11所示。在其发射端，量子态发生器是一种新型的非经典激光器(又称亚泊松态激光器，或称光子数态光子源)，它发射出均匀的光子流，与信号一起输入到光子调制器，对每个光子进行编码、载入信息。

量子通道仍然是光纤，但它是非经典信道。接收端由量子无破坏测量装置与光子计数器构成。由于是光子数态，且对光子与光子数编码，不再受量子噪声限制，因此信息效率与信噪比得到大幅度增长。又因为使用量子无破坏测量装置解调，光子计数器接收不但进一步提高了信噪比，而且由于不再需要从信号中吸取能量，接收灵敏度也得到了极大的提高。

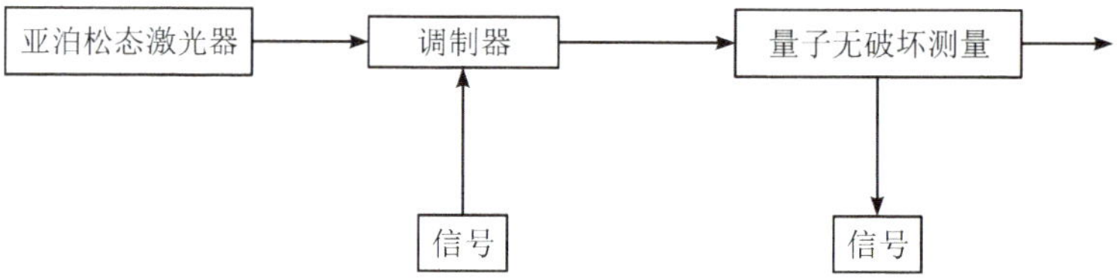


图9-11 量子光通信系统结构

## 9.2 激光显示技术

激光显示技术是继黑白显示、彩色显示、数字显示之后的第四代显示技术，是激光技术、光电子技术、半导体技术等高速发展、综合集成的产物。随着激光技术的成熟，激光显示技术突破了12 bit颜色灰阶编码不重叠的限制，亮度高并可精确控制在人眼的最佳视觉感知区，实现了8K几何高清。三基色半导体激光器所用的激光显示技术是能够全面实现ITU-BT.2020标准的显示技术。与自然光色域相比较，传统显示设备只能再现人眼所见颜色的30%，而激光显示技术可覆盖90%，因此激光显示技术被称为"人类视觉史上的革命"。

激光显示技术在大屏幕激光家庭影院、数字电影、军事指挥、展览展示、便携显示终端以及空间科学等领域有着广泛的应用。

## 9.2.1　激光显示技术的特点

激光显示技术作为第四代显示技术，在继承了数字显示技术所有优点后，还具有以下特点：

(1) 几何和颜色双高清。几何高清即线分辨率。人眼可观察到超高分辨率图像以及丰富和精细的色彩。激光方向性好，发散角小，易实现 4K、8K 甚至更高的(全屏)显示分辨率。颜色高清即颜色数。激光显示最突出的特点就是激光光谱很窄，称之为线状光谱，谱宽小于 5 nm。采用其作为光源时，颜色的色纯度很高，可以完全实现 12 bit 颜色数编码不重叠，实现传统显示的 500 倍以上的大颜色数显示，更能反映自然界的真实色彩。

(2) 超大色域。激光单色性好，其光谱为线谱，可在色度图上形成超大色域，颜色更加鲜艳，其颜色表现能力是传统显示器的 2～3 倍。

(3) 高观赏舒适度。激光显示技术采用反射式成像，光线经屏幕反射至人眼，光线柔和不刺眼；同时，激光显示技术的工作原理决定了激光显示的像素与发光面积相同，且像素与像素之间无边缘效应，因此观赏舒适度极高。

## 9.2.2　激光显示技术的成像原理

如图 9－12 所示，激光显示系统主要由三基色激光光源、光学引擎和屏幕三部分组成。光学引擎主要由红绿蓝三色光阀、X 棱镜、投影透镜和信号调制模块组成。红绿蓝三色光阀上分别生成红、绿、蓝三色对应的小画面，然后分别引入三色激光照明投影到屏幕上，即产生全色显示图像。激光显示技术可以最真实地再现客观世界丰富、艳丽的色彩，提供更具震撼的表现力。

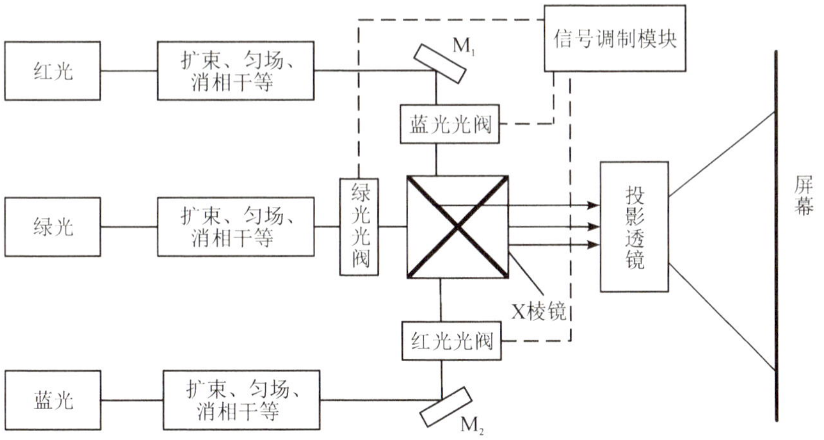


图 9－12　激光显示成像光路示意图

## 9.2.3　激光显示技术的关键技术

### 1. 三基色激光光源技术

激光显示技术的核心在于激光光源。激光光源经历了气体激光光源(体积大、耗电量高、寿命短、不易实用化)、全固态激光光源(结构复杂、效率低、难以消散斑)、三基色激光光源等发展阶段。与其他相干/非相干光源相比，三基色激光光源具有直接电激发、高效率、高偏振度、长寿命、高可靠性、小型化、频域/空域/时域综合参数易于调控等优势。更重要的是，三基色激光光源具有可用半导体制造工艺实现大规模量产以降低成本的独特优势。

#### 2. 超高清视频图像技术

激光显示技术作为超高清显示技术的代表，急需解决4K/8K超高清分辨率显示芯片、超高清视频图像的获取/存储/处理/传输、人眼生物学特征和视觉心理特性等关键技术。新一代信息技术(如5G、大数据、云计算技术)的普及，使激光显示视频图像信息的高速率、大带宽需求成为可能。

#### 3. 激光显示配套材料与器件技术

超高分辨光学成像镜头、高增益光学屏幕、新型匀光整形材料、智能驱动/显示芯片等激光显示配套关键材料与器件，是激光显示生态体系必不可少的一环。我国已具有超短焦镜头设计和制造能力，实现了包括镜头、光机在内的4K光学引擎的批量生产；还在高性能菲涅尔光学屏幕方面持有多项核心设计/制造专利，实现了超大尺寸光学屏幕生产示范。

#### 4. 激光显示整机总体设计与集成技术

在激光显示整机方面，重点开展超高清、大色域整机设计、关键器件集成、高良率量产工艺、可靠性测试以及相应的标准等产业化应用技术研究，具体包括光学设计、图像处理、整机鲁棒性和寿命检测/分析及优化对策研究，以及规模量产工艺与设备研究，以整机应用需求为牵引，带动激光显示关键材料器件快速走向应用，从而建成完备的设计、材料生长、器件制备、整机集成到产业应用的全链条创新体系。

### 9.2.4 激光显示技术的应用

#### 1. 激光电视

激光电视利用半导体泵浦固态激光工作物质产生红、绿、蓝三种波长的连续激光作为光源，通过电视信号控制三基色激光扫描图像。

激光电视色彩鲜明、亮度高、屏幕尺寸灵活，并且鲜艳的图像可以投射到各种材料表面，甚至是弯曲曲面。激光电视可适应所有电视标准，如PAL、NC、SECAM、VGA等高清晰度电视信号制式。与离子体电视相比，激光电视工艺简单、色彩鲜艳；与大屏幕液晶电视相比，激光电视亮度更高，且不受视角的方向性影响。

#### 2. 激光无拼接大屏幕

激光无拼接大屏幕就是采用激光光源的无拼接大屏幕。在传统的液晶拼接或者DLP拼接方式中，无论是箱体的拼接还是多张屏幕的拼接，都无法消除画面本身存在的物理拼缝。随着无拼接大屏幕的发展，新的边缘融合技术问世。由于采用整幅屏幕，消除了传统拼接存在的屏幕间的物理拼缝和光学缝隙，保证了显示图像的完整性和美观性。在提高清晰度的同时，激光无拼接大屏幕具有更高的分辨率，减少了投影距离，提高了空间利用率，降低了使用成本。此外，激光无拼接大屏幕增加了整幅画面的显示尺寸和显示亮度，能带给人们不同凡响的视觉冲击。

### 9.2.5 激光显示技术的展望

激光显示技术正逐渐成为未来显示技术的主要发展方向之一。作为一项新兴技术，它的优势在于能够提供更高的亮度、更广泛的色域以及更低的能耗，同时还能带来更好的观看体验。随着人们对图像质量要求的不断提升，未来的激光显示技术将会朝着更高清、更大尺寸、更好色彩表现力以及智能化的方向发展。此外，它还可以应用于工业生产和医疗领域，为各行各业带来更多的便利和效益。尽管当前还存在一些挑战，如成本较高、技术难度较大等问题，但相信随着时间的推移和技术的进步，这些问题都将得到有效解决。

## 9.3 光存储技术

随着各种信息的爆炸式增长，日常需要处理的信息容量将以太字节计，信息流以太字节每秒计。激光器发明后，光存储技术获得了发展。采用激光光源，颠覆了磁存储技术的容量概念。光存储技术采用非接触方式读、写、擦，对盘面损伤小，数据存储寿命长，存储介质稳定，且移动性好、成本低，成为了应用最广、效率最高、容量最大的存储技术。面对大数据、云计算、物联网、人工智能的需求，超大容量光存储技术得到快速发展，容量已经超过太字节，并发展了体全息存储、近场光学存储和双光子双稳态存储等多种光存储技术。采用激光全息技术的全息存储，能实现三维图像存储，具有更大的存储容量。

光存储正在突破衍射极限向超高密度信息存储方向发展，由二维存储发展到多维存储。新型高容量光存储技术研究及实用化发展迅速，蓝光光存储技术已实现产业化并在不断扩大规模，双光束超分辨率存储技术和玻璃存储技术进入工程化和产业化推进阶段，多波长多阶光存储和全息存储等技术已趋向成熟，而近场光存储、荧光纳米晶体存储和脱氧核糖核酸存储等技术的研究也不断取得进展。

### 9.3.1 光存储技术的特点

光存储技术作为一种借助激光的先进技术，具备了众多引人瞩目的特点。

(1) 光存储技术拥有极高的存储密度，能够在相对较小的物理空间中容纳海量的数据，这使得信息的存储更加高效和紧凑。

(2) 光存储技术具有长期稳定性，能够长久的、安全的保存数据，避免了因时间推移而导致的数据丢失或损坏。

(3) 光存储技术可进行非接触式读写，通过激光束进行读写操作，无需物理接触存储介质，有效减少了对介质的磨损，延长了存储介质的使用寿命。

(4) 光存储技术具备高速读写的能力，可以快速地读取和写入大量数据，大大提高了数据处理的效率。

(5) 光存储技术具有高可靠性，数据存储相对较为稳定，不易受到外界环境的干扰。

（6）光存储技术的兼容性良好，能与现有的计算机系统和电子设备完美兼容。

（7）光存储技术还支持数据的重复擦写，为数据的更新和修改提供了便利。

（8）光存储技术对环境较为友好，是一种绿色环保的存储技术。

总的来说，光存储技术以其独特的特点，在信息存储领域发挥着重要的作用，并不断推动着相关技术的发展。

## 9.3.2 光存储技术的分类

### 1. 蓝光光存储技术

使用短波长、高数值孔径物镜的蓝光光盘(BD)，单层存储容量为 15 GB～27 GB。但由于受到光学系统衍射极限的限制，且目前对更短波长激光器和更大数值孔径透镜的实现成本和技术要求太高，其存储密度已趋近于理论技术的极限。为扩大容量及应用领域，多层蓝光光存储技术应运而生。多层蓝光光存储技术的实现途径主要有基于荧光染料的多层光盘、基于光学开关层的多层光盘、多波长多层存储技术和微全息多层存储技术等。目前，多层的 100 GB 蓝光光盘已普遍应用。由于受记录层透过率的限制，已有研究表明蓝光单张光盘的层数一般不超过 40 层，存储容量不超过 1 TB。基本的激光光盘系统如图 9－13 所示。

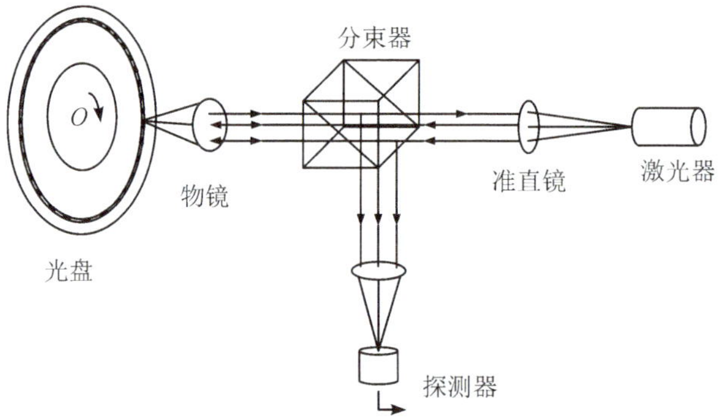


图 9－13 基本的激光光盘系统示意图

影响光盘存储寿命的光盘原料有三种：聚碳酸酯盘基原料、记录层材料和反射层材料。记录层材料主要有光热塑料、光折变晶体和光致聚合物等。材料的老化是需要解决的主要问题。例如，档案级可录蓝光光盘通过材料和结构优化，可抵抗温湿老化、光氧老化、机械磨损、生化腐蚀等。

### 2. 双光束超分辨率光存储技术

双光束超分辨率光存储技术利用两束光进行超分辨率读写，其基本原理类似于荧光成像技术。其中一束光作为记录诱导光；另一束特殊调制后的光具有空心光强分布特性，作用于记录介质上时能够产生“删除”效应，抑制光记录的过程。因而这种双束光记录方式能够突破衍射极限而进一步缩小记录点尺寸，从而提高单盘光存储信息记录的密度。

### 3. 玻璃存储技术

玻璃存储技术通过飞秒激光器在石英玻璃薄片上制造点阵，以二进制方式来存储数据，存储的数据可由普通的光学显微镜读取。目前，薄片原型可以支持四层点阵数据，与一张标准 CD 的存储密度相当。与传统光盘不同的是，石英玻璃存储读取时采用透射光路而非反射，穿过被测存储单元后，读取光包含了双折射的慢轴角度、光程延迟值等信息，加上石英玻璃的三维空间，一共五个复用维度。因此，五维光盘具有更大的数据存储密度。理论上，玻璃存储技术存储的数据量是蓝光光存储技术的 3000 倍，且存储寿命极其稳定。

### 4. 多波长多阶光存储技术

多波长多阶光存储技术主要利用了光致变色材料的分子级光开关效应。光致变色材料的变色机理是：物质吸收光子后，内部电子从分子的一个能级跃迁到另一个能级，或者固体中的离子从一个位置转移到另一个位置，并改变它的价态，使其呈现不同的光谱，从而导致光致变色。同一时刻，在光致变色材料中利用不同的激光波长，可实现多波长和多层并行信息存储。多波长多阶光存储技术可明显提高记录存储密度，但该技术也存在诸多问题，如：多波长多阶光存储作为新的读写模式需要新的伺服控制及编码等，没有蓝光成熟，且存储能力并不能达到相应的要求；随着时间的增加，有机光致变色材料的光学态发生转化，增加了信息误码率。

### 5. 全息存储技术

全息存储技术是一种高密度三维光存储技术。激光器输出的激光束经分光镜分为两束，一束经过空间调制器后携带物体的二维信息成为物光，另一束作为参考光。两束光相遇发生干涉，使得数据信息以全息图的方式被记录在存储材料中，且空间相位信息能够被完整地保存下来。读取时，利用之前记录的参考光照射存储介质，由于体全息光栅的衍射效应，在原信号光方向会再现出光信号，由 CCD 或 CMOS 图像传感器等光电探测器完成数据的读取。

人们利用全息材料进一步研究大容量的全息存储技术，目前已经发展了几种盘式全息存储方案，如三维盘式全息存储方案就是实现超大容量存储的一种途径。图 9－14 所示为基于全息存储技术的分块盘式全息存储示意图，图中沿盘面上的同心圆轨道被划分为互不重叠的空间位置，每个位置上复用存储的大量全息图。可以用傅里叶全息图的形式记录信息，也可以用像面全息图的形式记录信息，参考光采用平面波。复用方式可以是角度复用、波长复用或相位复用。

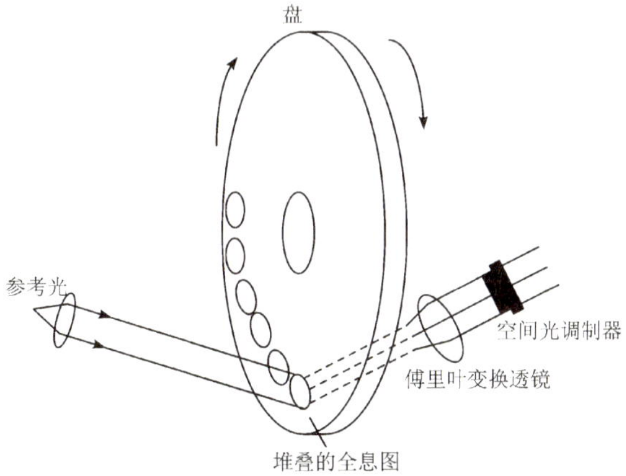


图 9－14　分块盘式全息存储示意图

相对于磁存储、电存储以及传统的光存储等存储技术，全息存储技术在存储密度和读取速度方面都具有很大的优势，尤其是与开放磁带技术相比，全息存储技术在成本与传输速率方面有明显优势。但由于全息存储技术尚未突破衍射极限，所以其密度的提升还是受到一定的限制。

#### 6. 近场光存储技术

近场光存储技术的原理是将入射光束通过光学系统形成直径小于 100 nm 的存储光斑，而光学系统出射端面与存储介质的间距保持在深亚微米范围内，将光斑直接耦合到存储介质进行存储。近场光学分辨率突破了瑞利衍射极限，达到了纳米量级，这一重要性质使得光学成像分辨率有可能提高几十倍，甚至上百倍。近场光存储技术具有高密度、高速度、高集成度等优点，存储密度比现有光盘提高了一个数量级以上。

#### 7. 荧光纳米晶体存储技术

荧光纳米晶体存储技术采用激光改变荧光纳米晶体颗粒的电子状态，进而改变其荧光特性，在代表数据信息开关的模式之间高效地切换，从而实现信息数据的存储。该技术可从二维拓展至三维，从而使存储密度达到千兆字节每立方厘米，并在小型数据立方体上实现 PB 量级的数据存储。该技术能够同时存储几个比特，存储内容可重复写入，且能量效率高，其实现的关键在于研发将纳米晶体嵌入到玻璃或者聚合物中的新材料。

#### 8. 脱氧核糖核酸存储技术

脱氧核糖核酸存储技术利用脱氧核糖核酸中的四种碱基，即腺嘌呤、胸腺嘧啶、鸟嘌呤和胞嘧啶代表二进制数据，将二进制的文件映射成脱氧核糖核酸中的碱基序列，最后通过人工合成技术形成长链的脱氧核糖核酸，以实现大数据的存储。通过特定的密钥，可将脱氧核糖核酸信息逆转换为二进制数据再进行读取。脱氧核糖核酸存储技术的显著优点为容量大、存储时间长、能耗低、运营成本低、不涉及兼容问题等，但其初期投资成本较大。

## 9.4 光传感技术

与光通信技术相似，光传感技术是以光为载体，感知和传输外界信号的传感技术。从大规模应用角度来看，光传感技术主要分为激光雷达技术和光纤传感技术。其他一些光电传感技术、激光传感技术分布在很多行业，伴随着行业技术的进步，此类技术得到不断发展。

### 9.4.1 激光雷达技术

自第一台激光器发明以来，人们就开始了激光雷达技术的研究。激光雷达技术主要用于环境感知和测距。相比于毫米波雷达、微波雷达和超声波雷达等相对成熟的传统雷达技术，激光雷达技术可以极大地提高雷达的距离、角度，而激光的高方向性和高相干性使其能够进行远距离抗干扰探测。激光雷达技术主要包括激光发射机技术、空间扫描技术、高灵敏度接收机设计技术、终端信息处理技术等。随着新兴的光纤激光器、量子级联激光器等的发展，激光器的性能不断提高，从而促进了激光雷达测量精度和实用性的进一步提升。

1. 激光雷达的原理

激光雷达和激光测距的原理极为相似，不同的是，激光雷达必须具有跟踪目标和测定目标速度的功能，以及目标成像识别功能。用四象限结构的光电探测器，即四块性能相同的扇形光电二极管拼成圆形结构。当回波波束的光斑均匀照射每一象限时，方位和俯仰误差信号为零；当光斑位置偏离时，给出相应的方位和俯仰误差信号，通过伺服系统调整望远镜天线重新对准目标，实现目标跟踪。从雷达座上的经纬度就能读出目标的方位角和俯仰角。

通常，利用光学多普勒效应来测量目标速度。当发射激光遇到运动目标后，只要目标相对雷达有径向运动，其反射的激光回波频率就会发生变化，探测这个变化，就能知道目标的运动速度。由于光频很高，对于每秒仅千分之几厘米的超低速运动目标，激光雷达都能精确测定。如果使用激光扩束发射光学天线，使目标均匀照射，则采用 CCD 摄像机接收，能很容易地获得目标的图像，而目标的距离可通过激光调制波的相位变化来测量。

2. 激光雷达的特点

激光测距仪能够非常精确地测定目标的距离，如果再加一个自动跟踪系统，用来测定目标的方位、形状和运动速度等，便构成了一台激光雷达。激光雷达与微波雷达相似，用窄激光束对某一地区进行扫描，并得出雷达图。激光雷达在高精度和成像方面占有优势，其测距精度可达厘米甚至毫米级，比微波雷达高近 100 倍；测角度精度在理论上比微波雷达高一亿倍以上。军用激光雷达最成功的应用是辅助导航，特别是激光速度计，其可为机载导航计算机提供超精度测量功能，测速误差为 0.5 mm/s。激光雷达最适于远距离高分辨率成像。激光束很细且不易受到地面反射波的影响，因而不存在“盲区”，特别适宜于对导弹初始阶段的跟踪测量，而且激光束能穿过核爆炸产生的电脉冲而对目标进行跟踪测量，这些都是无线电雷达难以实现的。此外，激光雷达的整个发射和接收系统比无线电雷达的天线轻巧，便于隐蔽和移动。

3. 激光气象雷达与激光成像雷达

激光气象雷达是一种利用激光探测大气的设备，它主要由发射系统和接收系统两大部分组成。发射系统的激光器会产生一束具有高单色性、相干性和方向性的光脉冲，并通过发射望远镜将其发射出去。而接收系统则通过接收望远镜接收大气分子和气溶胶粒子的散射回波。这种雷达可以获取云、雨、风等的相关数据，为天气预报、民航飞行、国防建设等提供必要的资料。

激光成像雷达是激光技术、雷达技术、光学扫描及控制技术、高灵敏度探测技术及高速计算机处理技术的综合新技术产物。它是激光雷达对硬目标探测的一种综合应用，结合了测角、测距、测速等多种激光雷达功能。通过激光成像雷达，可以获取目标的详细图像和数据，对目标进行精确的识别、定位和测量。

## 9.4.2　光纤传感技术

光纤传感技术将激光源作为传感信号，将光纤及光纤器件等作为传感器，通过对传感激光的解调获得传感信息，具有不受电磁干扰、测量精度高、可自组网等优点，广泛应用于军事、国防、航天航空、工矿企业、能源环保、工业控制、医药卫生、计量测试、建筑、家用电器等领域。

在实际应用中，往往将各种传感器组成光纤传感网络来对多种信号进行测量，即根据光纤传感网络的应用需求，将量子级联激光器、激光二极管、发光二极管、布里渊光纤激光器、拉曼光纤放大器等激光器作为传感源，对温度、压力、流量、位移、振动、转动、弯曲、液位、速度、加速度、声场、电流、电压、磁场及辐射等物理量进行测量。

光纤传感器主要由光源、光纤、光电探测器和信号处理模块等组成。其基本原理是来自光源的光经过光纤送入传感单元(调制器)，待测量参数与进入调制区的光相互作用后光的光学性质(如光的强度、波长、频率、相位和偏振态等)会发生变化而成为被调制的光信号，此光信号经过光纤送入光电探测器而转化为电信号，最后由信号处理模块还原为被测物理量，如图 9 - 15 所示。

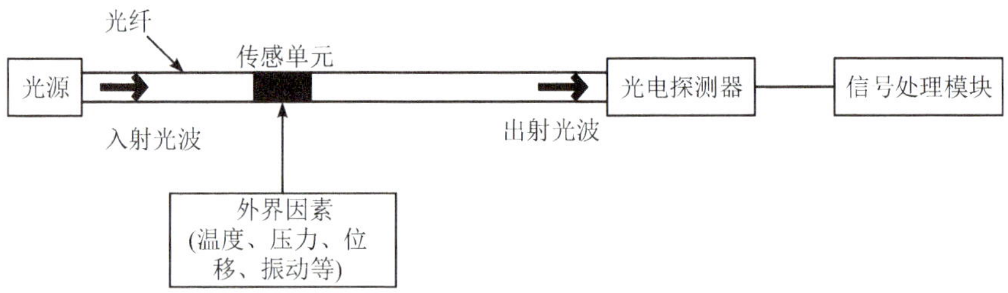


图 9 - 15 光纤传感器的工作原理示意图

光纤传感器与无线传感技术相结合，在物联网中起到了重要作用，具体如下：

(1) 在石油开采方面，光纤传感器可以克服恶劣的井下环境，取代传统的电子传感器，实现油井的持气率、含水率、压力、温度、多相流和声波的测量。目前，石油测井系统主要应用的是非本征光纤 F-P 腔传感器。我国陆上油田如新疆克拉玛依和辽河油田，已经进行了大量实验。

(2) 在建筑工程中，利用光纤传感器可以实时监测桥梁、大坝等重要建筑物的温度、压力、应力、振动、倾角等物理量，以评估短期及长期的结构安全性能。在大型工程中，因为需要实时监测，并且范围较广，所以主要使用的是连续性分布式光纤传感器。例如，我国三峡水利枢纽工程，大坝坝体内部靠近上游面埋设的光纤 Bragg 光栅温度传感器，该传感器所测温度与水银温度计直接测量水温相比，精度更高。

(3) 在军事应用中，光纤传感器可用于水声探潜(光纤水听器)、光纤铡导、航天航空器的结构损伤探测(智能蒙皮)以及战场环境的探测等方面。由光纤水听器构成的海防传感网络系统是目前正在开发的新兴防卫系统，该系统已开始用于海上边防和重要军事地区的海防警戒。此外，基于光纤传感技术的光纤网络安全警戒系统在边防及重点区域防卫中得到了推广应用。

## 9.4.3 激光制导

所谓制导，是指控制和导引飞行器，使其按照选择的基准飞行路线进行运动的过程。激光制导是指以激光作为传递信息的工作物质的制导。目前，激光制导武器包括激光制导导弹、激光制导炮弹和激光制导鱼雷等，其原理相同。比如，激光制导导弹就是在普通导弹上装上一个激光导引头和特殊的尾翼。这种导弹能依靠激光导引头自动跟踪激光目标指示器射向目标反射回来的激光束。激光目标指示器发射的激光始终瞄准所要攻击的目标，弹头的光探测器锁定在反射激光束上。光探测器接收的信息经过处理控制尾翼，使导弹调整其飞行路线，精确命中所要攻击的目标。

与普通炸弹相比，激光制导炸弹的成本约为非制导炸弹的 4 倍，但由于命中率高，通常使用 200 枚普通炸弹才能摧毁的目标，使用 1 枚激光制导炸弹就能达到目的。制导炸弹的成本效益约为常规投弹方式的 50 倍，是计算机投弹的 40 倍。激光制导系统具有抗干扰能力强、结构简单、空间分辨率高等优点。除浓雾天气外，在任何气候条件下，激光制导均能有效地工作，且受电子干扰影响较小。激光制导具有较强的抗红外干扰能力，能在各种复杂的人为干扰及背景干扰中实现对选定目标的识别与跟踪。激光制导的制导精度高、结构简单、成本低，可以和其他制导系统兼容，满足"一弹多头"的需要。可以对高重复频率的激光脉冲进行编码，使得不同的激光制导武器系统具有同时攻击不同目标的能力。

另外，激光制导对信息处理系统要求较低，且有较高的空间分辨率。但激光制导系统在搜索目标、抗云雾干扰等方面能力存在不足。激光制导系统发射的激光束窄，目标搜索能力差，且激光束易受气象条件的影响，不能全天候工作。激光半主动制导的武器系统，激光束在导弹命中目标之前必须一直照射目标，导致激光器的载体易被敌方发现和遭受反击。另外，激光制导炸弹准备工作也十分复杂，需要预先提供目标及投放条件等各方面的准确数据。

### 1. 激光制导方式

激光制导方式有以下几种。

1）主动式激光制导

主动式激光制导将激光照射器和导引头集成，弹载激光照射器发射激光照射目标，导引头自动接收目标的反射光，通过控制系统导引激光制导导弹实施精确打击。"发射后不管"是主动式激光制导的最大特点。这一特点是主动式激光制导与其他制导方式的根本区别。主动式激光制导导弹发射后不用人工干预，导弹根据预装的目标激光三维成像特征，自动识别目标类型并判断预期目标毁伤效果，进行选择性攻击。主动式激光制导可以提高武器系统的生存力，但技术难度大，故应用很少。

2）半主动式激光制导

半主动式激光制导应用最广泛。半主动式激光制导系统由半主动激光导引头和激光照射器组成。导引头与激光照射器配置于两地，激光照射器照射目标，导引头接收目标漫反射激光，测量弹目相对位置误差，实现目标跟踪制导。相对于主动式制导，半主动式制导精度高、成本低，但其缺点也较突出。例如，半主动式激光制导多采用0.53 μm 或 1.06 μm 的激光，在传输的过程中容易受到外界的影响，激光照射器照射目标时载体很容易被敌方发现；激光照射器和导引头的分离导致信号的发射与接收很难同步，易被敌方侦测和干扰。

3）驾束式激光制导

驾束式激光制导将激光照射器与导弹同时安装在发射台上，照射器发射导向激光束，即激光照射驾束，激光照射器照射待攻击目标。导弹发射后进入激光照射驾束中，“驾”在激光束上，弹尾接收器接收激光信号，控制系统计算弹体相对于光束中心的位置偏差，纠正弹道，直至导弹命中目标。因为就像导弹“驾”在激光束上滑行一样，故俗称“驾束式激光制导”。驾束式激光制导是一种无线制导方式，适用于空-空、地-空、舰-空、地-地等导弹，且导弹的飞行速度可达数倍音速。

驾束式激光制导具有四大功能，即瞄准与跟踪、发射与编码、弹上接收与译码、指令形成与控制。驾束式激光制导系统利用跟踪瞄准器和激光照射器实现制导功能。其工作流程为：激光照射器不断地向目标发射经过调制编码的激光束，跟踪瞄准器接收目标反射光束对目标进行瞄准跟踪；位于弹尾的激光接收器接收到激光照射器发射的激光信号后，根据弹体相对于光束中心的位置偏差，修正导弹飞行方向，以使导弹沿瞄准线的方向飞行。

与半主动式激光制导相比，驾束式激光制导的优势是结构简单、成本低。另外，驾束式激光制导系统的跟踪瞄准器安装在弹体的尾部，不会影响导弹的毁伤性能。驾束式激光制导导弹在激光束内飞行，导弹有很高的速度，适用于对坦克或装甲目标等机动目标的制导跟踪。

4）指令式激光制导

指令式激光制导的原理是：制导指令经编码后控制调制器对激光进行调制，再经激光照射器发射；编码后的激光制导指令传送到导弹，经导弹上接收系统解调和解码，形成制导指令，控制导弹飞行，对目标实施攻击。指令式激光制导导弹在飞向目标的过程中始终保持在激光束中心，如果导弹偏离了这个中心，安装在弹体尾部的激光接收器便会发出偏差信号，然后通过控制系统要求激光束和导弹发射方向严格配合。指令式激光制导技术难度较大，但整个系统小巧轻便，适合单兵使用，是目前应用较成功的制导方式，主要用于低空防御导弹。

### 2. 激光制导发展趋势

1）协同制导

为适应复杂多变的战场环境，高质量完成关键目标打击任务，需要加大对协同激光制导技术的研发力度。例如，由 Raytheon 公司研发的 PAM 协同制导系统，在武器中配置 GPS+IIR 引导头，在发射装置中同时设置多枚导弹，导弹发射后，通过 GPS 进行中程制导，当导弹接近打击目标时，在战场上方保持游弋状态，对战场情况进行搜索，快速生成三维成像，根据成像结果完成作战任务，如直接打击目标、评估打击效果、向指挥系统传输所捕捉目标的三维影像信息。

2）激光主动成像制导

激光主动成像制导武器面临着成像扫描速度慢、电源设备体积过大、引导头工作不稳定等技术难题，因此相关机构需要重点研发激光主动成像制导技术的以下方面：优化配套零部件生产工艺，在不影响武器性能的前提下，尽量缩小电源设备与目标指示器等装置的体积和重量；在激光制导武器结构设计方案中贯彻集成化理念，将各类零散器件与武器装置集成为一体化结构，以改善引导头工作稳定性；对激光主动成像制导系统的工作方式进行调整，如采用全新的高速采样焦平面探测器阵列技术，通过三维成像雷达来满足高帧频成像需求，在短时间内生成目标三维影像。

3）多元化攻击模式

在现代战争中，原有的半主动激光制导武器系统的攻击方式较为单一，在打击目标期间易被拦截，作战任务的实际完成度有待提高。需要重点研发激光制导武器的多元化攻击模式，根据现场情况与任务条件，快速切换至其他攻击方式，以改善激光制导武器的生存能力以及攻击效能。

4）抗干扰技术

随着军事科技的不断发展，为有效拦截激光制导武器，各国纷纷采取多元化的干扰措施，常见措施包括强激光压制干扰、欺骗式激光干扰、烟幕干扰等。为提高激光制导武器实际命中率，有效完成精确打击任务，需要加大对抗干扰技术的研发力度。例如，可选择运用波门选通技术，在激光导引头中设置脉冲录取波门，在导引头接收反射信号时，在波门开启时间段，导引头信号处理电路具备接收与处理同步信号的条件，以避免杂波干扰。

### 9.4.4　光传感技术的发展前景

未来，激光雷达将向高灵敏度、高信噪比、高分辨率和宽测量范围方向发展，其传感前端的专用性能也会不断提升。激光雷达将全面应用于智联网、无人驾驶等领域，成为陆、水、空中有人和无人驾驶领域的核心器件。

随着先进窄线宽激光器的发展，智能光纤传感网技术将会更加成熟，并在各个领域发挥更大的作用。预计未来不久将实现超高分辨率的超快光纤传感技术，分布式智能光传感系统会进入海洋、地心、太空等超远领域，成为广域物联网最重要的基础设施。

# 第 10 章

# 激光在科技前沿中的应用

激光束的明亮之光深入探索了超微世界，其超快或超窄的脉冲特性为我们揭示了原子、分子结构的微观奥秘，推动了激光光谱学和纳米科学技术的蓬勃发展。超短脉冲在半导体材料和发动机燃烧化学过程的研究中发挥着重要作用，它不仅能够进行激励光的测量，还能实现皮秒时间刻度的测量分辨率。利用超短脉冲构建的开关器件极大地提升了计算机、通信仪器和其他半导体器件的运行速度，同时显著减小了它们的体积。科学家借助激光光谱技术，深入研究了原子能级之间的跃迁过程，显著提高了研究效率。在天文学领域，激光光谱技术也被用于研究“大爆炸”或宇宙后遗留的“外来”原子，以及那些难以捉摸的亚原子，如中微子等，这些研究有助于解答宇宙起源、组成以及表现等基础科学问题。本章将介绍激光在科技前沿中的几种重要应用。

## 10.1 激光在光谱学中的应用

光谱是电磁辐射按照波长的有序排列。每种物质都有其吸收和辐射光谱特性。光谱学是光学的一个分支学科，主要研究各种物质的光谱的产生及同种物质之间的相互作用。通过光谱的研究，人们可以得到原子、分子等的能级结构、能级寿命、电子的组态、分子的几何形状、化学键的性质、反应动力学等多方面物质结构的知识。利用激光作光源或激发源，或利用激光与物质相互作用的非线性效应获得物质光谱的技术称为激光光谱技术。激光在光谱学中的应用由激光的高强度和窄频宽的性质决定，所以激光能够有选择地激发原子或分子到达特殊的能级，并进一步被用来研究这些受激态其后的衰变。可调谐激光技术的出现，已使传统的光谱学发生了很大的变化，成为深入研究物质微观结构、运动规律及能量转换机制的重要手段。根据研究光谱方法的不同，激光光谱可分为激光显微光谱、激光闪光光谱和双光子光谱。

### 10.1.1 激光显微光谱

激光的出现开辟了对样品进行精确定位的微区分析的新途径，即各种形式的空间高分辨的激光光谱技术。其中比较成熟并得到广泛应用的是激光显微光谱分析。

如图 10-1 所示，由激光器（一般采用调 $Q$ 的固体激光器）发出的激光束经显微物镜射向样品，使样品蒸发，且在辅助电极（$E_1$、$E_2$）之间的区域形成包含有一定数量的电子、离子的蒸气云。然后，放电回路电容上存储的电量在蒸气云中放电，使蒸气云中的原子、离子激发并发射光谱。利用显微光学系统的照明系统(照明灯)照亮样品。对于不透明的试样，采用反射光路照亮样品，照明光束被试样反射后经半透半反镜、转向棱镜进入目镜；通过目镜观察可调整试样的位置，使待分析的微区对准激光束(即显微物镜光轴方向)。对于透明试样，则采用透射光路来照亮样品。考虑衍射极限，激光束的发散角可以表示为

$$\alpha \approx \frac{1.22\lambda}{D} \tag{10-1}$$

式中，$\lambda$ 为激光器发出的激光波长；$D$ 为激光从谐振腔射出的有效直径。

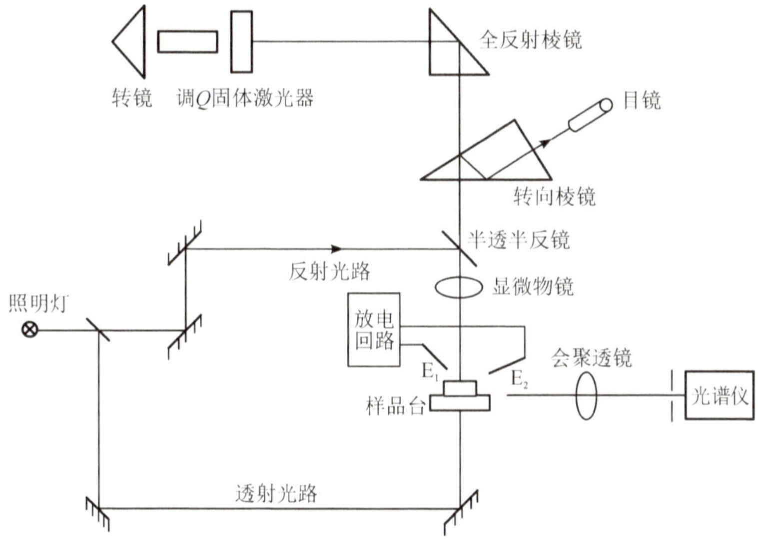


图 10－1　激光显微光谱分析实验装置

设采用钕玻璃激光器作光源，其 $\lambda=1.06\ \mu m$，$D=6$ mm，则 $\alpha\approx 2\times 10^{-4}$ rad。但是，实际上有偏离轴向的振荡模式，因而观察到的 $\alpha$ 值比计算值大，一般为 $10^{-3}$ rad。这种激光束被焦距为 $f$ 的显微物镜聚焦于样品表面，其光斑直径(见图 10－2)为

$$a=2\alpha f \tag{10-2}$$

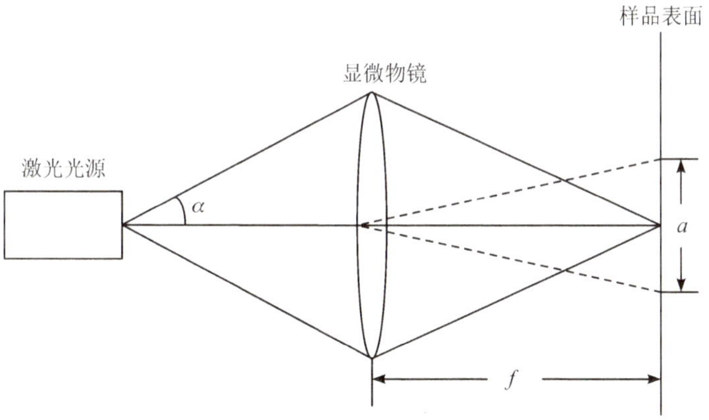


图 10－2　激光在样品表面的光斑

目前，在激光显微光谱分析中，设计制造了一种折反射显微物镜，其放大倍数为 40，焦距约为 6 mm(工作距离为 16 mm)。若采用这种类型的显微物镜，光斑直径约为 10 $\mu$m。

当激光脉冲光束瞄准光斑直径为 10 μm 的微区时，可在这个微区(不影响邻近部位)形成一个高温汽化区(等离子区)，然后再用电弧-火花光源激发，形成光谱，予以分析。

激光显微光谱分析主要用来分析各种样品的元素成分，其主要特点在于：利用激光的高亮度、准直性，再借助显微光学系统，实现对样品的微区分析(高空间分辨率)。如果把这种方法推广到原子吸收光谱中，用激光束对固体样品的特定部位进行直接蒸发，使之原子化，则可免除样品处理方面的很多麻烦，还可实现微区分析。目前，人们已经应用这种技术来分析空间技术领域中所使用的难熔金属合金。

### 10.1.2 激光闪光光谱

在激光出现以前，为了研究某些快速过程，发展了一种闪光光谱技术。该技术的要点是用一个高强度的紫外闪光灯(光解灯)，使待研究的化合物受激以至分解；再用另一个具有连续光谱的紫外闪光灯迅速记录光解产物的电子吸收光谱，通过这些吸收光谱来分析受激分子(包括自由基)的某些瞬态性质。但是，激光出现以前，这种闪光光谱技术的时间分辨率只能达到微秒量级。有了激光以后，采用调 $Q$ 技术，其时间分辨率在 1986 年已提高到了纳秒量级；而且，除样品的吸收光谱外，还可以研究样品的荧光光谱。近年来发展的锁模技术使时间分辨率有了进一步提高，已达到了皮秒和亚皮秒量级。因此，目前这种激光闪光光谱也常称为皮秒光谱或亚皮秒光谱。

当然，对快速过程的实验研究，除了要具有超短脉冲的激光光源，还必须有相应的测试技术。目前，对快速过程的实验研究通常采取这样一种测试技术：把激光脉冲用分束器分解为两束，用其中一束强脉冲去激励被研究物质中的快速现象，而用另一束弱脉冲去探测强脉冲激发下的响应。图 10－3 所示为测量有机分子荧光光谱寿命的实验装置示意图。激光器发出皮秒量级的脉冲激光，由分束器把光分成两路：一路经倍频器中的 ADP 晶体倍频后，由透镜聚焦射入样品池，以使样品分子受到激励；另一路首先经过透镜在水池内打出一个火花，造成连续光谱，然后经过光梯把光分成若干个时间间隔为 1 皮秒的若干光束。这样，当样品被倍频光束激发后，光谱仪便可记录下不同延迟条件下的样品荧光信号，从而确定出样品的荧光寿命。

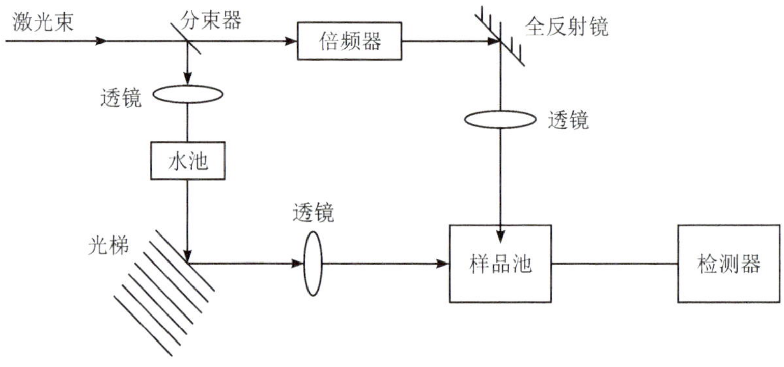


图 10－3 测量有机分子荧光光谱寿命的实验装置示意图

### 10.1.3 双光子光谱

经典的光谱技术在研究原子和分子等物质精细的能级结构方面存在两个困难：一是受

分光仪器本身分辨率的限制；二是受原子和分子光谱本身宽度，主要是多普勒宽度的限制。许多科学工作者一直致力于克服和消除多普勒增宽的研究工作，其中迅速发展起来的双光子光谱技术最引人注目。

原子(分子或离子)的无规则热运动，会导致谱线频率发生位移(相对于静止的粒子)。原谱线频率和位移后的谱线频率的关系为

$$\nu = \nu_0\left(1 \pm \frac{v}{c}\right) \tag{10-3}$$

如果所有原子都处于静止状态，那么谱线的多普勒增宽就可以消除，所有能级的精细结构和超精细结构都可以分辨。然而，要使所有原子都处于静止状态，技术上存在极大困难。但是，运用相反光束的双光子吸收法，可以起到消去多普勒增宽的效果。把激光频率调谐到 $2h\nu$ 相对应的两个能级间隔，光束透过样品被反射镜反射回来。如果原子从正反方向的光束中各吸收一个光子，那么多普勒效应就可以被消除。从正向光束中吸收光子的频率为

$$\nu' = \nu_0\left(1 - \frac{v}{c}\right) \tag{10-4}$$

从反向光束中吸收光子的频率为

$$\nu'' = \nu_0\left(1 + \frac{v}{c}\right) \tag{10-5}$$

同时吸收这两个光子而产生的量子跃迁的频率为

$$\nu = \nu' + \nu'' = 2\nu_0 \tag{10-6}$$

由于双光子吸收的概率很小，没有强度高、频率精细可调的光源，在实验中无法观察这种现象。但随着激光技术的发展，这种实验研究成为可能。与其他的频率高分辨光谱技术相比，消除了多普勒增宽的双光子光谱技术具有简单、可靠、分辨率高等优点，能够研究原子与分子的光谱精细结构、超精细结构。

## 10.2 激光核聚变

激光核聚变是利用激光照射核燃料使之发生核聚变反应。由于激光核聚变与氢弹的爆炸在许多方面非常相似，在激光器问世后，科学家就致力于利用高功率激光使聚变燃料发生聚变反应来研究核武器的某些重要物理问题。核能是一种非常重要的能量来源，它可以通过以下三种核反应释放：核裂变、核聚变和核衰变。其中前两种方式可以为人类提供大量能量。核裂变是指由质量重的原子核分裂为两个或多个质量轻的原子的一种核反应方式。核聚变是指由质量小的原子，在一定条件下发生原子核互相聚合作用，生成新的质量更重的原子核，并随之释放巨大能量的一种核反应方式。一般来说，核聚变释放的能量比核裂变释放的能量更大。理论上，核聚变反应的质能转换率为0.7%，而核裂变反应的质能转换率为0.13%。所谓质能转换率，是质量转换为能量的能力。质能转换率越高，意味着同质量转换的能量越大。此外，核聚变的原料可以从海水中提取，取之不尽，用之不竭；而常见的核裂变反应原料的储量十分稀少。更重要的是，核聚变几乎不会产生放射性的污染物。

### 10.2.1 受控核聚变

众所周知，文明的维持与发展是建立在能源供应充足的基础之上的，生活水平越高，经济发展越快，消耗的能源就越多。当前人类使用的能源主要是煤、石油、天然气这样的化石燃料，它们的形成周期长，在地球上的储藏量有限。而对这些能源的使用会造成严重的环境问题，如燃烧化石燃料所造成的二氧化碳排放被认为是全球变暖的主要原因。因此，人类对供量充足、环境污染小的新能源的需要日益迫切。发达国家利用核聚变反应获取能量的实验早在1950年就开始进行了，日本对这方面的研究是在1958年以后开始的。我国在这方面的研究起步较晚，于20世纪60年代开始了独立自主的研究。

有关研究表明，一些可再生的能源(如风能、太阳能等)虽然对环境的破坏小，但能提供的能量密度低，难以完全替代化石能源，更谈不上满足人们对能源进一步的要求。而水电站的建设和运行受自然环境影响很大，同时对生态环境的影响也很大。虽然核裂变可以提供巨大的能量，并在许多国家已经投入使用，但核废料的处理、装置的安全运行，以及可能的军事应用的控制等问题一直在困扰着人类。相比较之下，核聚变有突出的优点。低原子序数的元素通过聚变反应聚合为更高序数的元素，反应中损失的质量转化为能量放出，提供能量的效率比核裂变要高。同样质量的核燃料，利用核聚变获得的能量比核裂变多4倍。比如，1 kg 铀($^{235}U$)裂变时放出的原子能相当于2500 t优质煤燃烧时所放出的能量；而1 kg 氘(D)和氚(T)聚变时放出的能量相当于10 000 t优质煤燃烧时所放出的能量。在对环境的影响方面，核聚变具有不产生二氧化碳排放，不导致温室效应，发生事故对环境基本没有辐射影响，产生的废料辐射水平低等优点。因此，人们更倾向于利用核聚变能替代化石燃料。

核聚变时，参加反应的原子核都带正电，彼此之间互相排斥。粒子必须具有极高的动能，才能克服这种排斥作用而使彼此接近到足以发生反应的距离。为了使粒子达到如此大的动能，必须使其温度升高到上亿摄氏度，所以称这种聚变反应为“热核反应”。点燃热核反应所需要的温度称为点火温度。即便是最低条件的氘-氚(D-T)的核聚变反应，其温度也要高达1亿摄氏度左右，此时粒子的平均动能达10 keV以上，远远超过了氢离子的电离能(13.6 eV)。因此，核聚变反应物质是离子和电子混合起来形成的等离子体，发生聚变时所需要的温度也叫等离子体温度。为了达到如此高的温度，生成高温、高密度的等离子体，最初的办法是使用核裂变的连锁反应。因此，热核反应的第一个实际的应用是制造氢弹。作为一种大规模杀伤性武器，氢弹爆炸过程中的热核反应实际上是无法控制的。要利用热核反应生产能源就必须对它进行有效控制。

受控核聚变是核聚变的一种形式，它指的是在人为条件下，通过精确控制物理参数(如温度、压力、磁场等)，使原子核能够在可控的环境中发生核聚变反应，以产生大量能量的过程。在地球上实现受控核聚变的关键在于创造足够的高温高压状态，以克服原子核间的电磁排斥力，使其接近到足以发生聚变的距离。受控核聚变的目标是实现持续的、稳定的能量输出，而不会导致灾难性的链式反应或辐射泄漏。

### 10.2.2 激光惯性约束聚变

激光惯性约束聚变(Laser Inertial Confinement Fusion, LICF)是直接利用激光或者激

光产生的 X 射线作为驱动源，均匀地作用于装填 DT 燃料的卫星球状靶丸外壳表面，烧蚀形成向外膨胀的高温高压等离子体，利用反冲压力，使靶的外壳以极快的速度进行向心运动，将 DT 主燃料层压缩到每立方厘米几百克质量的极高密度，并使局部 DT 区域形成高温、高密度的热斑，从而达到点火条件。这些热核燃料飞散前，进行了充分的热核燃烧。

LICF 可归纳为四个阶段：强光辐照、内爆压缩、聚变点火和聚变燃烧，如图 10－4 所示。

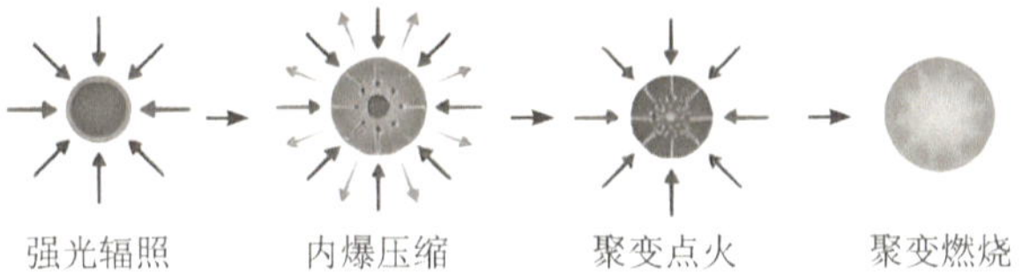


图 10－4　激光惯性约束聚变的各阶段示意图

强光辐照是指激光束快速加热靶丸表面，形成一个等离子体烧蚀层；内爆压缩是指利用靶丸表面热物质向外喷发，从而反向压缩燃料；聚变点火是指通过向心聚爆过程，使 DT 燃料达到高温、高密度状态；聚变燃烧是指热核燃烧在被压缩燃料内部蔓延，聚变放能大于驱动能量，获得能量增益。

从驱动方式角度来讲，LICF 有两种不同的驱动内爆方式：直接驱动和间接驱动。

（1）直接驱动：激光束直接辐照内爆靶球，压缩聚变燃料，使其达到点火和自维持燃烧条件。直接驱动具有激光能量利用率高且靶构形简单的特点，但其对激光束辐照均匀性的要求很高。

（2）间接驱动：利用激光照射高原子序数材料组成的黑腔产生 X 射线，X 射线驱动靶丸内爆，实现聚变。在间接驱动过程中，激光能量被黑腔内壁吸收，腔壁升温、电离，同时辐射出大量 X 射线。利用这些 X 射线驱动靶丸内爆，压缩聚变燃料使其达到点火和自维持燃烧条件。间接驱动具有较好的辐照均匀性，但是需要研究复杂的辐射流体力学过程。当一束强激光照射到黑腔内壁时，在初期非常短的时间内激光能量通过多光子过程被吸收，内壁物质电离产生自由电子。如果动能足够大，自由电子将通过碰撞过程加速物质的电离。一旦部分电离等离子体形成，后续的激光能量将主要通过光子与电子相互作用过程而被吸收。黑腔壁为高原子序数材料，吸收的激光能量大部分在电子热传导区转换为 X 光。这些 X 光在腔内传输，通过腔壁吸收和再发射过程使得激光光斑处产生的非平衡 X 光变为均匀软 X 光。激光-X 光转换过程是一个典型的非平衡辐射流体力学问题。

目前，激光惯性约束核聚变的研究进入了所谓的快点火机制的研究阶段。利用皮秒超短脉冲激光器实施激光压缩靶丸区的快点火，已经成为可控核聚变的研究热点。目前，美国已经实现了帕瓦级功率、千焦耳能量的亚皮秒超短脉冲激光输出，日本和英国也已得到接近这一数量级的激光脉冲。人类已经处在控制核聚变的门槛上，用激光实现可控核聚变的曙光已然初现。

## 10.2.3　激光核聚变的应用

### 1. 提供清洁能源

随着石油和煤炭等矿物质资源的日渐枯竭，人类对替代能源的需求变得更为迫切。通过激光核聚变，人类可以利用激光控制核聚变反应，使核聚变按照人类的需要释放出相应的能量，从而获得可控的核聚变能源。利用激光核聚变原理建造的发电站称为可控聚变能电站。这种电站的主要燃料是氢的同位素——氘，它大量存在于海水的重水之中。随着激光核聚变研究的不断深入，相信在不远的将来，人类可以用安全、清洁、廉价、丰富的聚变能发电。

**2. 发展新型核武器**

激光核聚变在军事上的重要用途之一是发展新型核武器，特别是研制新型氢弹。通过高能激光代替原子弹作为氢弹点火装置实现核聚变反应，可以产生与氢弹爆炸同样的等离子体条件。采用激光作为点火源后，高能激光直接促使氘氚发生热核聚变反应，这样，氢弹爆炸后，就不会产生放射性裂变产物。一旦激光核聚变技术成熟，制造干净的氢弹成本将大大降低。这是因为不仅核聚变的燃料氘几乎取之不尽，而且，激光核聚变还能使热核聚变反应变得更加容易。通过激光核聚变，在实验室内可以模拟核武器爆炸的物理过程及爆炸效应，模拟核武器的辐射物理、内爆动力学等，为研究核武器物理规律提供依据。

## 10.3 激光冷却

温度高于绝对零度(0 K)的物体中的原子都处于运动状态，即进行热运动。由于原子不停地进行热运动，要想实现操纵、控制的目的，必须首先使原子“冷”下来，即将其运动速度降至极低。20 世纪 80 年代，人们借助激光技术获得了中性气体分子的极低温状态，这种获得低温的方法就叫激光冷却。

### 10.3.1 多普勒冷却

光冷却中性原子的方法是汉斯和肖洛于 1975 年提出的。20 世纪 80 年代初，人们就实现了中性原子的有效减速冷却，这种方法称为多普勒冷却。考虑一种对激光冷却原子最为重要的情况，即原子共振吸收与其运动方向相对的光子，然后自发辐射，如图 10－5 所示。原子静止时的吸收频率为 $\nu_0$，由于多普勒效应，当它以速度 $v$ 相对于光波运动时，被共振吸收的光波的频率为

$$\nu=\nu_0\left(1-\frac{v}{c}\right) \tag{10-7}$$

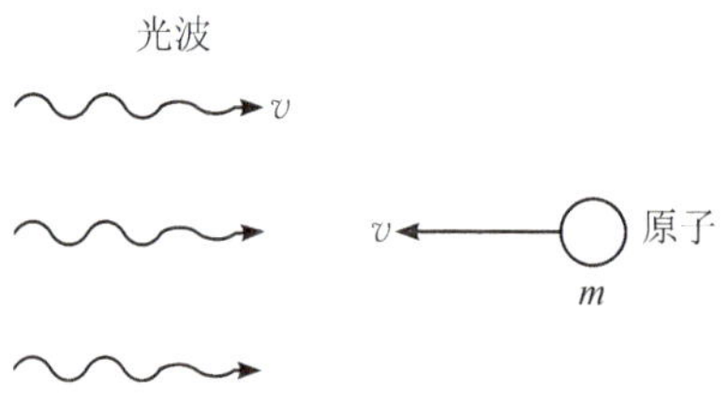


图 10－5 多普勒冷却原理

吸收后原子以自发辐射的方式发出光子，回到基态，然后吸收光子，再自发辐射，以此

类推，每次吸收一个光子，原子都得到与其运动方向相反的动量；而每次自发辐射，发射光子的方向却是随机的(自发辐射是各向同性的)。因此多次重复下来，吸收时得到的动量随吸收次数增加，而自发辐射损失的动量平均为零，原子被减速。平均每次吸收一自发辐射循环降低的速度为

$$\Delta v = -\frac{h\nu_0}{mc}$$

式中，$h$ 为普朗克常量；$m$ 是原子或分子的质量。

经过多次吸收和自发辐射之后，原子的速度明显减小，而温度也就降低了。实际上，原子在 1 s 内可以吸收或发射上千万个光子，因而光子可以被有效地减速。对冷却钠原子的波长为 589 nm 的共振光而言，这种减速效果相当于 10 万倍的重力速度。由于这种减速实现必须考虑入射光子对运动原子的多普勒效应，所以这种减速被称为多普勒冷却。由于原子速度可正可负，因此用两束方向相反的共振激光束照射原子时，原子将优先吸收迎面射来的光子，从而达到多普勒冷却的效果。

实际上，原子的运动是三维的。1985 年，贝尔实验室的朱棣文小组就用三对方向相反的激光束分别沿 $x$、$y$、$z$ 三个方向照射钠原子，在 6 束激光交汇处的钠原子团就被冷却下来，温度达到了 240 mK。

### 10.3.2 光学粘胶

理论表明，多普勒冷却有一定限度(原因是入射光的谱线有一定的自然宽度)。例如，利用波长为 589 nm 的黄光冷却钠原子的极限为 240 mK，利用波长为 852 nm 的红外光冷却铯原子的极限为 124 mK。但研究者们进一步采取了其他方法使原子达到更低的温度。例如，1995 年，达诺基小组把铯原子冷却到了 2.8 nK 的低温。朱棣文等人利用钠原子喷泉方法曾捕获到温度仅为 24 pK 的一群钠原子。在朱棣文的三维激光冷却实验装置中，在三束激光交汇处，由于原子不断吸收和随即发射光子，这样发射的光子又可能被临近的其他原子吸收，原子和光子互相交换动量而形成了一种原子光子相互纠缠在一起的实体，低速的原子在其中因无规则移动而无法逃脱。朱棣文把这种实体称作“光学粘胶”，这是一种捕获原子使之集聚的方法。更有效的方法是利用“原子阱”，这是利用电磁场形成的一种“势能坑”，原子可以被收集在坑内存起来。一种原子阱叫“磁阱”，它利用两个平行的电流方向相反的线圈构成。这种阱中心的磁场为零，向四周的磁场不断增强。陷在阱中的原子具有磁矩，在中心时势能最低，偏离中心时就会受到不均匀磁场的作用力而返回。这种阱曾捕获 $10^{12}$ 个原子，捕陷时间长达 12 min。除磁阱外，还有利用对射激光束形成的“光阱”和把磁阱、光阱结合起来的磁-光阱。

## 10.4 利用激光操纵微粒

### 10.4.1 光捕获

光捕获利用光的力学作用，用激光束夹住尺度在微米以下的微小物体，并使其移动。

它是观察从微米至纳米级空间中影响微粒的力学效应的重要的测定手段。光子具有一定的动量，当光入射到微粒上时，光动量将随着与微粒的相互作用中所产生的反射、折射、吸收等过程而变化。而动量的变化又会产生力。如果在 $\Delta t$ 时间内，动量的变化量为 $\Delta\boldsymbol{P}$，那么相应产生的力 $\boldsymbol{F}$ 可表示为

$$\boldsymbol{F}=\frac{\Delta\boldsymbol{P}}{\Delta t} \tag{10-7}$$

这里用比较容易理解的几何光学的方法予以定性说明。如图 10－6 所示，仅考虑由会聚于 $f$ 点的光束中对称的两条光线(光线 a 和光线 b)照射到透明的球形微粒上折射引起的力。光线 a 与光线 b 在没有球形微粒时相交于 $f$ 点，两束光在球形微粒上分别经过两次折射后射出来。若 $\boldsymbol{P}_{\mathrm{a(in)}}$ 和 $\boldsymbol{P}_{\mathrm{b(in)}}$ 分别为光线 a 和光线 b 入射时的动量，$\boldsymbol{P}_{\mathrm{a(out)}}$ 和 $\boldsymbol{P}_{\mathrm{b(out)}}$ 分别为光线 a 和光线 b 经过球形微粒后出射时的动量，两光束出射后动量的改变量分别为 $\Delta\boldsymbol{P}_{\mathrm{a}}$ 和 $\Delta\boldsymbol{P}_{\mathrm{b}}$，则根据动量守恒定律可知，光线 a 和光线 b 分别使球形微粒的动量改变了 $-\Delta\boldsymbol{P}_{\mathrm{a}}$ 和 $-\Delta\boldsymbol{P}_{\mathrm{b}}$。两束光作用在球形微粒上的力分别为图中的 $\boldsymbol{F}_{\mathrm{a}}$ 和 $\boldsymbol{F}_{\mathrm{b}}$，球形微粒在这两个力的合力作用下逐步向焦点位置 $f$ 附近移动，直到焦点 $f$ 与球形微粒的中心重合。因为重合时，光线 a 和光线 b 在球形微粒中不发生折射而沿直线传播，由折射引起的力也就消失了。由此可知，a 和 b 两条光线所产生的力总是使球形微粒向着光束焦点方向趋近。实际上，在满足一定的条件下，光束中的其他光线对也有同样的能力，在同时考虑折射光和反射光的情况下也可以得到同样的结论。进一步研究捕获对象的尺度比光波长更小的情况，即在瑞利散射领域，把微粒看作点极化散射体来处理，捕获力也同样存在，也就是说，同样存在光压使微粒向着光能密度高的方向运动的趋势。聚焦的强光就像一把镊子，可以把微粒镊到它指向的任何位置。

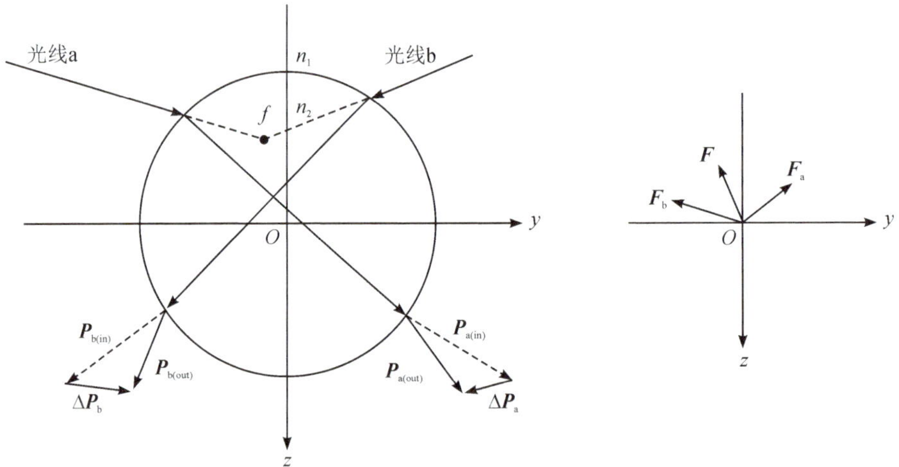


图 10－6　由折射引起的光的动量变化示意图

## 10.4.2　光镊

光镊是一种利用一束光抓住物体的工具。传统的机械镊子用来夹持物体时，必须使镊尖接触到物体，并施加一定的压力，物体才会被夹住。而光镊使物体整个受到光的束缚而达到“钳”的效果，然后通过移动光束来迁移物体。与机械镊子相比，光镊是以一种温和的

非机械接触的方式来夹持和操控物体的。尤为重要的是，在以形成光镊的光为中心的一定区域内，物体一旦落入这个区域就有自动移向光束中心的趋势，其现象犹如微粒被吸尘器吸入，或者像一个飞行物坠入宇宙黑洞那样，表现出光镊具有"引力"效应。已经落入阱中的微粒，若没有外界力的扰动，物体将不会偏离光束中心。由于各种外界作用或微粒自身布朗运动等原因，当微粒略偏离光束中心时也会很快恢复到原位，所以光镊又酷似一个"陷阱"。这个陷阱有一定范围，在该范围边界处存在一个势垒。当物体的动能不足以克服势垒时，它将继续停留在陷阱内，这个范围就叫作阱域。会聚的激光束具有抓住物体的作用，所以称为"光镊"，即光学镊子。

光镊的特点如下：

（1）光镊是以光形成的一种特殊工具，相比人们日常的机械镊子，光镊是"无形"的。机械镊子夹持物体有集中的受力点，而光镊是以光场的形式与物体交换动量，故夹持细胞是温和的，非接触性的，不会产生机械损伤。只要选择合适的激光波长和能量，光对捕获的样品是安全的。

（2）光具有穿透特性，使得光镊有"隔墙取物"的功能，即光镊可以无阻挡地越过透明屏障，穿过封闭系统的表层（如细胞膜），操控其内部微粒（如细胞器），也可以透过封闭的样品室的外壁，操控室内微粒，实现真正的无菌操作。光的这一穿透特性可用于研究活体生物。

（3）光镊的所有机械部件离捕获对象的距离都远大于捕获对象的尺度，因此，光镊是以"遥控"的方式远距离工作的，不会干扰微粒周围环境。远距离非接触式的操控方式也方便与其他生物学常规技术结合，拓展更多的功能，一次获取更多的信息。

（4）光镊操控的可视性对研究一个动态演变过程是极为重要的。光镊可使细胞悬浮于液体中，既保持细胞的活性，又不扰动细胞的生存环境。光镊系统能实时地动态显示活体细胞和大分子生命活动，以及反应系统的作用过程。

（5）光镊是微小的探针。光镊能够操控微粒，实际上是光镊向微粒施加了作用力。由于光镊对微粒的操控不是刚性的，它类似弹簧，在操作过程中能实时感应微小的负荷，因此，光镊是极其灵敏的力传感器。光镊作为力的探针，有力地支持了定量生物学的发展，成为揭示生命过程中物质运输、能量转换和信息传递规律的有效武器。

（6）光镊兼容性强。基于光学原理和显微观测设计的光镊系统，可以与多种光学技术相结合。例如，光镊可以与荧光激发、微分干涉显微、微针辅助测量等技术结合。借助现代显微镜设计可以制作提供多路光学通道的光镊，它可同时耦合多个微激光束，进行多路信号探测。光镊还可与拉曼光谱技术结合，用于测量单细胞和单分子的拉曼光谱。

### 10.4.3 微粒操纵的应用

光压力在较大的生物体尺度上是微不足道的，但在大分子、细胞器，甚至整个细胞的尺度上是举足轻重的。$10^{-11}$ N 的力可以拉伸、弯曲或者以另外的方式扭转单个大分子，如 DNA 及 RNA，或者大分子的组合。所以，光捕获特别适用于细胞及亚细胞水平的力学或动力学。

利用光捕获观测一对一的细胞接触也已成为可能，即将一个细胞用微型钳俘获，使这个细胞与由光俘获所捕捉的另一个细胞经一定时间的接触，从观测停止光俘获时的黏接性或者从拉开细胞所需俘获用的激光光压即可估计其黏力。

在许多领域中，利用光镊来提供视觉图像。例如，利用光镊可以观察DNA修饰酶，可以操纵蛋白质的合成，可以构造神经末梢。

## 10.5 超快超强激光

超快超强激光兼具超快时域特性和超高峰值功率特性，为人类在实验室中创造出了前所未有的超快时间、超高场强、超高温度和超高压力等极端物理条件，被视为用于拓展人类认知的前沿基础科学研究最重要的工具之一。激光依托锁模技术进入了飞秒超快时代，并迅速应用到物理、生物、化学和材料等前沿基础科学研究。超快超强激光技术在推动前沿基础科学研究持续拓展的同时，又面临着前沿基础科学研究因自身深化探索而新增的能力支撑需求，这为激光技术体系发展赋予了强劲的牵引力。

### 10.5.1 超快超强激光的分类

#### 1. 阿秒超快激光

带宽高次谐波产生阿秒脉冲来拓展应用的根本局限在于单脉冲能量偏低，国际主流的解决途径是建立高功率和长波长的飞秒超快激光系统。欧盟投资数亿欧元，在匈牙利建立了极端光装置——阿秒脉冲源，通过两个拍瓦激光系统产生高峰值功率和高平均功率的阿秒脉冲。长波长的中红外飞秒激光脉冲系统可产生更高光子能量和更短脉冲宽度的阿秒脉冲，因此众多研究机构均在这方面开展工作。高重复频率阿秒激光研究也取得重要进展。另外，通过X射线自由电子激光(XFEL)产生阿秒脉冲已获得初步验证，XFEL在产生高光子能量的高功率阿秒脉冲方面具有一定优势。

我国对阿秒激光的研究集中在中国科学院所属的上海光学精密机械研究所、物理研究所以及西安光学精密机械研究所等科研机构。由于总体布局较晚，当前的研究水平仍然相对落后。2009年，上海光学精密机械研究所测量了阿秒脉冲链的脉冲宽度，获得了近傅里叶变换极限的阿秒脉冲激光。2013年，物理研究所产生并测量了单个阿秒脉冲，获得了脉冲宽度160as的脉冲激光。一些研究机构还在高功率激光加速产生高能电子和伽马射线等方面开展了系列工作。

阿秒超快激光的发展方向主要包括：高能量单个阿秒激光脉冲，高平均功率阿秒激光，高光子能量阿秒脉冲，拓展阿秒脉冲应用的小型化高重复频率阿秒脉冲。相关的技术发展方向为：高品质的少周期激光脉冲技术，简单便捷的阿秒激光脉冲测量技术，新型阿秒激光应用技术，高品质高亮度硬X射线和伽马射线产生技术，仄秒激光技术等。

#### 2. 飞秒超快激光

国际上早已利用非线性光学方法将飞秒激光的波长从可见-近红外波拓展到深紫外-紫外、红外-太赫兹波段。自由电子激光器也已获得真空紫外和极紫外波段以及太赫兹超快飞秒激光，具有高能量和波长可调谐的优势，但相关装置较为复杂。为了研究更复杂丰富的超快动力学过程，多参量光场精密调控和多波长飞秒超快激光也获得了发展。

我国较多研究团队直接采用进口的商用飞秒激光器，叠加非线性效应来拓展波长等参量。在光场精密调控和多波长飞秒超快激光方面，上海光学精密机械研究所、西安交通大学等机构完成了系列研究。2019 年，中国科学院大连化学物理研究所构建的自由电子激光器投入运行，在 50 nm～200 nm 真空紫外与极紫外波段实现了波长连续可调的超快激光输出，发挥了飞秒超快激光对基础科学研究的支撑和拓展作用。中国工程物理研究院利用自由电子激光实现了太赫兹波段超快激光输出。

飞秒超快激光的主要发展方向为：多波长高性能飞秒激光，宽带双频/多频梳飞秒激光，兆赫兹高重复频率高性能真空紫外-极紫外、红外-太赫兹超快激光，径向偏振和涡旋等特殊偏振与空间模式的飞秒激光，吉赫兹高重复频率小型化量子点超快激光，垂直腔面发射超快激光，涉及时域、光谱、偏振、空间、相位和振幅等多维度光场精密调控的飞秒激光等。

### 3. 低重复频率超高峰值功率超强激光

低重复频率超高峰值功率超强激光是一种先进的激光技术，具有极高的能量和峰值功率。它的脉冲之间时间间隔长，但每个脉冲都携带巨大的能量，能够产生超强的光场，实现各种难以想象的物理和化学效应。这种激光在科学研究、工业制造、医疗治疗等领域有着广泛的应用前景，为人类带来了前所未有的机遇和挑战。

美国、俄罗斯等国均在建设十拍瓦级激光重大科学装置。法国 Apollon 激光装置于 2017 年实现了 5 PW 激光输出，2018 年实现了 10 PW 激光输出，更高指标的输出目前有所延迟。英国 Vulcan 激光装置计划采用光参量啁啾脉冲放大技术，将输出脉冲峰值功率由拍瓦级提升至十拍瓦级。

我国低重复频率超高峰值功率超强激光的研究起步较早，但目前已经形成了实力较强、梯度合理的研究队伍，且取得了一些重要的研究成果，部分成果已处于国际领先水平。例如，上海光学精密机械研究所利用钛宝石 CPA 方案，于 2016 年在国际上率先实现了 5 PW 激光输出，2017 年在国际上率先实现了 10 PW 放大输出；利用 OPCPA 技术也实现了 1 PW 激光输出；2018 年在国际上率先立项并启动建设百拍瓦级超强激光装置。

聚焦功率密度，对比度是低重复频率超高峰值功率超强激光最重要的参数指标，应进一步发展放大技术、脉冲压缩技术、空间聚焦技术及对比度提升与测量技术。未来重点技术方向具体包括：高通量放大技术，等离子体拉曼放大和准参量啁啾脉冲放大等新型技术，超强激光时空电厂精密控制与波长调谐技术，超强激光脉冲的腔外脉冲压缩技术，以及涡旋、径向偏振等特殊光场的超强激光产生及其应用。

### 4. 高重复频率高平均功率超强激光

高重复频率高平均功率超强激光是一种特殊的激光技术，具有较高的脉冲发射频率和较大的平均功率输出。这种激光的特点是在短时间内发射大量的脉冲，每个脉冲都携带一定的能量，可产生强大的光场。这种激光技术在工业制造、医药医疗等领域有广泛的应用前景，为人类带来了前所未有的机遇和挑战。

高重复频率高平均功率超强激光主要分为碟片超快激光和光纤超快激光。碟片超快激光在解决增益介质的热效应管理问题之后，实现了平均功率为千瓦级的输出。光纤超快激光具有散热好、集成方便灵活、光束质量好、转换效率高等优势，可实现 1 MHz 以上重复频率的激光放大，近年来得到了迅速发展。

我国高重复频率高平均功率超强激光还缺乏系统的研究布局，仅有上海光学精密机械研究所、国防科技大学等少量研究单位各自在分立的核心技术方向上开展研究和探索，如高性能增益光纤研制、碟片激光放大、光纤飞秒振荡、光纤CPA、空间激光组束、脉冲时间堆积和脉冲压缩等。我国诸多企业开展了数十瓦功率的光纤飞秒激光产品研制，部分企业已经推出了功率为50 W及以上的飞秒超快激光产品。尽管发展迅速，但大多数产品需要采用国外的关键器件，具有自主知识产权的关键器件还较少。

高重复频率高平均功率超强激光未来重点发展方向主要包括：新型飞秒光纤放大，新型碟片激光放大，高重复频率飞秒激光脉冲时间堆积与空间相干组束及其衍生创新，空间相干组束中甚多束激光的相位测量与主动反馈控制，新型飞秒激光放大的特殊光纤设计与加工，高性能增益光纤、高性能啁啾光纤光栅与透射光栅等核心器件研制以及时空光场精密控制与波长调谐等。

### 10.5.2 超快超强激光的应用

#### 1. 利用激光驱动新型粒子加速

利用激光驱动新型粒子加速是利用强激光与不同密度的靶(如气体靶、固体靶、团簇靶等)相互作用，在等离子体中激发极强的纵向场，产生不同的加速结构来加速带电粒子的。与传统的加速器相比，由于等离子体不存在电离击穿问题，因此其加速梯度可达100G V/m，较传统加速器高三个量级，可极大地减小装置的尺寸并减少防护措施。2017年，我国完成的核物理中长期发展战略中明确提出，这些新加速原理的加速器会在束流能散、束流强度、稳定性、可靠性及元器件寿命等方面得到重大突破，它们必将引起加速器装置的革命性变化。图10-7所示为激光辐照固体靶质子加速示意图。

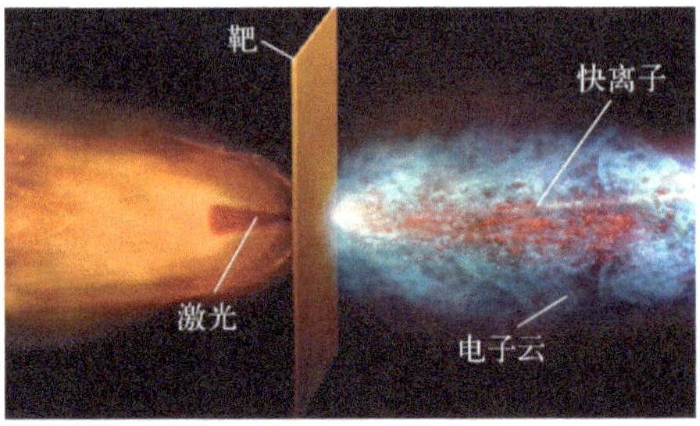


图10-7 激光辐照固体靶质子加速示意图

#### 2. 利用激光驱动空间碎片

随着人类航天活动的日益频繁，空间碎片的数量急剧增加，对在轨航天的安全运行产生严重威胁。图10-8所示为空间碎片在地球轨道上的分布。受限于空间测试的高成本，基于地面试验室开展空间碎片超高速撞击及防护研究对航天器安全、航天事业发展具有重要意义。目前传统驱动方式(如轻气炮驱动、爆轰驱动以及电磁驱动等)驱动弹丸的速度一般在10 km/s以内，无法满足地球卫星轨道空间碎片10 km/s以上超高速撞击模拟与防护测试的需要。利用激光驱动空间碎片具有加载速度高、成本低、装置简单的特点，可实现

10 km/s 以上的超高速发射。

图 10－8　地球轨道中的空间碎片

当前，美国 NIKE、OMEGA、NIF，日本 GEKKOⅫ-HIPER，我国神光系列等大型激光装置在超高速飞片发射与撞击方面做了大量研究。日本大阪大学开展了激光驱动百微米微小球丸发射实验，获得了 10 km/s～60 km/s 的球丸速度。中国原子能科学研究院、北京卫星环境工程研究所、中国工程物理研究院激光聚变中心合作在神光Ⅲ原型装置开展了激光驱动 200 μm 铝球发射与撞击实验，已取得初步的实验结果。未来，系统将开展不同形状、尺寸、速度的高速弹丸发射与撞击防护实验研究，总结分析其定标规律及内在机制，实现从空间碎片撞击防护实验到航天器材料防护测试平台的转换，为我国航天器安全防护与航天事业的发展提供有力的支持。

# 参 考 文 献


[1] 王锁成，董世运，闫世兴，等. 飞秒激光制备金属表面微纳结构及其技术应用[J]. 激光与光电子学进展，2023，60(17)：45-60.

[2] 黎黎，张悦，李萌茜，等. 激光技术在眼科的应用现状与进展[J]. 中国激光，2022，49(05)：45-61.

[3] 刘莹. 激光照射对运动损伤康复效果影响研究[J]. 激光杂志，2021，42(10)：186-191. DOI：10.14016/j.cnki.jgzz.2021.10.186.

[4] 王卫江，贾凯，房瑞娜，等. 激光诱导等离子体辐射特性的研究综述[J]. 激光技术，2021，46(04)：499-510.

[5] 单腾，王思捷，殷风仕，等. 激光清洗的典型应用及对基体表面完整性影响的研究进展[J]. 材料导报，2021，35(11)：11164-11173.

[6] 周平. 汽车顶盖与侧围激光钎焊焊缝的检测[J]. 汽车与驾驶维修(维修版)，2021(06)：20-23.

[7] OLIVIA E, MICHAEL H, REGMI G, et al. Selective laser sintering of metallic oxide powder mixtures for bi/tri-metallic-oxide formation[J]. Materials Letters, 2021, 286: 129215.

[8] MOHAMMED A S, ABDELRAHIM H A, MOHAMED A M, et al. Laser light as a promising approach to improve the nutritional value, antioxidant capacity and anti-inflammatory activity of flavonoid-rich buckwheat sprouts[J]. Food Chemistry, 2021, 345: 128788.

[9] ZHANG J, YU M J, LI Z Y, et al. The effect of laser energy density on the microstructure, residual stress and phase composition of H13 steel treated by laser surface melting[J]. Journal of Alloys and Compounds, 2021, 856: 158168.

[10] HUSNEN A R, HASSAN Z, NASER A M, et al. Rapid synthesis of $Ce^{3+}$ : YAG via $CO_2$ laser irradiation combustion method: Influence of Ce doping and thickness of phosphor ceramic on the performance of a white LED device[J]. Journal of Solid State Chemistry, 2021, 294: 121866.

[11] 谢栋平，李国元，王建敏，等. 新型激光测高卫星ICESat-2在地学中的应用前景综述[J]. 测绘与空间地理信息，2020，43(12)：38-42.

[12] 张奇，沈磊，何博. 飞秒激光在金属微加工中的应用[J]. 激光技术，2021，45(4)：429.

[13] 李金华，单鹏超，姚芳萍，等. 激光熔覆工艺参数对Ni60硬度和显微组织的影响[J]. 热加工工艺，2023(23)：58-62.

[14] 陈舒凡，房丰洲. 激光功率计发展及应用[J]. 激光与光电子学进展，2021，58(9)：33-46.

[15] 胡艳婷，张昊，邓宏祥，等. 激光驱动离子加速的研究进展及其重要应用综述[J]. 中国激光，2021，48(4)：0401006.

[16] 谢宇，张威，刘序辰. 激光测量技术在船舶舾装中的典型应用[J]. 造船技术，2020(05)：29-32.